Comunicaciones industriales

Comunicaciones industriales

Carlos Valdivia Miranda

Paraninfo

Paraninfo

Comunicaciones industriales

Gerente Editorial
María José López Raso

Técnico Editorial
Paola Paz Otero

Editora de Adquisiciones
Carmen Lara Carmona

Producción
Nacho Cabal Ramos

Diseño de cubierta
Ediciones Nobel

Preimpresión
Montytexto

1.ª edición, 2019; 2.ª reimpresión, 2023

C/ Sierra de Guadarrama 35. Naves 2, 3, 4 y 5
Polígono Industrial San Fernando II
28830 San Fernando de Henares
Teléfono: 914 463 350
clientes@paraninfo.es / www.paraninfo.es

ISBN: 978-84-283-3865-3
Depósito legal: M-16420-2019

(27664)

Impreso en España / *Printed in Spain*
Liberdigital (Casarrubuelos, Madrid)

La editorial recomienda que el alumnado realice las actividades sobre el cuaderno y no sobre el libro.

A mi familia: Dani, Alicia y María

Presentación

Este libro desarrolla los contenidos del módulo profesional de **Comunicaciones Industriales** del ciclo formativo de grado superior de Automatización y Robótica Industrial, perteneciente a la familia profesional de Electricidad y Electrónica.

Las unidades del libro se acompañan de multitud de **recursos didácticos** que ayudarán al futuro profesional a comprender la materia y acercarlo a su inminente realidad laboral:

- Casos prácticos resueltos.
- Gran cantidad de actividades propuestas.
- Numerosas ilustraciones con alto nivel de detalle y fotografías.
- Recuadros de texto con información relevante.
- Legislación y normativa.
- Mapas conceptuales en todas las unidades.
- Códigos QR para la descarga de programas.
- Prácticas guiadas.

Este libro dispone de los siguientes **materiales y recursos** disponibles en línea para el **profesorado** que **confirme su adopción** como libro de texto para impartir la materia:

- **Programación de aula.**
- **Solucionario.**
- **Presentación en PowerPoint.**
- **Examina.**
- **LDP (Libro Digital Proyectable).**

Este libro dispone además de **materiales y recursos previo registro** disponibles en línea para el **alumnado:**

- **Código fuente de las aplicaciones de ejemplo.**
- **Enlaces para la descarga de los programas de desarrollo.**

Índice

7. Reparación de disfunciones en sistemas de comunicación industrial 169

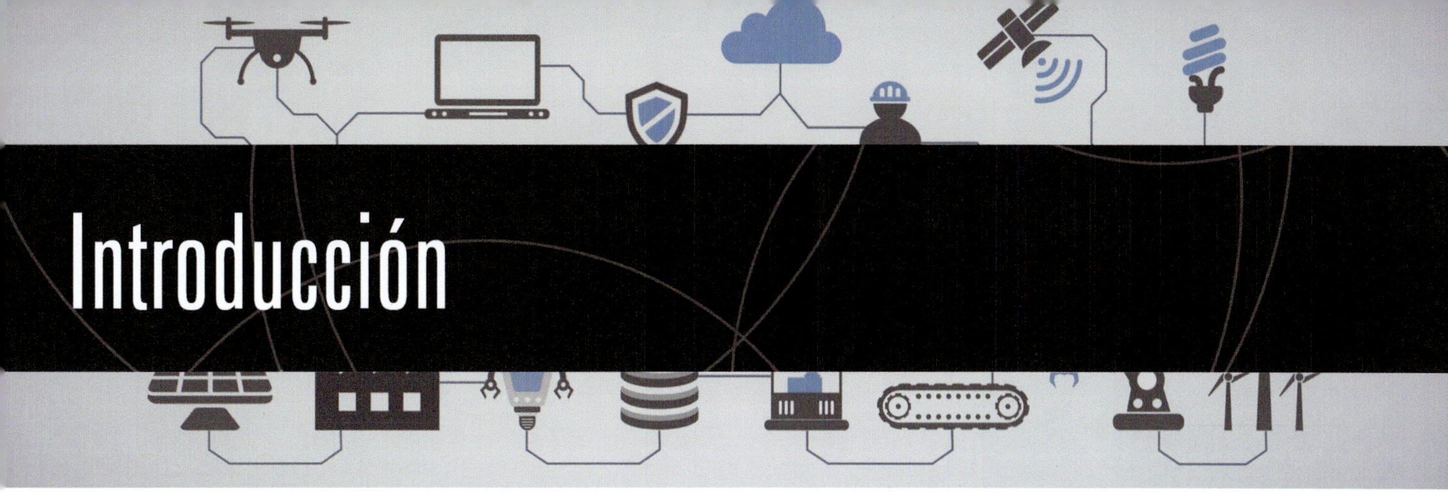

Introducción

El avance de las tecnologías digitales, en combinación con las telecomunicaciones, está cambiando la forma de diseñar, producir, comercializar y generar valor de los productos.

La puesta en marcha de la fábrica inteligente lleva a la cuarta revolución industrial, también llamada *industria 4.0,* cuya finalidad es adecuar sus sistemas de producción a las necesidades del mercado y unir el mundo virtual, internet y la nube con el mundo real de la producción. En este marco, las comunicaciones industriales desempeñan un papel importante para proporcionar el intercambio fluido de información.

La presente obra analiza todos los aspectos imprescindibles de las comunicaciones industriales para lograr la fábrica inteligente. Por ello, este libro va dirigido a estudiantes tanto de ciclos formativos como de universidad, un público, en general, interesado en conocer todos los niveles de la pirámide de automatización, los tipos de redes, los protocolos de comunicaciones industriales y los equipos de supervisión y control.

En concreto, para la Formación Profesional, el libro desarrolla los contenidos del módulo Comunicaciones Industriales, del ciclo formativo de grado superior de Automatización y Robótica Industrial, perteneciente a la familia profesional de Electricidad y Electrónica.

Teniendo en cuenta estos factores, cabe destacar que el libro está organizado en siete unidades, cuyos contenidos se exponen de manera sencilla, clara y detallada. Además, estos se acompañan de gran cantidad de imágenes y ejemplos orientados a facilitar la comprensión y la aplicación de los conceptos explicados.

En la **Unidad 1,** se describen todos elementos que intervienen en un sistema de comunicaciones industrial, desde los tipos de señales y de cables hasta la normativa de las redes de comunicaciones industriales. También se describe detalladamente la pirámide CIM como ejemplo de modelo jerárquico más extendido en los sistemas de comunicación de los procesos productivos.

Conociendo las generalidades las comunicaciones industriales, el siguiente paso es analizar en detalle la función de los protocolos de comunicaciones. Por ello, la **Unidad 2** se centra en el estudio y la programación de un protocolo industrial abierto y muy extendido (Modbus).

El modelo CIM se basa en utilizar tecnologías informatizadas en todas las etapas de producción. Dentro de este modelo, pueden definirse dos grupos de redes: redes de información y redes de campo.

Las redes de información, mediante la interconexión de sistemas informáticos, permiten el intercambio de datos entre dispositivos y personas. La implementación de estas redes (LAN y WLAN) se realiza con dispositivos, conexiones y protocolos específicos que son analizados en la **Unidad 3.**

Las redes de campo, por el contrario, permiten conectar los distintos procesos con el objetivo de garantizar la explotación de la instalación industrial. Estas redes requieren baja demora (tiempo real) y su tráfico está formado de muchos pequeños paquetes. En la **Unidad 4,** se describen estas redes, sus peculiaridades y su interconexión con las redes de información.

Una vez conectados todos los elementos de la fábrica inteligente, es necesario su supervisión y control. Por ello, en la **Unidad 5,** se presentan los sistemas SCADA y DCS. Esta unidad concluye con el desarrollo completo del diseño de un sistema SCADA.

Por último, tiene que garantizarse la operatividad de todos los dispositivos que integran la planta industrial. Por esta razón, en la **Unidad 6,** se estudian las técnicas de verificación y los instrumentos de medida disponibles y, en la **Unidad 7,** el diagnóstico y localización de averías en una red de comunicaciones industriales. La conectividad permite a las industrias ofrecer servicios personalizados directamente a los clientes, lo que supone nuevos retos de seguridad, que también son analizados en la última unidad.

Así mismo, todas las unidades incluyen pequeños ejemplos de cada uno de los temas tratados, además de un mapa conceptual, una serie de actividades finales de comprobación y de ampliación y una útil práctica guiada asociada a los contenidos de cada una.

Reconocimiento de los sistemas de las comunicaciones industriales

1

Todas las máquinas para trabajar correctamente necesitan información de su entorno, aunque lo hagan de forma aislada. Al agrupar varias máquinas para realizar un trabajo determinado, estas deben comunicarse para coordinarse. La red de comunicaciones industriales es el conjunto de medios técnicos que posibilita este intercambio información.

Contenidos

Objetivos

- Identificar la funcionalidad de los sistemas de comunicación industrial.
- Conocer la estructura de un sistema de comunicación industrial.
- Reconocer los entornos industriales de control distribuido y entornos CIM.
- Diferenciar los niveles funcionales y operativos según su campo de aplicación.
- Conocer el modelo de referencia OSI y la función de sus niveles.
- Aprender las técnicas de transmisión de datos.
- Saber los parámetros de comunicación.
- Estudiar las normas físicas.
- Tratar las técnicas de control de flujo, de detección de errores y de acceso al medio.

1.1. El proceso de comunicación

Las comunicaciones han sido y serán siempre un reto para el ser humano. Desde las señales de humo hasta los teléfonos móviles actuales, se observa una evolución continua e imparable, cuyos límites se desconocen. Tecnologías como Bluetooth, Wi-Fi, 4G, etc., son algunos de los últimos sistemas de comunicaciones aplicados a dispositivos que la mayoría de las personas usan en la actualidad.

Esas mismas tecnologías aparecen implementadas en las comunicaciones entre diferentes dispositivos industriales. En la industria moderna, las comunicaciones de datos entre diferentes sistemas, procesos e instalaciones suponen uno de los pilares fundamentales para alcanzar el nivel de competitividad exigido.

1.1.1. Elementos

El objetivo de las comunicaciones es posibilitar la transmisión de información. Para que la comunicación sea posible, se necesita un elemento que realice la transmisión (transmisor) y otro que reciba los datos enviados (receptor) a través de un medio (canal de transmisión).

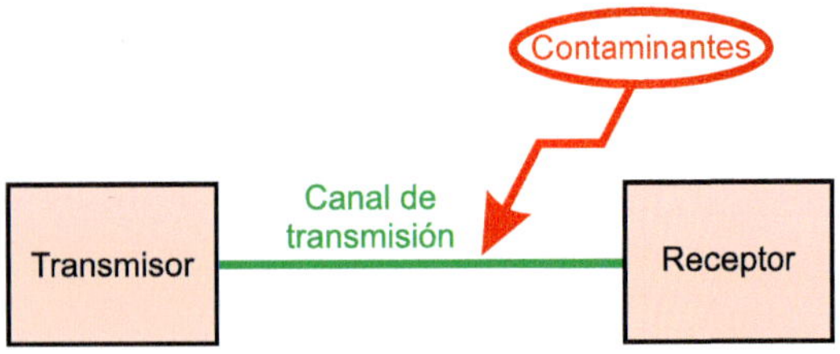

Figura 1.1. *Elementos básicos de un sistema de comunicaciones.*

El **trasmisor** es el elemento del sistema encargado de generar y preparar la información de forma adecuada para que viaje por el canal de transmisión. Si la fuente de información es analógica, el transmisor recibe el nombre de *modulador* y, si la fuente de información es digital, recibe el nombre de *codificador.*

El **receptor** es el elemento encargado de recuperar la información del canal (demodulación o decodificación) e interpretarla. Los componentes típicos de un receptor son: circuitos sintonizadores, filtros, demoduladores y amplificadores.

En una red de comunicaciones industriales, puede haber muchos elementos transmisores y receptores, denominados *nodos.* Para que los distintos nodos puedan comunicarse, debe establecerse una serie de acuerdos y reglas denominada *protocolo de comunicación.*

El **canal de transmisión** es el medio utilizado para hacer llegar la información. La transmisión se realiza habitualmente empleando ondas electromagnéticas que se propagan a través del canal. El canal de transmisión puede ser guiado o no. Un **medio guiado** es aquel compuesto por un material físico sólido encargado de llevar la señal de información por su interior, por ejemplo, un cable. Sin embargo, en un **medio no guiado,** el canal es el aire y tanto la transmisión como la recepción de información se realizan mediante antenas o mediante emisores y sensores ópticos.

Un sistema de comunicaciones puede verse afectado por **contaminantes** que modifican la señal transportada sobre el medio de transmisión. Estos contaminantes producen que el mensaje recibido no sea exactamente igual al transmitido. Estos contaminantes son imposibles de eliminar, por tanto, un objetivo de los sistemas de comunicaciones es reducir su incidencia. Algunos tipos de contaminaciones son:

- **Distorsión:** alteración de la señal debida a las imperfecciones del sistema de comunicación. Se produce cuando el sistema actúa de diferente manera sobre los componentes de la señal, cambiando amplitud, fase o frecuencia en desigual proporción. La amplificación, la atenuación, el desfasamiento y la traslación en frecuencia no son distorsiones, ya que todos los componentes de la señal sufren la misma modificación.
- **Interferencia:** contaminación por señales externas, generalmente artificiales y de forma similar a la señal original. La interferencia puede ser constructiva, cuando las señales externas se superponen a la señal para formar una onda resultante de mayor amplitud, o destructiva, si forman una igual o de menor amplitud.
- **Diafonía:** transferencia indeseada de energía desde una señal (fuente perturbadora) a otra (perturbado). Generalmente, se produce por acoplamiento electromagnético entre cables adyacentes muy poco separados.
- **Ruido:** mezcla de la señal que se transmite con señales aleatorias de tipo eléctrico, originadas de forma natural dentro o fuera del sistema. Estas señales aleatorias deterioran parcial o totalmente la información útil que esté enviándose. Este tipo de contaminación no puede ser completamente eliminada. Por esto, en gran parte, la calidad de los diferentes sistemas de comunicaciones viene determinada por su capacidad de reducir la incidencia del ruido sobre el mensaje. Los principales tipos de ruido son:
  - **Impulsivo:** son perturbaciones industriales de corta duración, pero con amplitud considerable, producidas por equipos eléctricos.
  - **Cósmico y atmosférico:** son originados por fuentes externas de la atmósfera terrestre y por tormentas y otras descargas eléctricas.

— **Térmico:** se produce debido a la agitación térmica de electrones dentro del conductor.

— **De cuantificación:** se debe al rango finito de salida dentro del proceso de conversión analógica/ digital (A/D) de la señal.

— **De intermodulación:** se produce cuando distintas frecuencias comparten el mismo medio de transmisión.

1.1.2. Medios guiados

A continuación, se detallan los medios guiados más importantes en el ámbito de las redes de comunicaciones:

- **Conexión BNC o cable coaxial monofilar:** es la técnica más antigua y la más asequible para componer una red. La conexión BNC es muy parecida a la usada en las antenas de televisión, pero con cable de diámetro menor. El núcleo de este cable está formado por un hilo por el que se transmiten los datos a gran velocidad. Este hilo se recubre de un material dieléctrico, que se rodea, a su vez, por una malla. Esta malla sirve de blindaje frente al ruido y como referencia de tensión del conductor que forma el núcleo del cable. Externamente, el cable se termina con un recubrimiento plástico que lo protege. En los extremos de los cables, se encuentran los conectores (Figura 1.2) que se insertan en las T de los equipos para distribuir la información entre ellos.

Figura 1.2. *Cable coaxial.*

Los cables coaxiales están estandarizados en categorías siguiendo la notación RG, que identifica las características físicas y eléctricas del cable. En transmisión de datos, suelen emplearse dos tipos: el de 50 y el de 75 Ω (ohmios). El de 50 Ω (por ejemplo, RG-58 y RG-11) se utiliza en transmisión digital y se denomina *cable coaxial de banda base.* Por el contrario, el cable de 75 Ω (por ejemplo, RG-59) se utiliza en transmisión analógica y se denomina *cable coaxial de banda ancha.*

- **Cable multifilar:** en este sistema, en lugar de utilizar un conector coaxial, se emplea un conector Western o RJ-45 de aspecto idéntico al de los conectores de los teléfonos fijos actuales. Con este sistema, se reducen la susceptibilidad a los ruidos mecánicos que tienen los cables BNC.

Figura 1.3. *Conector RJ-45.*

Los cables de este sistema están formados por cuatro pares de hilos trenzados, que terminan en una clavija transparente que se inserta en los equipos (Figura 1.3). Los pares se trenzan para reducir la interferencia entre pares adyacentes (diafonía). Dependiendo de si los pares están apantallados o no, existen tres tipos de cable trenzado:

1. **UTP (*unshielded twisted pair* o «par trenzado no apantallado»):** es el cable de par trenzado habitual. Sus principales ventajas son su bajo coste y su facilidad de manejo. Sus mayores desventajas son su mayor tasa de error respecto a otros tipos de cable, así como sus limitaciones para trabajar a distancias elevadas (sin emplear regeneración de señal).

Figura 1.4. *Cable UTP.*

2. **STP (*shielded twisted pair* o «par trenzado apantallado»):** en este tipo de cable, cada par se cubre con una malla metálica, de la misma forma que los cables coaxiales, y el conjunto de pares se recubre con una lámina apantallante.

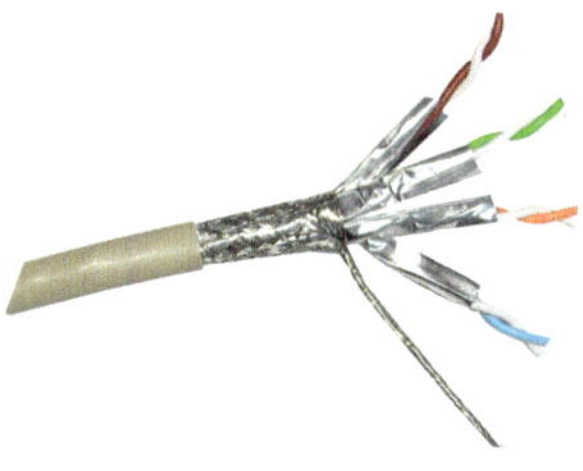

Figura 1.5. *Cable STP.*

3. **FTP (*foiled twisted pair* o «par trenzado con blindaje global»):** cada uno de los pares es trenzado uniformemente durante su fabricación. Esto elimina la mayoría de las interferencias entre cables y no es necesario la malla metálica entre pares, lo que reduce el coste respecto al STP. Además, se protege el conjunto de los pares mediante una pantalla conductora global externa.

Figura 1.6. *Cable FTP.*

- **Fibra óptica:** es el cable más moderno y consiste en una guía cilíndrica de sílice (núcleo), recubierta de otra capa concéntrica de sílice (revestimiento), rodeadas ambas por una cubierta protectora. El índice de refracción del núcleo ($n1$) es mayor que el correspondiente al revestimiento ($n2$), es decir, debe cumplirse la condición $n1 > n2$ para que la fibra óptica se comporte como una guía onda y la señal luminosa se propague por el núcleo. Se utilizan dos tipos de fibra óptica:

1. **Multimodo o MMF *(multi-mode fiber)*:** diámetro del núcleo de 50 a 62,5 μm y diámetro del revestimiento de 125 μm.
2. **Monomodo o SMF *(single-mode fiber)*:** diámetro del núcleo de 3 a 10 μm y diámetro del revestimiento de 125 μm.

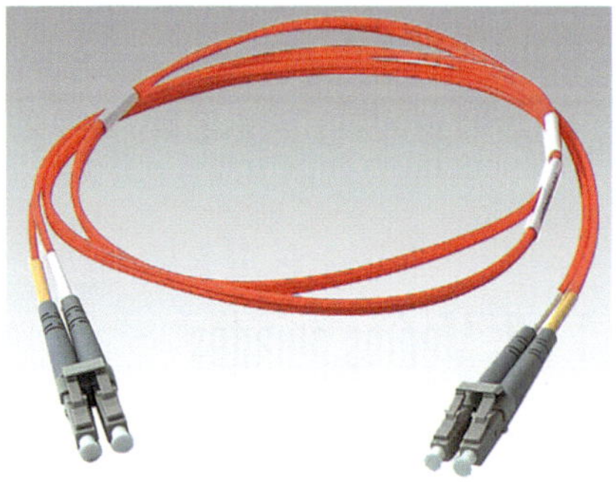

Figura 1.7. *Cable de fibra óptica.*

A modo de resumen, la Tabla 1.1 muestra una comparativa de todos los medios guiados analizados.

1.1.3. Medios no guiados (o inalámbricos)

La información se transmite de un punto a otro sin necesidad de un medio físico guiado, lo que proporciona mayor movilidad a los equipos. Las comunicaciones inalámbricas también pueden ser competitivas en aplicaciones fijas, donde el coste de dar servicio mediante infraestructuras de cable es especialmente elevado.

Tabla 1.1. Comparativa de los medios guiados

Tipo de cable		Ancho de banda	Inmunidad al ruido	Alcance
Coaxial	Banda base	De 10 a 100 Mbps	Buena	De 180 a 500 m
	Danda ancha		Buona	>km
Par trenzado	UTP	De 100 kbps a 10 Gbps	De baja a media	100 m
	STP/FTP		Media	<3 km
Fibra óptica	Multimodo	>100 Mbps	Perfecta	>km
	Monomodo	>Gbps		

Recuerda:

El bit es la unidad mínima de información y se representa con la letra b (minúscula), mientras que el byte es la agrupación de 8 b y se representa con la letra B (mayúscula). Por otro lado, la agrupación de 4 b se denomina *nibble* o *cuarteto* y la agrupación de 2 B, *palabra* o *word.* Estas agrupaciones constituyen las estructuras elementales de información.

Los medios físicos no guiados más utilizados son:

- Comunicaciones vía radio terrestre.
- Comunicaciones vía radio satélite.
- Comunicaciones ópticas en el espacio libre (láser, led, luz e infrarrojo).

Comunicaciones vía radio

En las **comunicaciones vía radio,** la información se transmite de un punto a otro mediante ondas de radio. Las ondas de radio se generan en un conductor cuando se supera una cierta frecuencia en la señal que transporta dicho conductor.

En telecomunicaciones, al hablar de ondas de radio, normalmente, se refiere a **portadoras de radio,** sobre las que va la información. Los datos que han de transmitirse se superponen a la portadora de radio y, de este modo, pueden ser recuperados en el receptor final. Este proceso se llama *modulación.* Si se emiten ondas a distintas frecuencias de radio (diferentes portadoras), se obtienen más canales de comunicación. Para extraer los datos, el receptor se sitúa en una determinada frecuencia (frecuencia portadora) ignorando el resto.

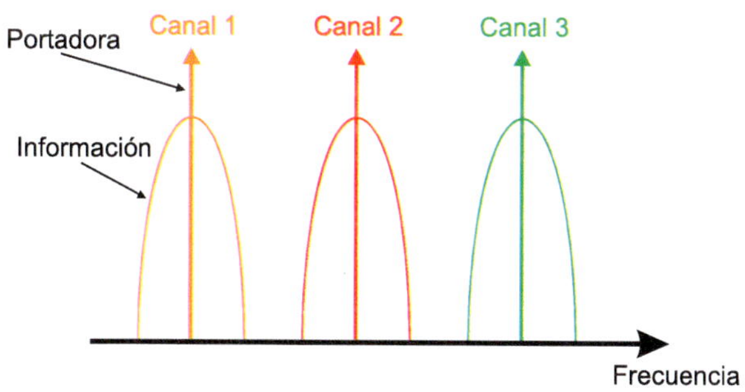

Figura 1.8. *Emisión en distintas frecuencias.*

Las ondas de radio atraviesan ciertas estructuras, pero son sensibles a interferencias y al multicamino. El multicamino se produce cuando las ondas de radio llegan a la antena receptora por dos o más caminos y en diferentes tiempos. Este efecto se produce por la reflexión de las ondas en obstáculos encontrados en su trayectoria.

Comunicaciones ópticas

Las **comunicaciones ópticas** en el espacio libre se caracterizan por propagarse en línea recta y por no poder atravesar objetos opacos. Se requiere, por tanto, una visión libre de obstáculos entre las estaciones. Son bastante inmunes a las interferencias de frecuencias de radio y se utilizan en enlaces punto a punto. IrDA es un ejemplo de los sistemas ópticos de espacio libre a baja velocidad y cortas distancias utilizando leds infrarrojos.

1.2. Estructura de una red de comunicación industrial

Hasta los años setenta, el control industrial se realizaba mediante lógica cableada y relés electromecánicos. Una modificación en estos sistemas implicaba necesariamente un cambio en el cableado, siendo nula su flexibilidad.

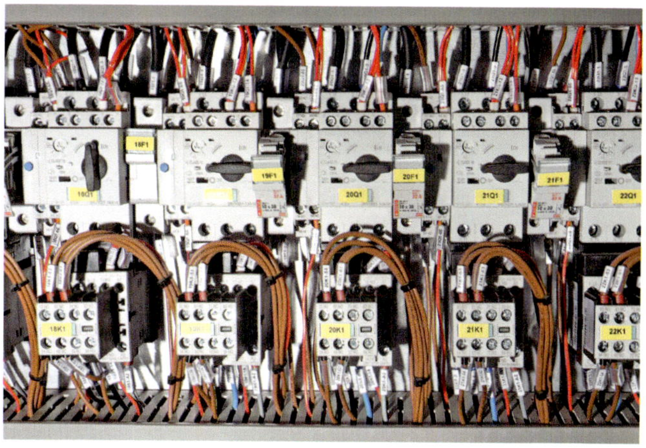

Figura 1.9. *Control industrial mediante lógica cableada y relés electromecánicos.*

El avance de la electrónica ha permitido la implantación en la industria de dispositivos con microcontrolador. Estos dispositivos son los **autómatas programables** o **controladores lógicos,** también conocidos como *PLC (programmable logic controllers).* La aparición de los autómatas programables permitió reducir notablemente la cantidad de material necesario para controlar una máquina y el mantenimiento. Los controles se programan en su interior y modificar su funcionamiento no implica necesariamente cambios físicos.

Figura 1.10. *Aspecto de un autómata programable.*

En las primeras redes de comunicaciones industriales, se utilizaba un **control centralizado,** donde todas las señales control pasaban por un único controlador. Este control es apropiado en sistemas que no sean excesivamente grandes ni complejos. Es fácil de mantener porque hay un único controlador y no existen problemas de incompatibilidad. Su mayor inconveniente es la poca tolerancia a los fallos, si el controlador falla, todo el sistema se detiene.

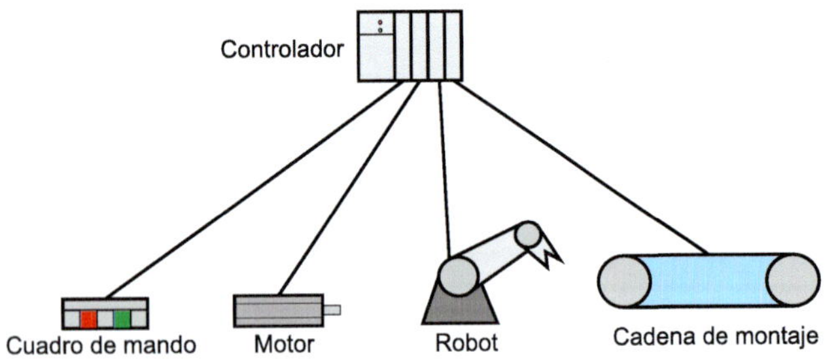

Figura 1.11. *Control centralizado.*

Al aumentar la complejidad de los sistemas, se opta por un **control distribuido,** donde el control se reparte entre varios controladores. Todos los elementos de control necesitan intercambiarse mensajes entre ellos, creándose una red y denominándose a estas líneas de comunicación *buses de campo (field bus).* Los buses de campo, gracias a un protocolo de comunicación, permiten que una señal pueda llegar donde interese. El control distribuido tiene una capacidad de expansión muy alta y es más flexible que el centralizado.

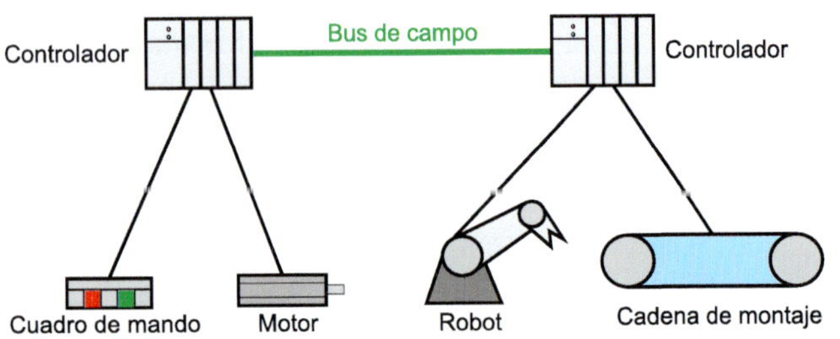

Figura 1.12. *Control distribuido.*

En el control distribuido, un sistema complejo se divide en subsistemas autónomos con control propio, que se interconectan mediante un sistema de comunicaciones común. Además, toda la información generada puede almacenarse y acceder desde cualquier nivel dentro del organigrama de la empresa. Esto permite planificar estrategias integrales de los elementos productivos, como recursos humanos, logística, datos de proceso de producción, etc., creando un nuevo tipo de estructura de producción: el modelo CIM *(computer integrated manufacturing).*

1.2.1. Buses de campo *(field bus)*

Los **buses de campo** son una herramienta muy eficaz en los procesos de automatización, ya que reducen los tiempos de puesta en marcha, modificación y mantenimiento de sistemas automáticos. La interconexión en serie de los elementos de una planta de producción mediante buses de campo tiene las siguientes ventajas:

- Reduce los mazos de cable, porque la interconexión de equipos, ya sean elementos de campo (sensores y actuadores) o elementos de control (PLC o reguladores), se realiza mediante el mismo cable de bus.
- Permite ubicar fácilmente los elementos en cualquier lugar.
- Simplifica la identificación de los elementos.
- Mejora de detección de errores, ya que los protocolos de transmisión tienen rutinas de detección y corrección de errores, aumentando la eficiencia y la fiabilidad de las comunicaciones.
- Compatibiliza los dispositivos de múltiples fabricantes, al usar un protocolo de comunicación estandarizado.

1.3. Pirámide CIM

Los sistemas de comunicación en los procesos productivos se han estructurado para hacerlos más eficientes. Como resultado, se utilizan modelos jerárquicos para la implantación de sistemas automatizados, siendo la **pirámide CIM** *(computer integrated manufacturing)* uno de los modelos más extendidos en la actualidad.

CIM es un modelo de automatización jerárquico que busca incrementar la eficiencia de todos los elementos de la empresa, relacionados con la producción, definiendo los siguientes objetivos:

- Aumentar la flexibilidad.
- Mejorar la calidad del producto.
- Responder más rápidamente a cambios en los requerimientos de producción o composición.
- Reducir los costos.
- Mejorar el sistema de inventario, logística y distribución.
- Reducir el tiempo y el número de pasos empleados en la fabricación.
- Aumentar la confiabilidad del sistema.

El modelo CIM se basa en usar tecnologías informatizadas en todas las etapas de producción de un producto, desde el diseño hasta la fabricación, incluyendo el control de calidad. Este modelo considera la factoría como un todo, recoge información de cada actividad y las relaciona entre sí formando un bloque único. Estructura las aplicaciones de un modo jerárquico, dividiendo las tareas de control en cinco niveles funcionales. Los niveles están divididos de acuerdo con el tráfico y el tipo de información que se intercambia:

1. **Nivel de control de empresa (nivel 5):** se realizan las operaciones de gestión de la empresa. Se establecen las políticas de producción del conjunto de la empresa en función de los recursos y costes del mercado.
2. **Nivel de control de planta (nivel 4):** se realizan las operaciones de planificación de la producción del conjunto de la factoría. También se encuentran los elementos que permiten el diseño de productos y la elaboración de programas. En este nivel, se efectúan funciones de control de materiales y recursos. Se generan órdenes de ejecución hacia el nivel de célula como secuencias de tareas, coordinación de recursos, etcétera.
3. **Nivel de control de célula (nivel 3):** se realizan las operaciones de coordinación de máquinas y operaciones. En él se sitúa el sistema de control que secuencia y controla una tarea específica. Gestiona los recursos y materiales dentro de la propia célula.
4. **Nivel de control de campo (nivel 2):** se efectúa el control de operaciones de los dispositivos de fabricación. Se encuentra en este nivel el controlador de cada recurso individual como robots, sistemas de medición, sistemas de transporte, etcétera.
5. **Nivel de control de proceso (nivel 1):** se ubican los dispositivos que interactúan con el proceso, tales como sensores y actuadores.

En el modelo CIM, cada nivel se caracteriza por llevar a cabo labores específicas, asociada a ello un tipo de información y de procesamiento diferente. De ahí, queda determinada la jerarquía a la cual pertenece una red. Cada red gobierna las funciones del nivel inferior y sirve de interfaz al nivel superior (integración del proceso automatizado). El flujo de la información fluye tanto en sentido horizontal (dentro de su propio nivel) como en sentido vertical (a un nivel superior o inferior). Por tanto, el flujo de información se divide en:

- **Flujo de información vertical:** órdenes y peticiones del nivel superior al inferior e informes sobre la ejecución de las órdenes recibidas del nivel inferior al superior. El intercambio de información entre niveles se realiza a través de elementos de interconexión de redes como puentes *(bridge)*, pasarelas *(gateway)*, etcétera.
- **Flujo de información horizontal:** intercambio de información entre entidades de un mismo nivel. Se realiza a través de las redes específicas de cada nivel.

Sin embargo, el modelo CIM se enfrenta a un problema al integrar estos niveles jerárquicos (Figura 1.14). La interacción dentro del mismo nivel (sentido horizontal) es sencilla, pero entre niveles (sentido vertical) es compleja, porque cada nivel tiene necesidades diferentes.

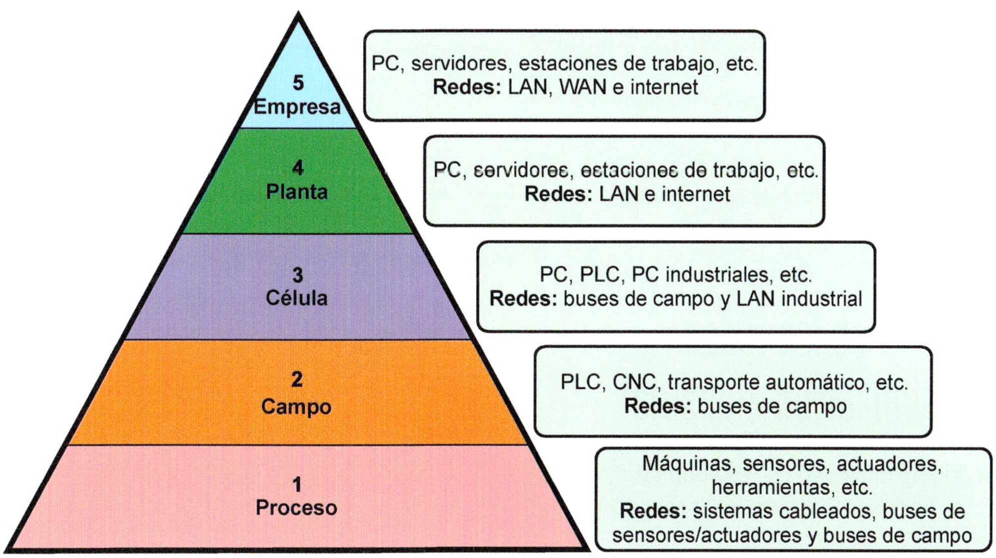

Figura 1.13. *Pirámide CIM.*

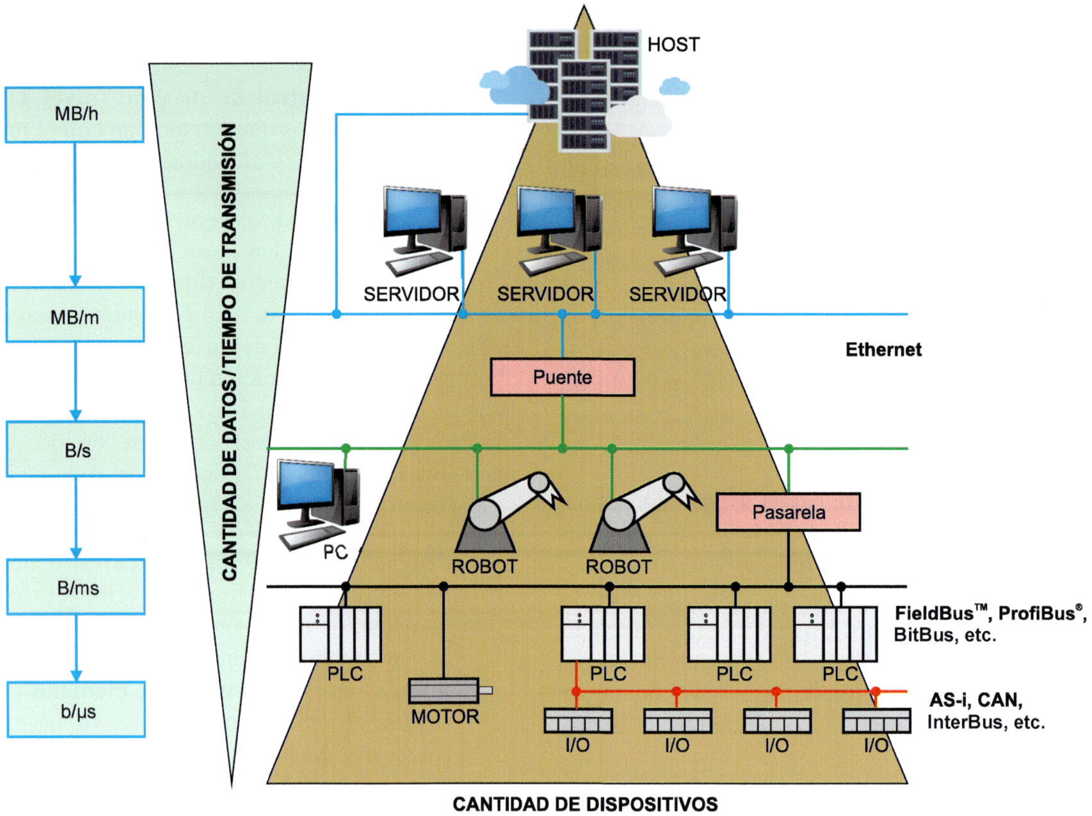

Figura 1.14. *Relación entre número de dispositivos, volumen de datos y velocidad de respuesta.*

En los niveles superiores de la pirámide CIM, normalmente, se trabaja con grandes volúmenes de datos, aunque el tiempo de respuesta en general no es crítico (desde varios segundos hasta minutos o incluso horas). Por el contrario, los sistemas electrónicos de control utilizados en los niveles inferiores de las fases de producción trabajan en tiempo real y, debido a ello, exigen tiempos de transmisión bajos, aunque los volúmenes de información que han de transmitirse son, en general, menos elevados. En la Figura 1.14, también puede observarse que el número de dispositivos aumenta hacia los niveles más bajos. Por ejemplo, en el nivel de control de proceso, suele haber cientos de sensores y actuadores, mientras que, en el nivel de control de empresa, hay uno o dos servidores.

1.4. Normativa de las redes de comunicación industrial

Una **norma** es un documento cuyo uso es voluntario, creado por consenso de las partes interesadas y aprobado por un organismo de normalización reconocido. Con las normas, la mayoría de los fabricantes han ido adaptando sus equipos al cumplimento de estas, haciendo que los equipos de los diferentes fabricantes sean más compatibles entre sí. Las instituciones normalizadoras más importantes referentes a las redes de comunicación industrial son:

- **ISO (International Organization for Standardization):** es una organización internacional dedicada a desarrollar reglas de normalización en diferentes ámbitos y coordina las creadas por organizaciones regionales. En 1984, definió el modelo OSI *(open system interconnection)* como un marco de referencia para la definición de arquitecturas de interconexión de sistemas de comunicaciones.
- **CEI (Comisión Electrotécnica Internacional) o IEC (International Electrotechnical Commission):** es una organización que elabora normas para el área eléctrica, electrónica y tecnologías relacionadas. La norma IEC-61158 define los buses de campo industriales para control distribuido en tiempo real.
- **IEEE (Institute of Electrical and Electronics Engineers):** es una asociación mundial de ingenieros dedicada a la estandarización y el desarrollo en áreas técnicas. En concreto, en 1980, constituyó el comité 802 para definir los estándares de las redes de datos.
- **EIA (Electronic Industries Alliance):** es una organización que está formada por la asociación de

las compañías electrónicas y de alta tecnología de los Estados Unidos para la definición de estándares acerca de la transmisión de señales eléctricas. Entre otras, define las normas físicas RS-232C, RS-422 y RS-485 de comunicación serie.

1.4.1. Sistemas abiertos

Los sistemas industriales basados en redes de comunicación han tenido gran aceptación y, por ello, han surgido un gran número de protocolos y de sistemas físicos. Para que estos protocolos y sistemas físicos puedan ser implantados de forma generalizada, deben cumplir unas normativas. Estas normativas exigen superar diferentes pruebas de homologación.

A la hora de elegir el protocolo y los medios de transmisión de sus nuevos equipos de comunicación, los fabricantes de equipos de automatización pueden optar por dos métodos:

1. **Propietarios:** la empresa fabricante se asegura que el protocolo desarrollado no puede ser usado por otros fabricantes, excepto con permiso expreso. Con este método, el fabricante se asegura el mercado para ese tipo de dispositivos, pero no permite una compatibilidad con el resto de los sistemas de automatización que puedan existir previamente en una planta industrial. Esta incompatibilidad puede provocar la creación de islas de automatización dentro de la planta.
2. **Abiertos:** los clientes demandan sistemas compatibles entre fabricantes para evitar islas de automatización y, para ello, los fabricantes pueden optar por sistemas normalizados y abiertos, regulados por organismos internacionales. Estos sistemas facilitan el desarrollo de dispositivos a cualquier empresa y permiten una mayor compatibilidad entre fabricantes y una mayor rapidez en la implantación de nuevas tecnologías.

Ante el reto de interconexión de sistemas, el concepto de *sistema abierto* adquiere gran importancia y el IEEE lo define como: «Un sistema que incorpora suficientes especificaciones o estándares para interfaces, servicios y formatos como para desarrollar y planificar aplicaciones de *software* capaces de: trasladarse con cambios mínimos a un amplio abanico de sistemas provenientes de uno más fabricantes, dialogar con otras aplicaciones tanto en el sistema local como en sistemas remotos, e interactuar con los usuarios y programadores de modo que resulta fácil la migración».

Si el sistema abierto, además, contiene una **especificación abierta,** la definición anterior se complementa de este modo: «que permite la inclusión de especificaciones, que, mantenidas y actualizadas por organizaciones, son consensuadas por un amplio grupo de expertos, y permiten que se incorporen las nuevas tecnologías y los requerimientos que puedan aparecer con el paso del tiempo».

A partir de estas definiciones, puede deducirse que no se limita a una tecnología en particular, ya sea *hardware* o *software*. El requisito es que debe ser accesible a todos los interesados, ya que la normativa queda regulada por organismos públicos donde todos los fabricantes interesados pueden participar.

1.5. Normalización de las comunicaciones

La comunicación entre dos equipos conectados a una red de datos es un proceso complejo. Por tanto, el estudio y desarrollo de estas redes es una tarea complicada. Para facilitar esta tarea, se emplean estrategias modulares, que dividen el problema complejo en partes más simples. Cada parte se encarga de realizar, de manera transparente a las demás partes, una determinada función dentro del proceso de comunicación. De este modo, cada parte del proceso se despreocupa del resto y, únicamente, se encarga de las tareas de su **nivel** o **capa.** Esta idea de dividir en partes el proceso de comunicación desemboca en un **modelo en capas.**

El modelo en capas es jerárquico, esto es, las capas se sitúan una encima de otra, por lo que es posible distinguir entre capa superior y capa inferior. Una capa únicamente atenderá a las peticiones de la capa inmediatamente superior y solo pedirá tareas a la capa inmediatamente inferior. Cada capa se encargará de llevar a cabo la tarea solicitada de manera transparente para el resto de las capas.

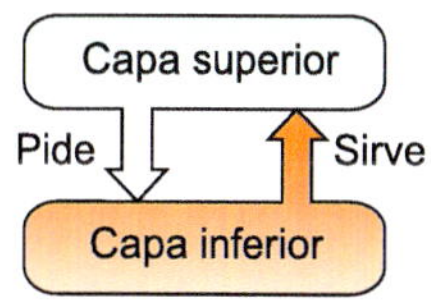

Figura 1.15. *Jerarquía entre capas.*

Con este modelo, el desarrollo de las redes y la búsqueda de fallos se simplifican. Puesto que ya no es necesario manipular todo el sistema, sino únicamente sobre la capa encargada de la tarea.

> **Recuerda:**
>
> El proceso de comunicación en las redes de datos es complejo. Por ello, una estrategia para afrontar dicha complejidad es agrupar todas las funciones de la comunicación en capas o niveles.

1.5.1. Modelo OSI

El **modelo OSI** *(open system interconnection)* fue creado por la Organización Internacional de Normalización (ISO, International Standarization Organization) en 1984 como un marco de referencia para la definición de arquitectura de interconexión de sistemas de comunicaciones.

El modelo de referencia OSI está formado por siete capas o niveles (Figura 1.16) que definen las diferentes fases por las que deben pasar los datos para viajar de un dispositivo a otro sobre una red de comunicaciones de datos. A continuación, se describe la función de cada una de estas capas:

1. **Capa física:** se encarga de transformar las tramas en señales eléctricas. Define el medio físico por el que van a viajar los datos, el tipo de cable, los materiales, las especificaciones eléctricas, etcétera.
2. **Capa de enlace de datos:** se ocupa del direccionamiento, la topología de la red, el acceso al medio, la detección de errores, la distribución ordenada de tramas y del control del flujo. Esto es, que los mensajes lleguen sin errores, independientemente de la tecnología de transmisión física empleada.
3. **Capa de red:** se encarga de establecer la ruta que llevarán los datos hasta su receptor final. Su objetivo es hacer que los datos lleguen desde el origen al destino, aun cuando ambos no estén conectados directamente.
4. **Capa de transporte:** efectúa la transferencia de los datos del origen al destino, ofreciendo mecanismos de seguridad e independizándolo del tipo de red física que esté utilizándose.
5. **Capa de sesión:** se encarga de sincronizar el envío de información, mantener y controlar el enlace creado entre dos equipos, estableciendo la conversación, los turnos de palabra, el intercambio de datos, etc. Esta capa es quien libera la memoria cuando están enviándose datos.
6. **Capa de presentación:** su tarea es la representación de la información. De modo que, aunque los equipos tengan diferentes representaciones internas de caracteres, los datos lleguen de manera reconocible. En esta capa, se tratan aspectos tales como la semántica y la sintaxis de los datos transmitidos, ya que distintos equipos pueden tener diferentes formas de manejarlas. Por lo tanto, podría decirse que esta capa actúa como un traductor. Esta capa también permite cifrar los datos y comprimirlos.
7. **Capa de aplicación:** ofrece a las aplicaciones la posibilidad de acceder a los servicios de las demás capas y define los protocolos que utilizan las aplicaciones para intercambiar datos. Es importante aclarar que el usuario, normalmente, no interactúa directamente con el nivel de aplicación. Suele interactuar con programas que, a su vez, interactúan con el nivel de aplicación.

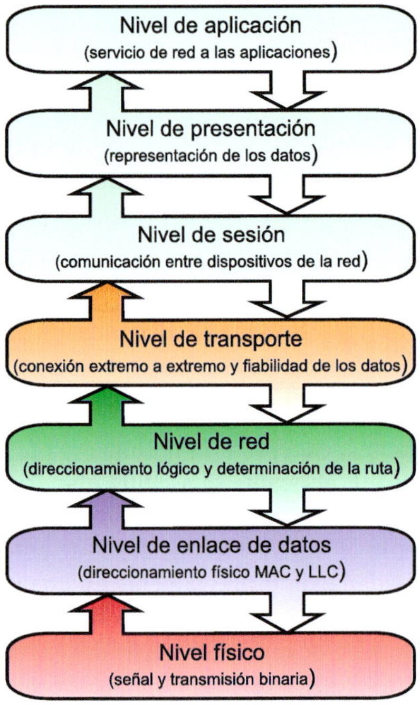

Figura 1.16. *Capas del modelo OSI.*

Con esta estructuración jerárquica en capas, el proceso de comunicación se realizará de la siguiente forma. En primer lugar, un programa que desee transmitir información a través de la red accederá al entorno OSI a través del nivel de aplicación. Este programa pasará los datos que desea transmitir a la capa de aplicación. La capa de aplicación adecuará los datos a lo acordado en el protocolo de aplicación establecido y pasará esta información al nivel de presentación. La capa de presentación transformará, si fuese necesario, el formato de la información recibida al formato establecido en el protocolo de presentación acordado. Ahora, la información pasará al nivel de sesión, donde se iniciará el diálogo con su par en destino. En esta capa, se controlará el diálogo y transmitirá la información como se acordó en el protocolo de sesión. La capa de transporte se encargará de generar la conexión y de comprobar si hay errores respecto a lo establecido en el protocolo de transporte. Tras esto, la información pasa al nivel de red junto con otros parámetros como los que identifican la calidad de servicio solicitada. El nivel de red establecerá la configuración asociada a dicha calidad de servicio y preparará la información como establezca el protocolo de red empleado.

Después, la información pasa al nivel de enlace de datos, donde se adaptará a lo establecido en el protocolo de enlace de datos. Por último, la información llega al nivel físico, donde se generará la señal eléctrica adecuada para viajar por el canal de comunicaciones y de la forma establecida en el protocolo de nivel físico.

La capa de nivel de red del modelo OSI proporciona los medios necesarios para la transferencia de información a través de la red, independientemente de la tecnología empleada. Para ello, el nivel de enlace se divide en dos subniveles, la capa de **control de acceso al medio** (*medium access control* o **MAC**) y la capa de **control del enlace lógico** (*logic link control* o **LLC**).

El subnivel de acceso al medio (MAC) se encarga de generar las tramas con los datos pasados del subnivel LLC y la información de control pertinente, del desensamblado de las tramas en recepción y del control del acceso al medio de transmisión utilizado. Por tanto, este subnivel es diferente en cada tipo de red. Por ejemplo, Ethernet (IEEE 802.3) usa CSMA/CD, el IEEE 802.4 emplea el testigo/bus y el 802.5 el testigo/anillo.

Por su parte, el subnivel LLC sirve de interfaz con los niveles superiores y realiza el control de errores y de flujo. Por tanto, este subnivel es igual para todos los equipos (especificado en la norma IEEE 802.2).

La señal eléctrica se propaga por el canal de comunicaciones con la información enviada y es recuperada por el receptor. El nivel físico del receptor se sincronizará y recuperará la información transmitida usando el protocolo de nivel físico establecido. La información recuperada será pasada al nivel de enlace de datos, donde se verificará que no hay errores y se pasará a la capa de red aplicando el protocolo de enlace de datos acordado. El nivel de red verificará, entre otras cosas, que es el destinatario del mensaje, descartándolo en caso contrario. Estas tareas serán realizadas según el procedimiento establecido en el protocolo de red. Ahora la información pasará al nivel de transporte, donde se llevarán a cabo las tareas acordadas en el protocolo de transporte y se depositarán los datos al nivel de sesión. El nivel de sesión gestionará la información según lo acordado en el protocolo de sesión y entregará sus datos al nivel de presentación. El nivel de presentación realizará las transformaciones oportunas aplicando el protocolo de presentación establecido y pasará los datos a la capa de aplicación. Esta última capa procesará todos los datos recibidos según el protocolo de aplicación y finalizará el proceso de comunicación.

Al definir niveles, se proporciona independencia, pero no indiferentes, es decir, deben acordar varias cuestiones. Según lo acordado, habrá mayor o menor servicio. Cada capa está formada por elementos activos llamados *entidades*. Las

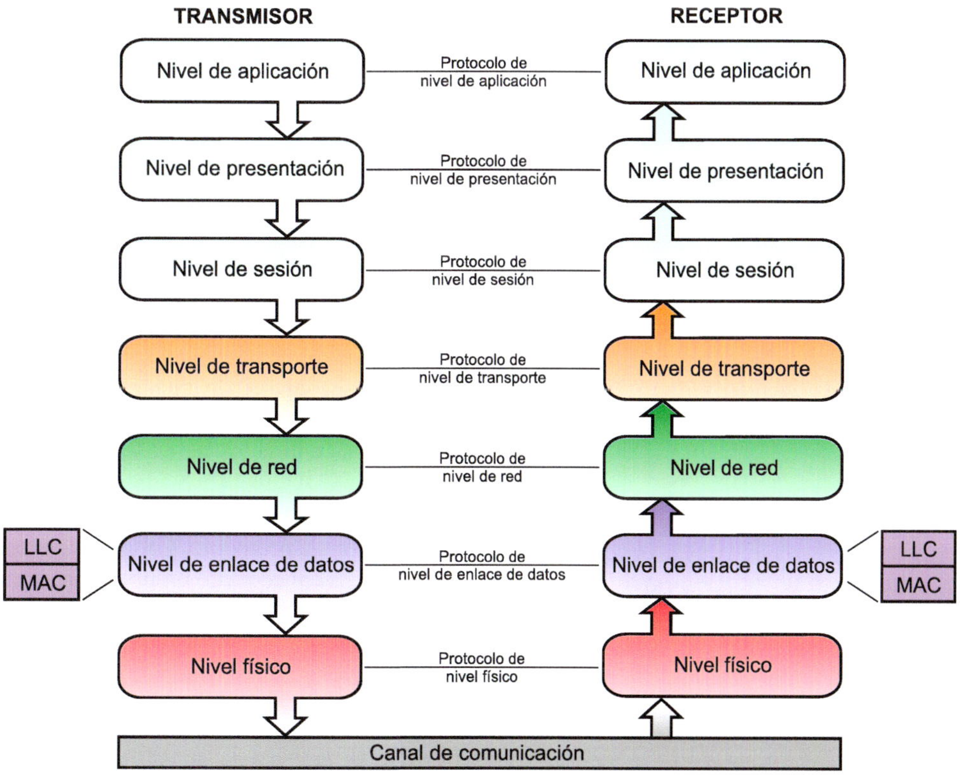

Figura 1.17. *Proceso de comunicación con el modelo OSI.*

entidades de la misma capa, pero de diferentes sistemas, se llaman *entidades pares* y el protocolo con el que se comunican, *protocolo par.* Como muestra la Figura 1.17, hay dos tipos de comunicaciones entre los niveles:

- **Horizontal:** corresponde a los protocolos pares. Realmente no existe, es virtual.
- **Vertical:** corresponde a la comunicación entre entidades de diferente nivel y siempre con la inmediatamente inferior o la inmediatamente superior. Esta comunicación se hace de acuerdo con una interfaz, la cual puede ser diferente en cada caso.

Lo que ofrece una entidad de un nivel inferior a otra de un nivel superior se denomina *servicio.* El acceso a los niveles se realiza a través de los **puntos de acceso al servicio (SAP)** que tienen las entidades. La Figura 1.18 ilustra la relación entre entidades de varias capas.

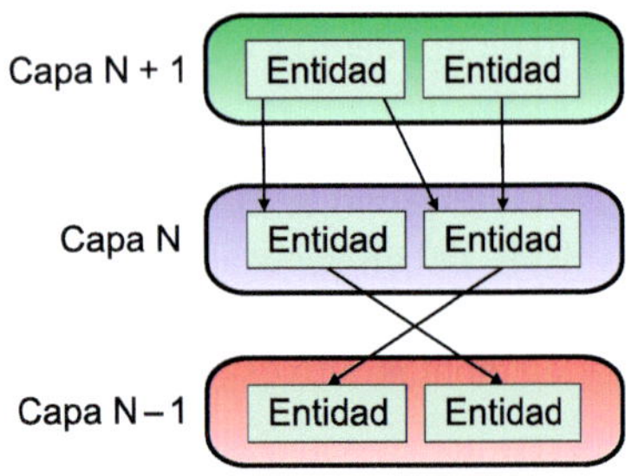

Figura 1.18. *Entidades.*

Las operaciones que pueden realizarse con los servicios ofrecidos entre capas se denominan *primitivas.* Cada primitiva define la función que ha de realizarse y posee unos parámetros que permiten datos o información de control. En el modelo OSI, se emplean cuatro primitivas para definir las interacciones entre dos capas adyacentes:

1. ***Request:*** esta primitiva es llamada por la entidad de la capa superior (N + 1) para solicitar un servicio de la capa inmediatamente inferior (N). Incorpora los parámetros necesarios para realizar el servicio solicitado.
2. ***Indication:*** esta primitiva es generada por la entidad de la capa suministradora del servicio (N) para indicar a la entidad de la capa superior (N + 1) que ha solicitado un servicio.
3. ***Response:*** esta primitiva es la respuesta de confirmación de la entidad de la capa superior (N + 1) de la petición del servicio.
4. ***Confirmation:*** esta primitiva es emitida por la capa inferior (N) para confirmar el servicio solicitado.

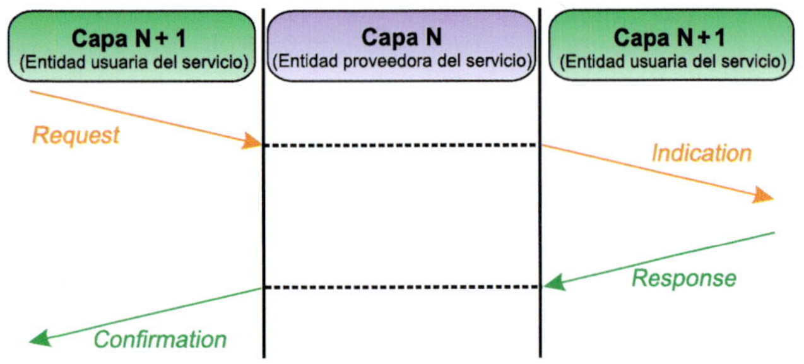

Figura 1.19. *Interacciones entre capas para un servicio confirmado.*

La Figura 1.19 muestra la secuencia de petición y confirmación de un servicio. El eje vertical representa el tiempo y el horizontal, las capas y las primitivas generadas. Las flechas que representan las secuencias se dibujan ligeramente inclinadas para indicar que requieren tiempo realizarlas. Este servicio se denomina *servicio confirmado,* porque requiere una confirmación de que la solicitud realizada ha tenido efecto en la otra entidad. Los servicios que no requieren confirmación se denominan *servicio no confirmado* y únicamente emplean las primitivas *request* e *indication.* La Figura 1.20 muestra la secuencia de un servicio no confirmado, que, como se aprecia, reduce el tráfico en la red.

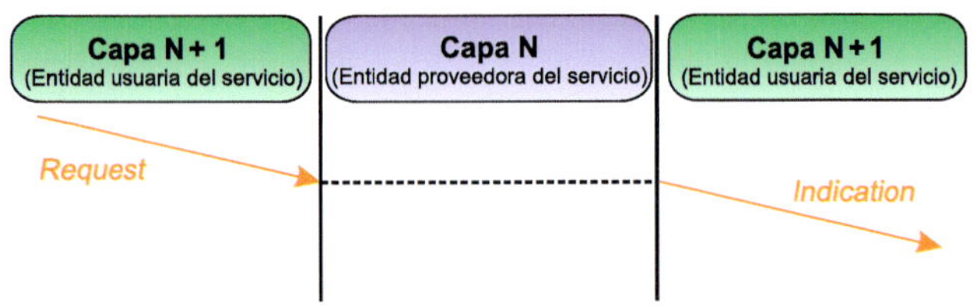

Figura 1.20. *Interacciones entre capas para un servicio no confirmado.*

Cuando se intercambian primitivas, se pasan parámetros. Un parámetro típico son los datos que entrega el usuario al proveedor (para que este se lo entregue al usuario par). Estos datos se les llaman *SDU (service data unit).* El proveedor de un servicio se encarga que la SDU llegue al otro extremo de forma transparente. La información que se intercambian las entidades pares se llama *PDU (protocol data unit).* Una PDU está formada por la SDU y una cabecera llamada *PCI (protocol control information),* que contiene información de protocolo. Cada nivel añade su propia cabecera PCI. La cabecera de un nivel superior es como un SDU para el nivel inferior.

1.5.2. Modelo TCP/IP

El **modelo TCP/IP** *(transmission control protocol/internet protocol)* es el modelo más empleado para la interconexión de sistemas. Nace en la década de los setenta en una agencia del Departamento de Defensa de los Estados Unidos (DoD) para la red Arpanet.

Este modelo describe un conjunto de reglas generales para permitir que cualquier equipo pueda comunicarse en una red, por lo que se ha convertido en un estándar de internet. TCP/IP especifica cómo deben ser tratados los datos, direccionados, transmitidos, encaminados y recibidos. TCP/IP no es un modelo de referencia como OSI, sino que describe y define todas las tareas del proceso de comunicación.

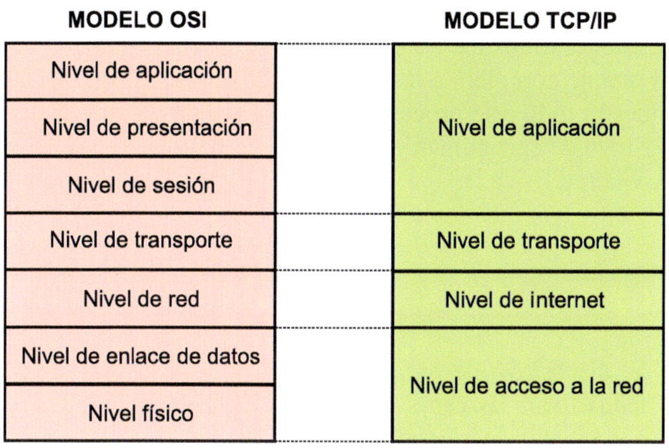

Figura 1.21. *Comparativa entre el modelo OSI y el modelo TCP/IP.*

El modelo TCP/IP, al igual que el OSI, organiza todas las tareas en capas, de manera que las entidades de una capa ofrecen servicios a las entidades de la capa superior. A diferencia del modelo OSI, TCP/IP solo tiene cuatro capas o niveles de abstracción:

1. **Capa de acceso a la red:** define las características del medio de transmisión y las características físicas de la transmisión como el tipo de señal, velocidad de transmisión, etc. Además, realiza la traducción de las direcciones de nivel de red **(IP)** a direcciones físicas, generando las tramas de datos que han de enviarse. Asimilable a la capa de enlace de datos y a la capa física del modelo OSI.

2. **Capa de internet:** define el camino que han de seguir los datos desde el origen hasta el destino. Cuando dos equipos están conectados a redes diferentes y desean intercambiar datos, es necesario determinar un camino para transportarlos, atravesando en ocasiones distintas redes. Asimilable a la capa de red del modelo OSI.

3. **Capa de transporte:** también se denomina *extremo a extremo (host to host)*. Proporciona un servicio de transferencia de datos garantizado entre sistemas finales, ocultando detalles de la red. Existen dos tipos de protocolos de este nivel, atendiendo al tipo de servicio ofrecido, orientado a la conexión **(TCP)** o no orientado a la conexión **(UDP).** El protocolo UDP *(user datagram protocol)* permite el envío de datos sin que se haya establecido previamente una conexión y proporciona un nivel de transporte no fiable. Mientras que el protocolo TCP proporciona un envío fiable, a costa de añadir más información en los datos. Asimilable a la capa de transporte del modelo OSI.

4. **Capa de aplicación:** permite la comunicación entre aplicaciones de equipos remotos. Maneja aspectos de representación, codificación y control de diálogo. Asimilable a la capa de sesión, de presentación y de aplicación del modelo OSI.

En la Figura 1.21 se muestra la relación entre las capas del modelo OSI y el TCP/IP. Puede observarse que las capas guardan cierta correspondencia y ambos describen una arquitectura jerárquica en niveles. Por otro lado, la Figura 1.22 ilustra de forma simplificada los datos que va añadiendo cada una de las capas para formar la trama con TCP/IP.

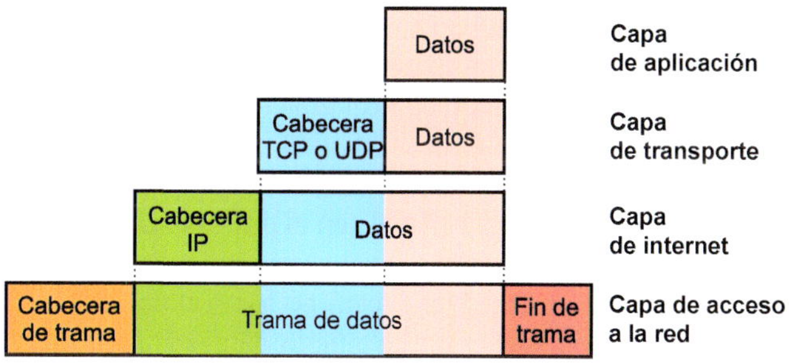

Figura 1.22. *Generación de una trama con TCP/IP.*

En resumen, para conectar cualquier dispositivo a la red, es necesario utilizar el protocolo de red adecuado. Este protocolo permitirá enviar datos a cualquier dispositivo conectado a la red, directamente o a través de un dispositivo de encaminamiento en el caso de que el destino se encuentre en otra red. Para este último caso, el protocolo de la capa de internet proporciona todos los mecanismos necesarios para transportar los datos desde el equipo origen hasta el equipo destino, atravesando todos los dispositivos de encaminamiento necesarios. Por tanto, esta capa debe estar implementada en todos los dispositivos de la red, tanto equipos finales como dispositivos de encaminamiento. Sin embargo, las capas de transporte y de aplicación únicamente estarán implementadas en los equipos finales, para garantizar que los datos recibidos son correctos y ofrecérselos de forma ordenada a las aplicaciones correspondientes.

Si un dispositivo A desea transmitir datos a otro dispositivo B, el nivel de aplicación solicitará un servicio de transferencia de datos a una entidad de la capa de transporte. En dicha solicitud, se suministrarán los datos que han de enviarse, así como el nombre de la aplicación que los generó y a qué aplicación en destino van dirigidos. La entidad de transporte con toda esa información generará el bloque que ha de transmitirse, denominado *segmento*. Si el segmento fuese muy grande para transmitirlo de una sola vez, la entidad de transporte lo dividiría en trozos, añadiéndole a cada uno cierta información de control y enviándolos por separado. Una vez generado el segmento, la entidad de transporte solicitará un servicio a una entidad de la capa de internet. Al igual que ocurrió antes, en dicha solicitud, se pasa el segmento que ha de transmitirse y cierta información necesaria, como, por ejemplo, el dispositivo destino. La entidad de internet con estos datos y con otros que añadirá como, por ejemplo, la dirección IP del dispositivo destino, creará un nuevo bloque de datos llamado *datagrama* o *paquete*. La entidad de la capa de internet pasará el datagrama a una entidad de la capa de acceso a la red, que la transformará de forma adecuada para que pueda ser enviada a través del canal de comunicación, generando una o varias *tramas*.

La trama puede ser recibida por el dispositivo destino directamente o a través de un dispositivo de encaminamiento. En ambos casos, la entidad par de la capa de acceso a la red leerá la trama y realizará las tareas definidas en el protocolo usando la información de control añadida al datagrama. Si la trama no se desecha, dicha entidad pasará el datagrama a la entidad par del nivel de internet, donde se procesará con la información de control añadida en el dispositivo de origen. Si se trata de un dispositivo de encaminamiento, empleará esta información para trazar el camino hacia el destino. Con esta información, generará un nuevo datagrama que será enviado empleando los servicios del nivel de acceso a la red. La trama emitida viajará por el nuevo canal de comunicación, pasando por tantos dispositivos de encaminamiento como sean necesarios hasta llegar al dispositivo destino.

Si, por el contrario, se trata del dispositivo destino (dispositivo B), la entidad par de la capa de internet pasará el segmento a una entidad de la capa transporte. Esta entidad separará la información de control y los datos. Con la información de control, se realizarán las tareas definidas en el protocolo y, si todo es correcto, pasarán los datos a la aplicación destino. Si los datos enviados fueron divididos en trozos, la entidad par de la capa de transporte esperará a tener todos los fragmentos, para ordenarlos, y pasarle el bloque completo a la aplicación destino. La Figura 1.23 muestra todo este proceso de comunicación y como el dispositivo de encaminamiento sirve de nexo entre la red física A y la red física B.

Recuerda:

El dispositivo de encaminamiento no es necesario que tenga todas las capas del modelo TCP/IP. Es suficiente con implementar hasta la capa que le permite obtener los datos necesarios para su cometido.

1.6. Modalidades de transmisión

En un sistema de comunicación, se necesita un equipo que realice la transmisión (transmisor) y otro que reciba los datos enviados (receptor) a través de un medio. Dependiendo

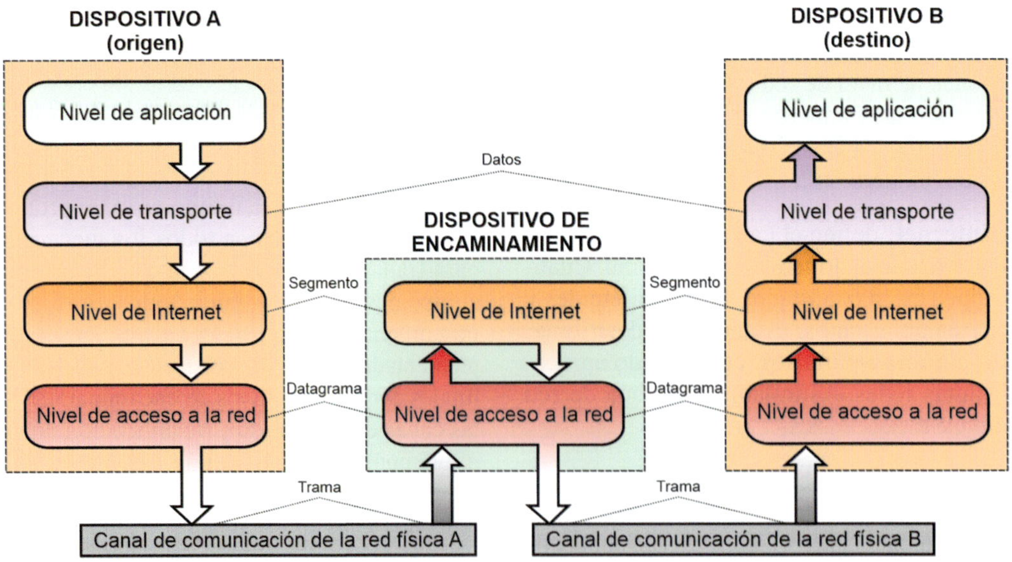

Figura 1.23. *Proceso de comunicación con el modelo TCP/IP.*

del tipo de interacción entre los distintos dispositivos que han de comunicarse, la transmisión puede clasificarse en:

- ***Simplex:*** permite la transmisión en un único sentido, es decir, un dispositivo es siempre el emisor y el otro es siempre el receptor. Por ejemplo, la televisión es un claro ejemplo de esta transmisión.
- ***Half-duplex:*** permite la transmisión en ambos sentidos, pero no a la vez. Esto es, mientras que un dispositivo emite, el otro solo puede recibir. Un ejemplo típico son las emisoras de radioaficionado.
- ***Full-duplex:*** permite a ambos dispositivos transmitir y recibir a la vez. Por ejemplo, el teléfono.

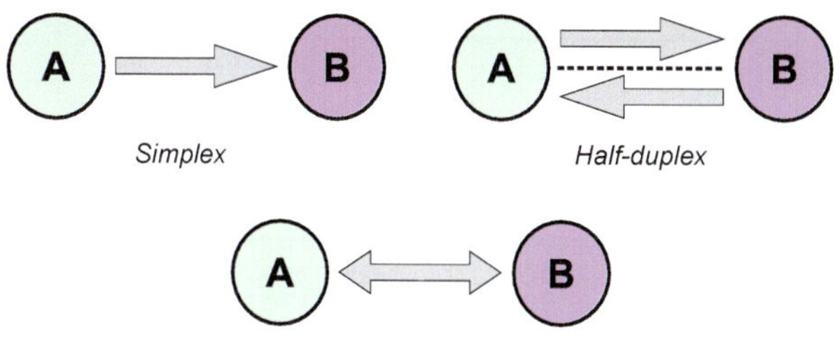

Figura 1.24. *Modos de transmisión.*

En los sistemas industriales, se utilizan fundamentalmente dos procedimientos para realizar la transmisión de datos:

1. **Serie:** emplea un único conductor para transmitir los datos. Los datos se envían uno tras otro a través del conductor.
2. **Paralelo:** emplea varios conductores para transmitir los datos. Los datos se envían en grupos de varios bits a la vez, normalmente, tantos bits como tenga el dato que ha de transmitirse (generalmente 8 b).

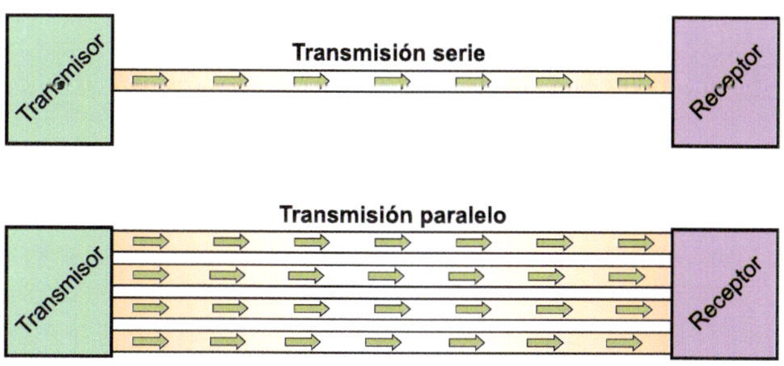

Figura 1.25. *Modalidades de transmisión: serie y paralelo.*

Como es de suponer, a la misma frecuencia, la transmisión en paralelo es mucho más rápida que la serie. Sin embargo, tiene el inconveniente de que necesita un gran número de conductores, lo que repercute en un cable mucho más grueso y, por lo tanto, caro.

Por otro lado, la conexión serie puede realizar comunicaciones a mayor distancia que la paralela, ya que, en la transmisión en paralelo, se producen problemas de interferencia o desincronización (Figura 1.25). Para aumentar la distancia en la transmisión en paralelo, es necesario el uso de unidades de amplificación y sincronización. Por tanto, dependiendo de la aplicación, será recomendable el uso de uno u otro procedimiento de transmisión.

1.6.1. Tipos de sincronización en la transmisión en serie

En una red de comunicación serie, cada equipo internamente dispone de una señal de reloj propia. El receptor debe ser capaz de identificar los datos e interpretarlos correctamente, para ello, tanto el emisor como el receptor deben estar sincronizados. Esta sincronización se realiza de modo diferente dependiendo del tipo de transmisión en serie. La transmisión en serie puede realizarse de dos formas: asíncrona (sin enviar la señal de reloj) y síncrona (enviando la señal de reloj).

Transmisión asíncrona

Emisor y receptor deben trabajar a la misma velocidad y, por tanto, deben configurarse de forma local los parámetros de comunicación. Una señal concreta (bit de arranque) indica el inicio del mensaje y el receptor, al detectarla, comienza el muestreo de la señal presente en el medio. Una vez transmitido el mensaje, el equipo emisor envía una señal de parada (bit de parada) indicando el fin de la transmisión. El equipo receptor, al detectar la señal de parada, detiene la lectura de datos.

Esta forma de transmisión exige que todos los equipos que intervienen en la red se configuren con los mismos parámetros. Estos parámetros son:

- **Pesos y paridad:** establecer si el bit que envía en el comienzo de un nuevo dato es el de mayor o el de menor peso, así como su longitud (número de bits de los datos) y si va a usarse bit de paridad. El bit de paridad es un bit adicional que se añade al final de los datos para verificar si los datos recibidos son correctos o no.
- **Nivel inactivo de la línea:** establecer el nivel lógico en el que se quedará la línea cuando no hay transmisión, para evitar que el receptor no sepa si el nivel recibido corresponde a un nuevo dato o a que el emisor no está transmitiendo. El bit de arranque se genera cambiando el nivel inactivo de la línea. De este modo, el receptor sabe que los bits enviados a continuación corresponden a un nuevo dato.

Por ejemplo, en la Figura 1.26, se muestra un medio con nivel inactivo alto. Si un equipo quiere transmitir datos de 4 b sin paridad, antes de transmitir cada dato, envía un bit de arranque que, en este ejemplo, corresponde con un nivel bajo. Finalizado el envío de un dato, la línea pasa a inactiva un tiempo mínimo. Este tiempo mínimo, en el que la línea permanece inactiva, se denomina *bit de parada* y se usa para separar un dato del siguiente en una transmisión continua. En la comunicación, puede establecerse 1, 1,5 o 2 b de parada.

- **Duración de los bits:** establecer la velocidad de transmisión. Para que el receptor pueda leer de forma correcta los datos, los bits enviados deben tener la misma duración. Este tiempo, que es configurado en todos los equipos de la red, se denomina *tiempo de bit* (t_{bit}) y su inverso, *régimen de bit* (R_{bit}). El régimen de bit expresa la **velocidad de transmisión** en bits por segundos (bps).

$$t_{bit} = \frac{1}{R_{bit}}$$

Para que, en la lectura de los datos, el error sea mínimo, el receptor a la hora de muestrear la señal, en lugar de hacerlo al principio o final del tiempo de bit, lo realiza en el medio. Sin embargo, como los relojes no son exactamente iguales, aunque sean del mismo fabricante, con el tiempo, se desplaza este muestreo (Figura 1.27), llegando a un punto en el que no se muestrean todos los bits. Para que esto no suceda, en lugar de sincronizar los relojes únicamente al inicio de la transmisión, se realiza en cada dato enviado por la línea con el bit de arranque.

Transmisión síncrona

En una transmisión síncrona, no en necesario configurar el reloj de forma local en cada equipo de la red. De este modo, se evita el envío de los bits de control (arranque y parada) y, por tanto, la transmisión se realiza más rápidamente.

La señal de reloj que sincroniza la transmisión se puede generar de dos formas:

1. **No incorporada en los datos:** se envía la señal de reloj, además de la señal de datos. Este sistema tiene el inconveniente de añadir una línea más para la señal de reloj (Figura 1.28).

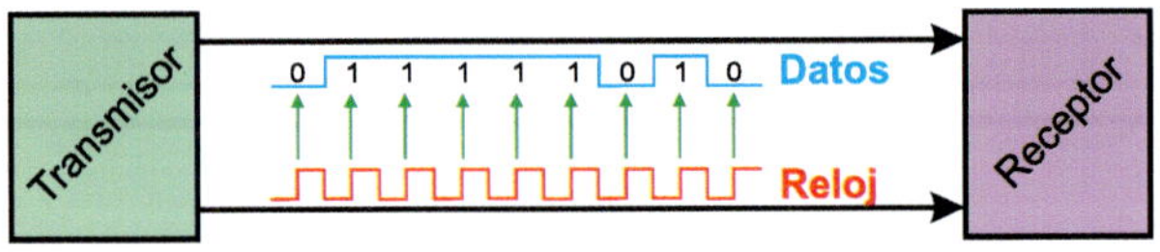

Figura 1.28. *Transmisión síncrona con señal de reloj.*

2. **Incorporada en los datos:** se codifica el reloj dentro de los datos, esto implica que existan cambios de nivel en cada bit. La más conocida es la codificación Manchester y consiste en transmitir 01 si el dato es 0 y 10 si es 1. El proceso de codificación es muy sencillo, basta con efectuar una XOR entre los datos y el reloj. El inconveniente es que la transmisión requiere el doble ancho de banda, ya que hay dos bits de datos codificados en Manchester por cada bit de datos originales (Figura 1.29).

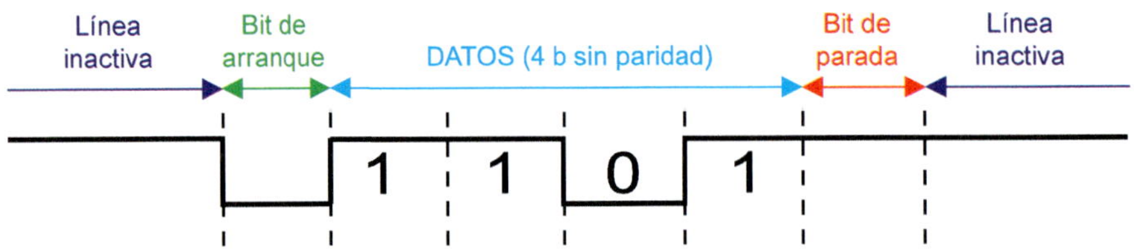

Figura 1.26. *Trama de la transmisión en serie asíncrona.*

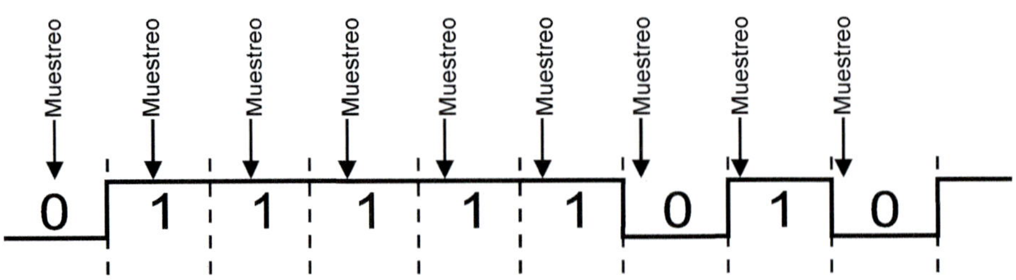

Figura 1.27. *Desincronización.*

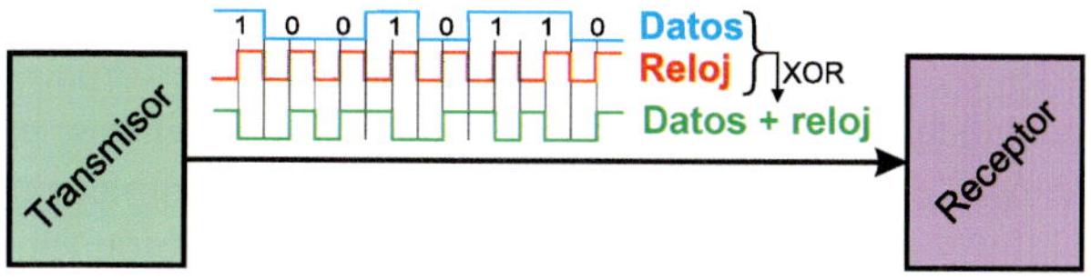

Figura 1.29. *Transmisión síncrona sin señal de reloj.*

Para poder recuperar correctamente la señal de reloj, se añaden al inicio de la transmisión unos caracteres de sincronismo (SYN). Estos caracteres de sincronismo permiten al receptor detectar la velocidad de transmisión y extraer correctamente los datos. De igual modo, al final de la transmisión, se añaden estos caracteres para indicar cuándo finaliza la recepción de los datos. Si el volumen de información es elevado, esta se empaqueta entre diferentes caracteres de sincronismo, como muestra la Figura 1.30.

Figura 1.30. *Caracteres de sincronismo.*

1.7. Normas físicas de las comunicaciones serie

En el modelo OSI, la capa física es la encargada de transformar las tramas en señales eléctricas. Esta capa define el medio físico por el que van a viajar los datos, el tipo de cable, los materiales, las especificaciones eléctricas, etc. Al igual que otros aspectos de la comunicación, la capa física también se encuentra normalizada. Las principales **normas físicas** utilizadas en las comunicaciones industriales son: RS-232, RS-422 y RS-485.

1.7.1. Estándar de comunicación RS-232

En la década de los años sesenta, la EIA (Electronic Industries Alliance) desarrolló una interfaz común de comunicación, denominada *RS-232 (recommended standard 232),* para el intercambio de datos a través de líneas telefónicas de voz. Por aquel entonces, las líneas telefónicas eran analógicas y se requería un dispositivo traductor de señales (módem). La norma RS-232 fue creada para comunicar un sistema informático con un módem. Sin embargo, posteriormente, fue utilizándose para interconectar otros dispositivos como impresoras, ratones, trazadores, etc., y, hoy en día, también se utiliza a nivel industrial para comunicar punto a punto diferentes equipos industriales como autómatas programables, variadores de frecuencia, etc. Esta norma es idéntica a la norma v.24 definida por la UIT (Unión Internacional de Telecomunicaciones).

La norma define una comunicación serie punto a punto, *full-duplex,* asíncrona y velocidad de transmisión máxima de 20 kbps con tamaño de datos de 5, 6, 7 u 8 b. El estándar se ha desarrollado por más de cuarenta años, durante los cuales la EIA ha publicado varias modificaciones, siendo la 232F la última. El nombre del estándar pasó de *RS-232* a *EIA-232,* al igual que han cambiado la denominación de otros elementos de la norma original. La norma RS-232C es la más extendida, en 1987, fue revisada y llamada *RS-232D.* RS-232D añade nuevas señales destinadas a la especificación de determinadas condiciones de prueba; dos de estas señales utilizan las conexiones 18 y 25, que, en el estándar anterior, estaban sin asignación.

El estándar RS-232C define las siguientes características mecánicas de la interfaz:

- Conector de 25 contactos distribuidos en dos hileras. El ordenador o el DCE *(data communications equipment)* usa el conector hembra y el DTE *(data terminal equipment)* o módem el conector macho.
- Longitud máxima recomendada del cable: 15 m.
- Capacidad máxima del cable: 2,5 nF.

La capacidad de un conductor se comporta como un freno a los cambios de tensión. Si la velocidad es muy rápida, la capacidad puede provocar lecturas erróneas de la información transmitida. Por ello, la norma establece que la velocidad máxima es 20 kbps y que la capacidad del cable no debe superar los 2,5 nF. Por supuesto, si se reduce la longitud del cable, puede aumentarse la velocidad, y viceversa. La longitud máxima de 15 m viene impuesta por la capacidad típica de los cables, que es entre 130 y 170 pF por metro de longitud.

$$\text{Longitud máxima} = \frac{\text{Capacidad máxima}}{\text{Capacidad del conductor por metro}} = \frac{2500\ \text{pF}}{170\ \text{pF/m}} = 14{,}7\ \text{m}$$

La comunicación mediante el estándar RS-232 puede ser directa, cuando se realiza sobre banda base digital, o mediante un módem, cuando la transmisión se realiza en banda base análoga modulando la portadora. Cuando se transmite a través de un módem, la norma define un conjunto de 22 señales, divididas en señales de datos y señales de control, distribuidas en un conector de tipo D de 25 contactos. Sin embargo, no todas las señales de control son imprescindibles para establecer la comunicación entre dos equipos y, por ello, en muchas ocasiones, se utiliza un conector tipo D de 9 contactos.

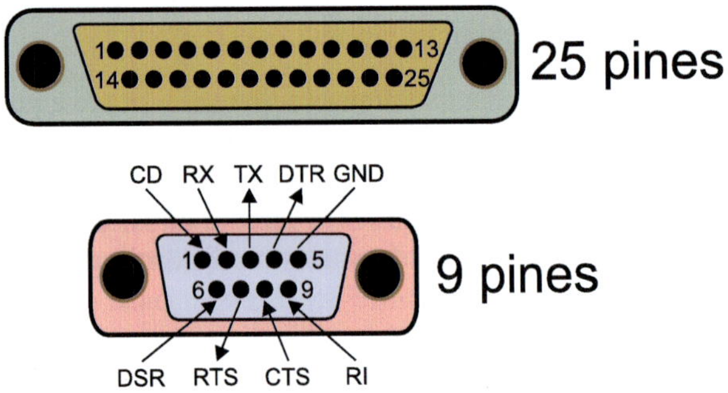

Figura 1.31. *Conectores de la interfaz RS-232.*

La norma define un margen de tensión de +3 a +15 V para el 0 lógico y de −3 a −15 V para el 1 lógico en la revisión RS-232C. En la revisión RS-232D, se establecen de +3 a +25 V para el 0 lógico y de −3 a −25 V para el 1 lógico. La Tabla 1.2 resume las características eléctricas de la interfaz RS-232. A la vista de estos valores de tensión, se hace necesario que, tanto en la transmisión como en la recepción, se utilice un circuito de adaptación. Este circuito de adaptación adecua los niveles de tensión utilizados en los circuitos digitales a los de la interfaz RS-232, y viceversa.

Tabla 1.2. Señales de la interfaz RS-232

	1 Lógico	0 Lógico
RS-232C	De −3 a −15 V	De +3 a +15 V
RS-232D	De −3 a −25 V	De +3 a +25 V
Zona de transición	De −3 a +3 V	

El estándar RS-232 utiliza tensiones de −12 a +12 V para definir los distintos estados de la señal. La Figura 1.32 muestra una señal eléctrica dentro de los márgenes del estándar RS-232C. Todos los voltajes entre +3 y +15 V serán interpretados como un 0 lógico y todos los voltajes entre −3 y −15 V como un 1 lógico. Los ruidos, las interferencias, etc., pueden producir tensiones fuera de estos valores, provocando lecturas erróneas. La norma también establece que el tiempo máximo para cruzar la zona de transición (entre −3 y +3 V) debe durar como máximo el 4 % del tiempo de cada periodo de bit. A mayor efecto capacitivo del cable, mayor tiempo estará la señal en la zona de transición.

En la Tabla 1.3, se muestra la relación entre el número de pin y su función en la versión de 25 y de 9 pines para la comunicación serie RS-232.

Tabla 1.3. Relación de las señales y pines del estándar RS-232

Señales de la comunicación serie RS-232	Pines	
	D9	D25
Malla de protección	-	1
Datos transmitidos (TxD)	3	2
Datos recibidos (RxD)	2	3
Petición para transmitir (RTS)	7	4
Preparado para transmitir (CTS)	8	5
Módem preparado (DSR)	6	6
Masa de señal (GND)	5	7
Detección de portadora (CD)	1	8
Reservado (pruebas del módem)	-	9
Reservado (pruebas del módem)	-	10
Sin asignar	-	11
Detección secundaria de portadora (SCD)	-	12
Preparado para transmitir secundario (CTS)	-	13

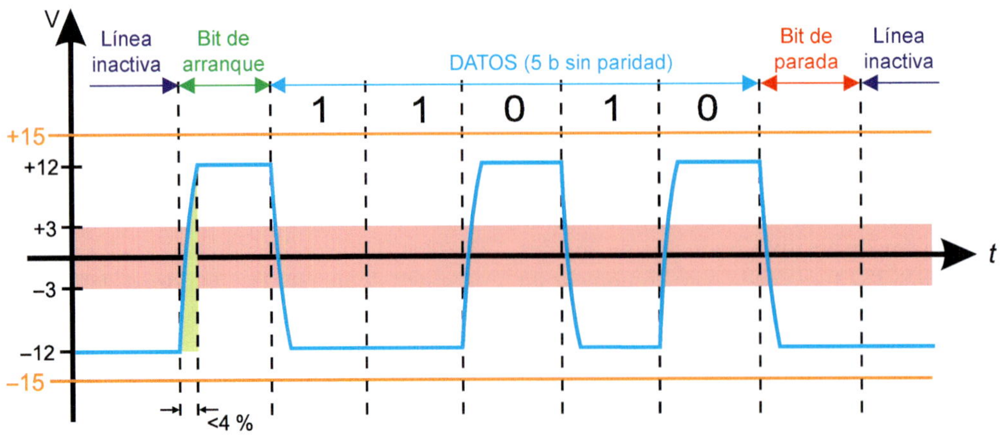

Figura 1.32. *Ejemplo de señal eléctrica real del estándar RS-232C.*

Señales de la comunicación serie RS-232	Pines	
	D9	D25
Datos transmitidos secundario (sTxD)	-	14
Temporización de transmisión (TC)	-	15
Datos recibidos secundario (sRxD)	-	16
Temporización de recepción (RC)	-	17
Sin asignar	-	18
Petición para transmitir secundario (RTS)	-	19
Terminal de datos preparado (DTR)	4	20
Detector de calidad de la señal (SQ)	-	21
Indicador acústico de llamada entrante (RI)	9	22
Selección de velocidad (DRS)	-	23
Reloj de transmisión (ETC)	-	24
Sin asignar	-	25

Originalmente, el uso principal de estos puertos serie era conectar un módem a un sistema informático. Por esto, dispone de tal cantidad de señales dedicadas para el control de flujo. Los comandos RTS *(request to send)*, CTS *(clear to send)*, DTR *(data terminal ready)* y DSR *(data set ready)* son utilizados para habilitar el control de flujo. Cuando dos equipos quieren comunicarse, se realiza el siguiente proceso (Figura 1.33):

1. Comprobar que tanto el emisor (DTE) como el receptor (DCE) están preparados y sin ningún error mediante las señales DTR/DSR.
2. Preguntar el emisor al receptor si está preparado para recibir a través de las señales RTS del emisor y CTS del receptor.
3. Esperar a que el receptor responda activando la señal CTS del emisor mediante la señal RTS del receptor.
4. Enviar los datos el emisor a través de TxD al contacto RxD del receptor.

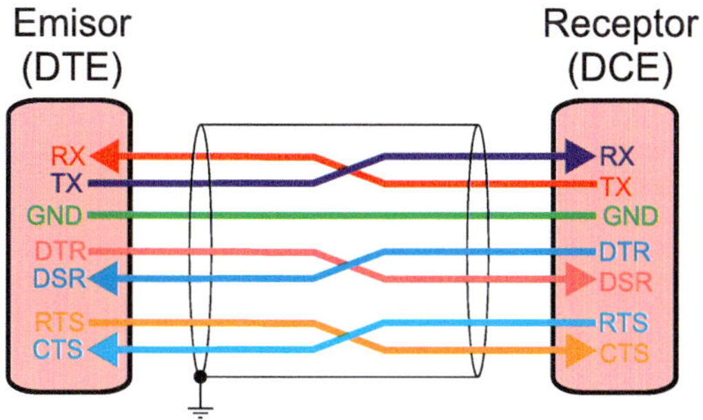

Figura 1.33. *Conexión entre dos equipos para la transmisión.*

La norma RS-232 también permite un tipo de transmisión simple, llamada *single-ended*. Para realizar una transmisión simple, es suficiente con usar las líneas RxD, TxD y GND como ilustra la Figura 1.34. Como puede verse, la conexión se realiza uniendo el pin RxD de un equipo con el pin TxD del otro. Esta conexión se utiliza para distancias cortas y bajas velocidades de transmisión.

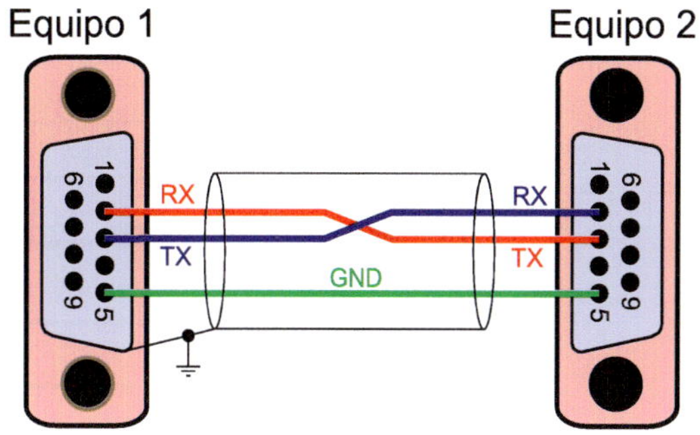

Figura 1.34. *Conexión entre dos equipos para la transmisión simple.*

Además del estándar RS-232, también existen otras normas como la RS-422 y RS-485, capaces de alcanzar distancias mayores y muy extendidas en ámbitos industriales. Estos puertos serie suelen comercializarse en tarjetas que se pinchan en un *slot* de expansión del equipo o mediante pequeños adaptadores que convierten el puerto RS-232 a RS-422 y RS-485. La norma RS-485, por ejemplo, se emplea para la conexión de un sistema informático con autómatas programables (PLC). Mientras que los puertos serie RS-232 se usan a menudo para configurar dispositivos de red como encaminadores *(routers)* y conmutadores *(switches)*, porque son sencillos, baratos y permiten la interoperabilidad entre dispositivos.

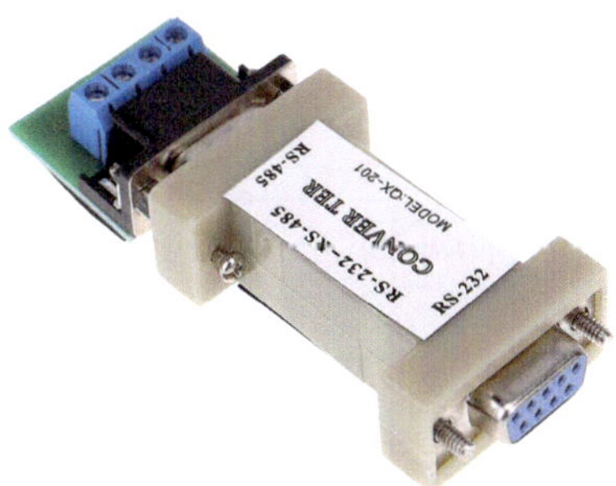

Figura 1.35. *Conversor de RS-232 a RS-485.*

1.7.2. Estándar de comunicación RS-422

Bajo condiciones de elevado ruido, elevadas distancias y grandes velocidades de transmisión, la norma RS-232 es insuficiente. Para conseguir distancias mayores y aumentar

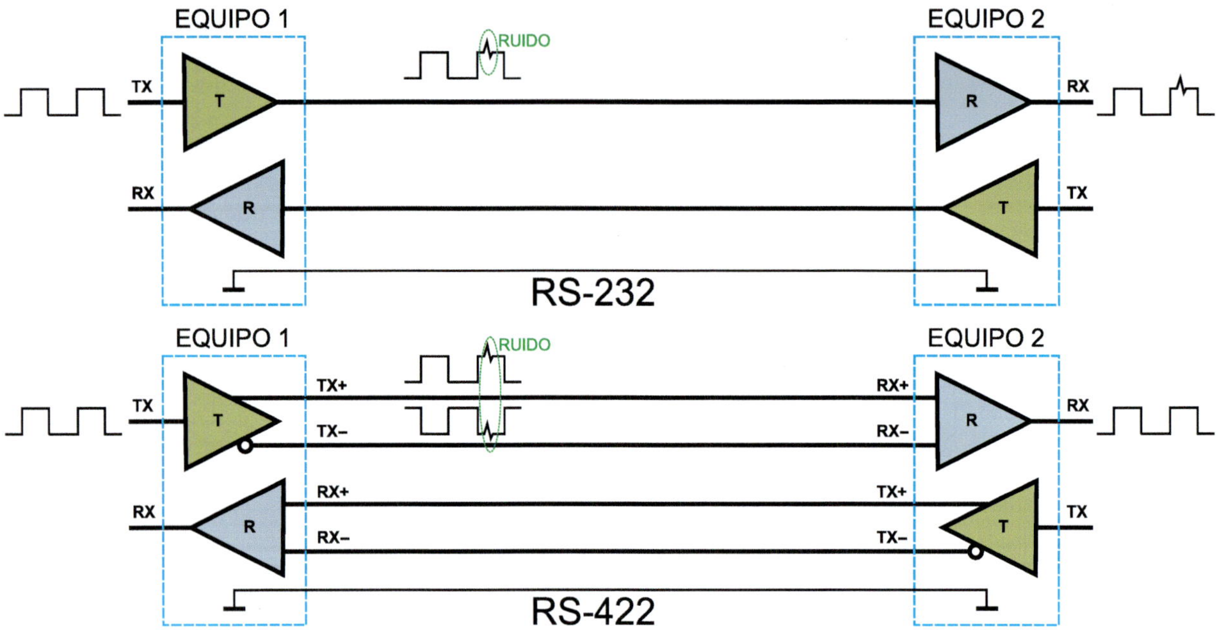

Figura 1.36. *Efecto del ruido en las normas RS-232 y RS-422.*

la inmunidad al ruido, en la norma **RS-422,** los datos se envían y reciben como la diferencia de tensión entre dos hilos referenciados a masa. Si se producen interferencias, estas se añaden a ambos hilos y, como el dato se obtiene de la diferencia de ambos hilos, el ruido desaparece. La Figura 1.36 ilustra el efecto de un ruido en las normas RS-232 y RS-422.

La norma RS-422 define un margen de tensión de +2 a +6 V para el 0 lógico y de –2 a –6 V para el 1 lógico. Reducir la zona de transición permite el envío de datos a mayor velocidad, porque la capacidad del cable tiene menos tiempo para frenar los cambios de estado y, por tanto, los tiempos de los periodos de cada bit pueden ser menores. El conector empleado para la conexión RS-422 puede variar, aunque el más extendido es un conector de tipo D de 9 contactos.

La norma permite una configuración en red con un máximo de 11 equipos (1 transmisor y 10 receptores), *full-duplex* y *half-duplex,* asíncrona, velocidad de transmisión máxima de 10 Mbps y una distancia de hasta 1200 m. En una configuración en red, la norma establece que debe asignarse un equipo como estación primaria y el resto de los equipos como estaciones secundarias.

La Figura 1.37 muestra una configuración de una red con la norma RS-422, donde deben colocarse unas resistencias terminadoras *(Rt)* de 120 Ω en los extremos del canal para mantener la impedancia de la línea.

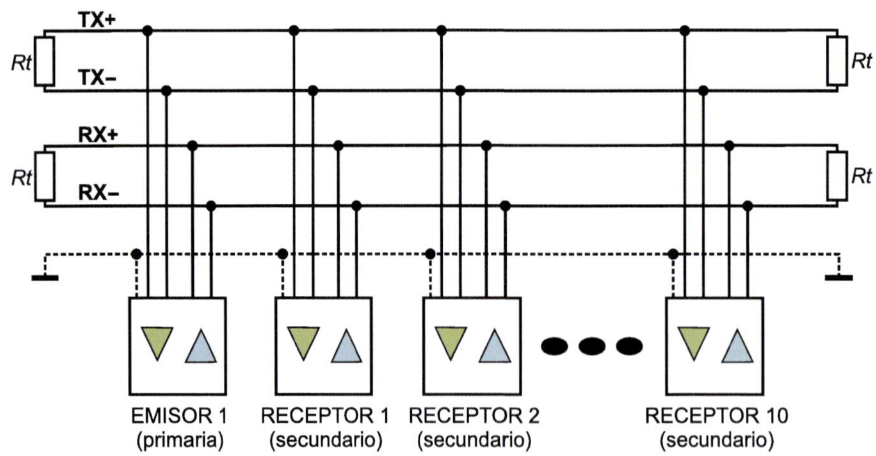

Figura 1.37. *Configuración de una red con la norma RS-422.*

1.7.3. Estándar de comunicación RS-485

La norma RS-422 presenta algunos problemas como un único transmisor y un máximo de 10 receptores, cable de 5 hilos, etc. Para solventar estos problemas, en 1983, la EIA definió el estándar **RS-485** con transmisión diferencial *half-duplex.*

RS-485 es una versión mejorada del estándar RS-422 que permite la comunicación multipunto de hasta 32 equipos emisores-receptores en un bus de datos común. Para evitar que se produzcan colisiones en el canal de comunicación, se dispone de un tercer estado que habilita al equipo para la transmisión o la recepción de datos. El canal de comunicaciones está formado por dos hilos referenciados a masa y los datos se obtienen de la diferencia de potencial entre los dos hilos. La Figura 1.38 ilustra la conexión de dos equipos con la norma RS-485.

La norma RS-485 define un margen de tensión de +1,5 a +6 V para el 0 lógico y de −1,5 a −6 V para el 1 lógico, permite una velocidad de transmisión máxima de 10 Mbps y una distancia de hasta 1200 m. La Figura 1.39 muestra una configuración de una red con la norma RS-485, donde, al igual que la norma RS-422, deben colocarse unas resistencias terminadoras *(Rt)* de 120 Ω en los extremos del canal para mantener la impedancia de la línea.

Existen muchas aplicaciones dentro de las comunicaciones industriales en las que la norma RS-485 se utiliza en la trasmisión de datos. Por ejemplo, el bus de campo ProfiBus® en su capa física utiliza la norma RS-485.

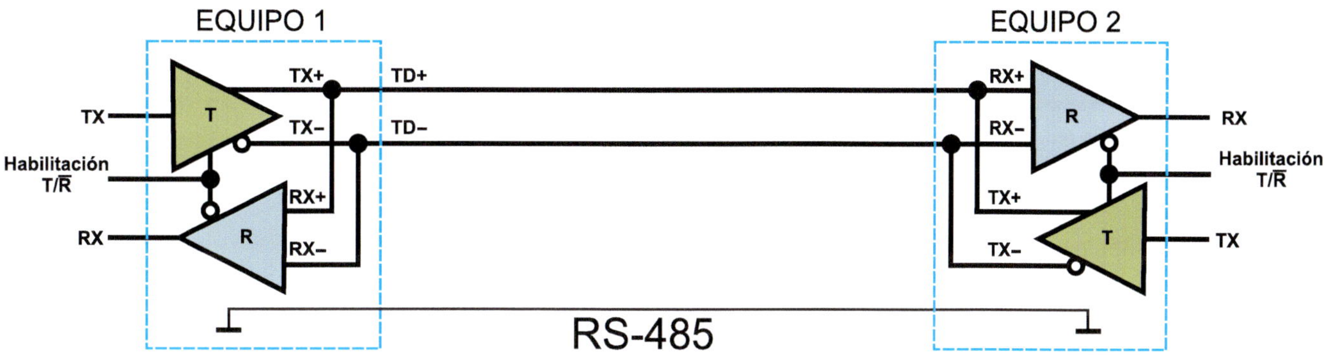

Figura 1.38. *Conexión de dos equipos con la norma RS-485.*

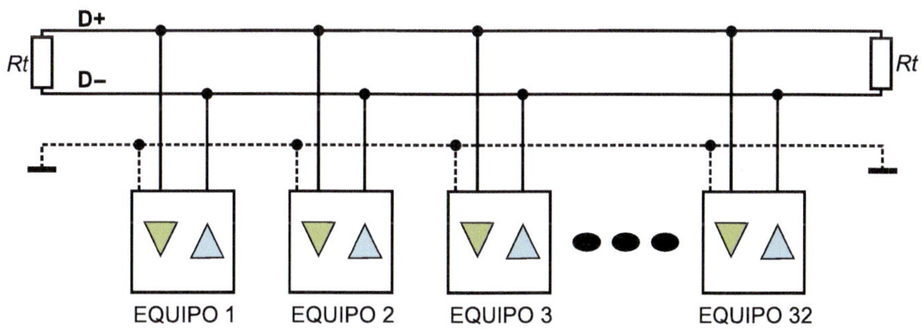

Figura 1.39. *Configuración de una red con la norma RS-485.*

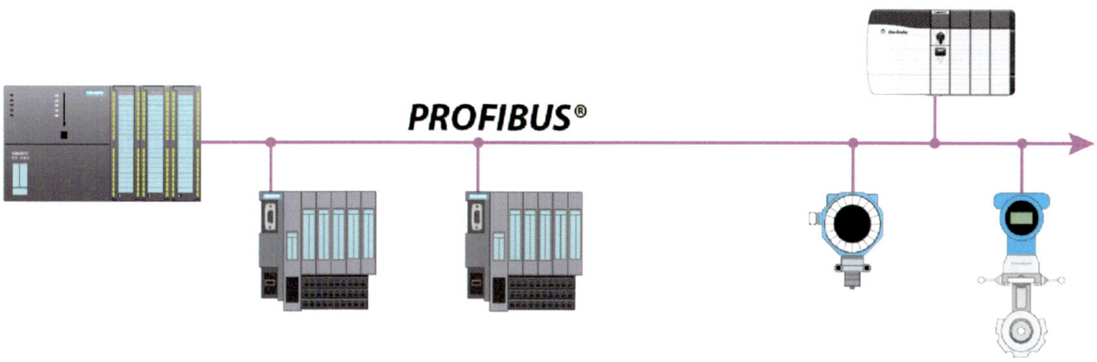

Figura 1.40. *El bus de campo ProfiBus® utiliza la norma RS-485.*

Tabla 1.4. Características principales de las normas físicas de las comunicaciones serie

Característica		RS-232C	RS-422A	RS-485
Modo de trabajo		Unipolar	Diferencial	Diferencial
Número de emisores y receptores		1 emisor 1 receptor	1 emisor 10 receptores	32 emisores 32 receptores
Longitud máxima del cable		15 m	1200 m	1200 m
Velocidad de transmisión máxima		20 kbps	10 Mbps	10 Mbps
Topología		Punto a punto	Red	Red
Modo de transmisión		*Simplex* *Half-duplex* *Full-duplex*	*Full-duplex* *Half-duplex*	*Half-duplex*
Tensiones	0 lógico	De +3 a +15 V	De +2 a +6 V	De +1,5 a +6 V
	1 lógico	De −3 a −15 V	De −2 a −6 V	De −1,5 a −6 V

La Tabla 1.4 resume las características principales de las normas físicas de las comunicaciones serie RS-232C, RS-422A y RS-485.

1.8. Técnicas de control de flujo

Es habitual que los diferentes equipos procesen la información a velocidades distintas. Por ejemplo, un sistema informático puede enviar datos a mayor velocidad de lo que es capaz una impresora en procesarlos. Para atenuar este problema, los equipos suelen implementar unas pequeñas memorias intermedias llamadas *búferes*. Los búferes sirven para ir almacenando los datos recibidos y no perder ninguno mientras se procesan. Sin embargo, si el equipo emisor no detiene el envío de datos, el búfer del equipo receptor acabará desbordándose.

El **control de flujo** es una técnica para adaptar el envío de datos entre dos equipos que procesan información a velocidades distintas. Para ello, el equipo emisor debe estar informado del estado del receptor para dejar de enviar información. Existen dos técnicas de control de flujo:

1. Control de flujo por *hardware (hardware flow control).*
2. Control de flujo por *software (software flow control).*

1.8.1. Control de flujo por *hardware*

Se utilizan señales adicionales para indicar el estado de los equipos. Esto implica un mayor número de hilos en los cables de conexión. Por ejemplo, el estándar RS-232 dispone de dos pares de líneas adicionales para el control de flujo de *hardware* (Figura 1.33):

- RTS *(request to send)* y CTS *(clear to send)* para indicar si los equipos están listos para el envío y la recepción de datos.
- DTR *(data terminal ready)* y DSR *(data set ready)* para indicar si los equipos están preparados y sin errores.

1.8.2. Control de flujo por *software*

Se utilizan caracteres especiales de datos para indicar que el flujo de datos debe iniciarse o detenerse. Estos caracteres especiales se generan por *software* y se denominan *XON/XOFF*. El carácter XOFF lo utiliza el receptor para detener el flujo de datos y el carácter XON para reanudar el envío de datos. En el control de flujo por *software,* no es necesario el uso de pares adicionales, por lo que el número de hilos del cable es menor (Figura 1.34).

1.9. Topología de redes

Una red de datos está compuesta por equipos que están conectados entre sí mediante líneas de comunicación. La configuración física, es decir, la configuración espacial de la red, se denomina *topología física.* El objetivo de cada topología es encontrar la forma más económica y eficaz de comunicar los equipos. En sistemas industriales, pueden encontrarse las siguientes topologías:

- **Punto a punto (*point-to-point* o PtP):** es la topología más sencilla, se basa en la conexión directa de dos equipos. No es necesario indicar el equipo de destino en el mensaje y se usa en distancias cortas.

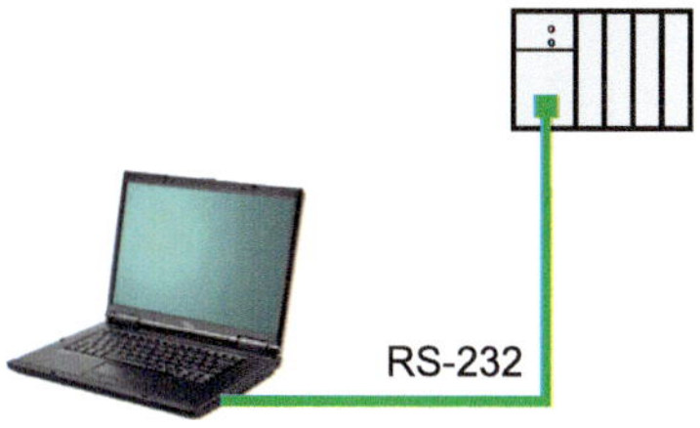

Figura 1.41. *Topología punto a punto.*

- **Bus:** es una única línea compartida por todos los equipos de la red. En esta configuración, cada equipo tiene una dirección diferente. Cuando un equipo envía un mensaje, indica la dirección del equipo al que va dirigido. El mensaje, al entrar en la red, llega a todos los equipos, de forma que los que no tienen la dirección especificada por el mensaje ignoran su contenido y él que tiene la dirección especificada lee la información contenida. La capacidad de la red va decreciendo a medida que aumenta el número de equipos conectados. El fallo de un equipo no interrumpe el funcionamiento de la red, pero el fallo en el cable hace que la red deje de funcionar.

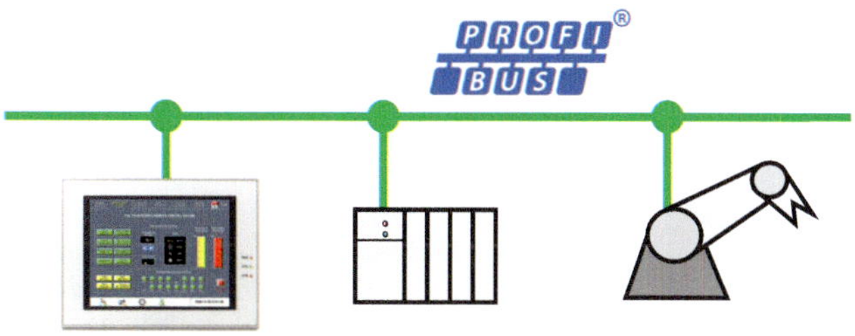

Figura 1.42. *Topología en bus.*

- **Anillo:** es un caso especial de la topología en bus, en el que todos los equipos están conectados a la red en forma de lazo (Figura 1.43). Cuando un equipo envía un mensaje, indica la dirección del equipo al que va dirigido. El mensaje entra en la red y empieza a recorrer todo el anillo, de forma que los equipos que no tienen la dirección especificada por el mensaje ignoran su contenido y él que tiene la dirección especificada lee la información contenida. La ventaja de esta configuración respecto a la topología en bus reside en que, si se rompe la red por un punto, los mensajes siguen llegando al resto de los equipos de la red.

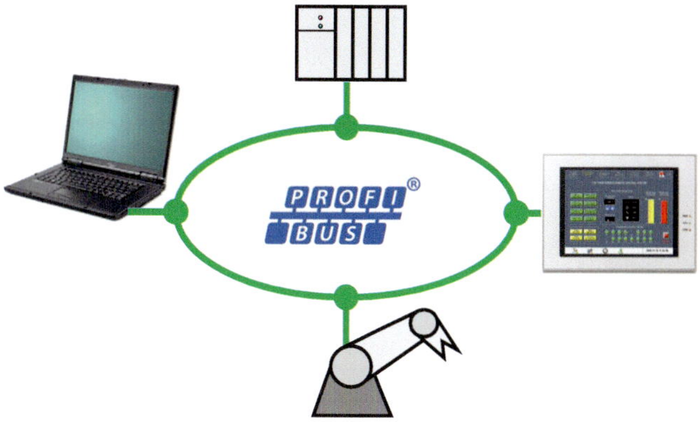

Figura 1.43. *Topología en anillo.*

- **Estrella:** es una topología en la que todos los equipos están conectados por líneas separadas que van al mismo nodo o estación central (Figura 1.44). La función de esta estación central consiste en conectar las líneas con cualquiera de las otras. Cuando un equipo envía un mensaje, indica la dirección del equipo al que va dirigido. El mensaje, al llegar a la estación central, es dirigido a la línea que conecta con el equipo que tiene la dirección del mensaje. Para evitar que algunos equipos monopolicen la red, la estación central concede una porción de tiempo a cada una de las líneas de la red cuando hay enviándose varios mensajes.

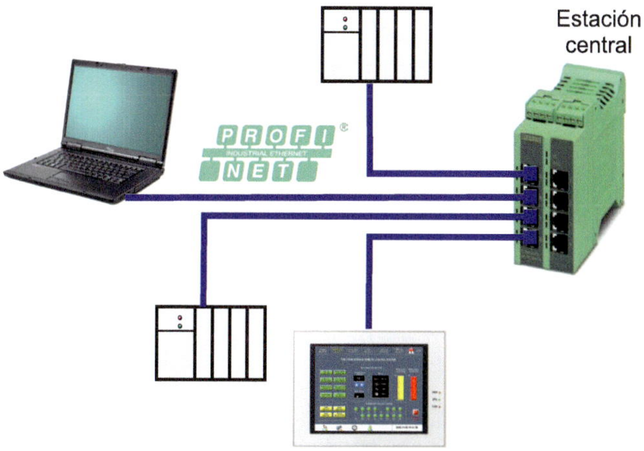

Figura 1.44. *Topología en estrella.*

- **Árbol:** es una generalización de la topología en bus. Tiene su primer equipo en la raíz (cabecera) y se expande hacia fuera utilizando ramas, donde se conectan los demás equipos. Esta topología permite que la red se expanda y, al mismo tiempo, asegura que solo existe una ruta de datos entre dos equipos cualesquiera. Esta configuración suele utilizarse en redes grandes.

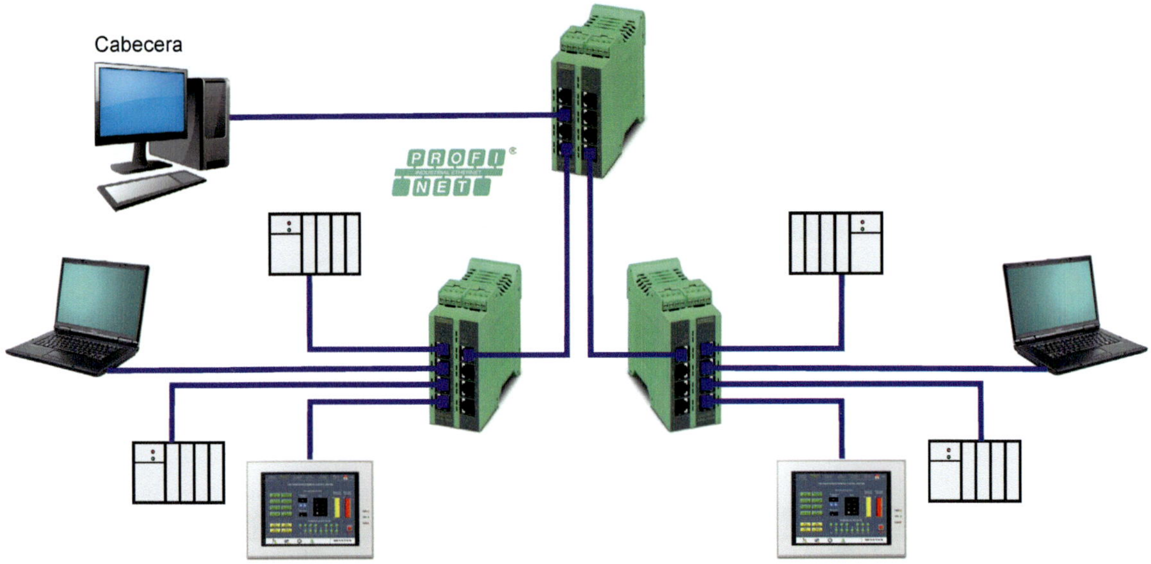

Figura 1.45. *Topología en árbol.*

- **Malla:** es una combinación de más de una topología, como podría ser un bus combinado con una estrella. Este tipo de topología es común en lugares donde tenían una red en bus y luego ha ido expandiéndola en estrella. Son complicadas para detectar una avería por parte del servicio técnico. La ventaja de esta red es que permite garantizar la comunicación entre equipos, porque, dada su complejidad, siempre existen varios caminos posibles.

1.10. Métodos de detección de errores

Durante la transmisión, debido a agentes externos tales como interferencias u otros, pueden producirse alteraciones en alguno de los bits y, por lo tanto, un error en la transmisión. Para su detección, se utilizan varios métodos. El esquema de la Figura 1.46 muestra en qué nivel de la comunicación realiza el control de errores cada uno de los **métodos de detección de errores.**

1.10.1. Verificación de los bits de trama (sincronización)

Este método consiste en comprobar si se recibe correctamente el formato de la trama. Por ejemplo, en una comunicación serie, se verifican los bits de parada y de arranque, es decir, comprueba si se recibe de forma correcta la secuencia de estos bits *(framing)*. En caso de no recibirse correctamente, el sistema detiene la transmisión, porque posiblemente el emisor y el receptor no se han puesto de acuerdo en el número de bits de la palabra o el muestreo ha sido erróneo *(overrun)*. En cualquier caso, se repite la transmisión.

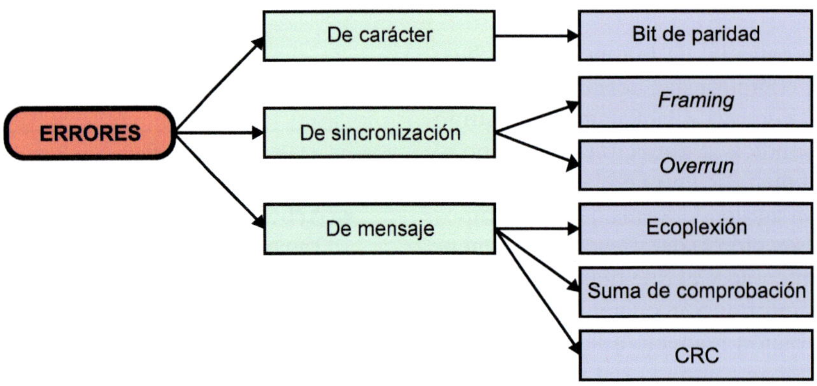

Figura 1.46. *Control de errores.*

1.10.2. Ecoplexión

Este método consiste en que el receptor devuelva cada dato que recibe. De este modo, el emisor puede comprobar si los datos han sido recibidos correctamente. Este sistema no es muy eficaz porque divide entre dos el ancho de banda de la comunicación, por lo que no se usa mucho. Además, si el emisor recibe un dato con errores, es imposible determinar si el fallo se ha producido en el trayecto de ida o en el de vuelta. Lo único que sabría el emisor es que hay anomalías en el sistema.

1.10.3. Verificación del bit de paridad

Este método, también llamado *geométrico,* consiste en enviar detrás de cada dato un bit adicional (bit de paridad) que indique si el número de unos de la palabra enviada es par o impar. Si este bit de paridad no es correcto, se deduce que la transmisión no ha sido satisfactoria. La paridad puede ser par *(even)* o impar *(odd).*

- **Paridad par:** se cuenta el número de unos y, si el total es impar, el bit de paridad se establece en 1, dando par la suma del total anterior con este bit de paridad. Por el contrario, si el conteo de bits 1 es par, entonces el bit de paridad se deja en 0, pues ya es par. En la Tabla 1.5, se muestran algunos ejemplos con datos de 8 b.

Tabla 1.5. Ejemplos de paridad par

Dato	Bit de paridad
0101 0101	0
1011 0000	1
1100 0011	0

- **Paridad impar:** se suman los bits cuyo valor es 1, si da un número impar de bits, entonces el bit de paridad es 0. Por el contrario, si la suma de los bits cuyo valor es 1 es par, entonces el bit de paridad se establece en 1, haciendo impar la cuenta total de bits a uno.

Tabla 1.6. Ejemplos de paridad impar

Dato	Bit de paridad
0101 0101	1
1011 0000	0
1100 0011	1

Como puede imaginarse, este sistema no es muy bueno, ya que, si se produce un error en dos bits, se considera el dato como válido. Para solucionarlo, se emplean otros métodos más complejos.

1.10.4. Suma de comprobación

El método anterior no permite detectar errores que se producen en un número par de bits. Para evitar esto, algunos protocolos incluyen al final de cada trama un dato de comprobación de error, llamado *dato de comprobación horizontal.* Este dato contiene el bit de paridad de cada posición de los datos enviados. La Figura 1.47 ilustra un ejemplo para tramas de cinco datos de 8 b con paridad par. En este caso, además de los cinco datos, se envía el dato adicional 0011 1110.

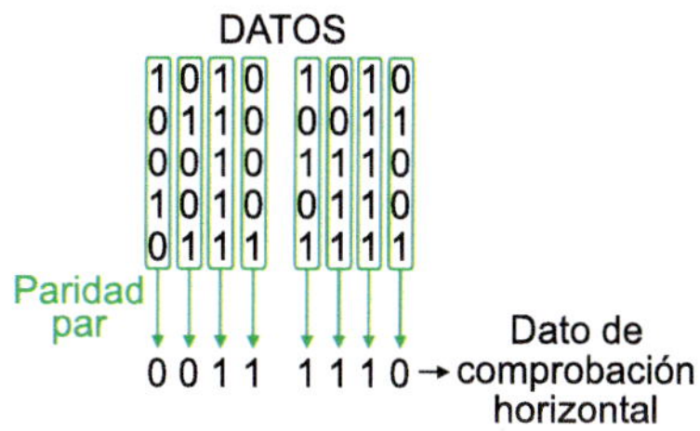

Figura 1.47. *Ejemplo de suma de comprobación.*

Si, además del dato de comprobación horizontal, se añade el bit de paridad (comprobación vertical), podrían llegar a detectarse y corregirse todos los errores de un bit en un solo dato. La Figura 1.48 muestra como, con este método, si se alteran dos bits de un mismo dato (en rojo), el sistema es capaz de detectarlo.

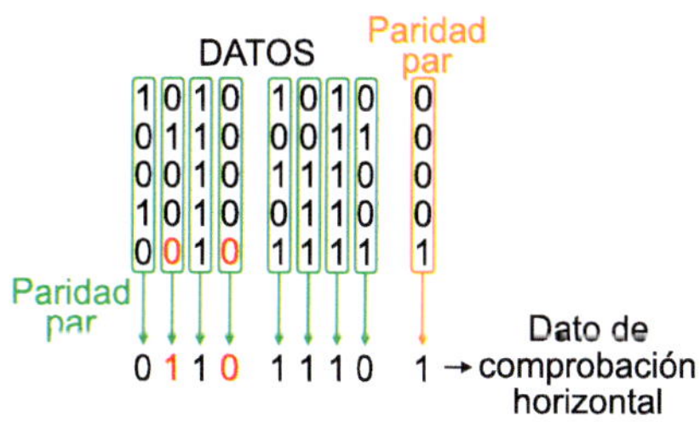

Figura 1.48. *Detección del cambio de dos bits.*

1.10.5. Verificación por redundancia cíclica o CRC

Es el método más utilizado, consiste en agregar al final de cada trama una secuencia de bits llamada *secuencia de verificación de trama.* La secuencia de verificación de trama se obtiene del resto de una división de polinomios. La verificación por redundancia cíclica o CRC *(cyclic redundancy check)* considera los bits de los datos como un polinomio $P(x)$ y efectúa una división con otro polinomio conocido por el emisor y el receptor, llamado *polinomio generador G(x).* El cociente de esta división se desecha y el resto se añade a la trama, transmitiéndose toda a continuación.

Existen muchos polinomios generadores normalizados, la Tabla 1.7 lista algunos de ellos. Los CRC se denominan *CRC-n,* donde *n* indica el número de bits de la secuencia de verificación de trama, los hay desde 1 hasta 64. Para un número de bits de la secuencia de verificación de trama *(n)* dado, son posibles múltiples CRC, cada uno con un polinomio generador diferente. Tal polinomio tiene el grado más alto *n* y, por lo tanto, el polinomio tiene una longitud de $n + 1$ términos. El resto tiene longitud *n*.

Por ejemplo, CRC-32 tiene una secuencia de verificación de trama de 32 b y se usa en muchos sistemas, como Ethernet, SATA, MPEG-2, etc. CRC-32 es capaz de detectar todas las cadenas erróneas con longitudes iguales o menores a 32 b y más del 99,9 % de las cadenas erróneas con más de 32 b.

Tabla 1.7. Polinomios generadores de CRC

Norma	Polinomio $G(x)$	Aplicaciones
CRC-3 (GSM)	$x^3 + x + 1$	Redes móviles
CRC-10	$x^{10} + x^9 + x^5 + x^4 + x + 1$	ATM, etc.
CRC-16 (CCITT)	$x^{16} + x^{12} + x^5 + 1$	Bluetooth, X.25, etc.
CRC-16 (ANSI)	$x^{16} + x^{15} + x^2 + 1$	Modbus, USB, etc.

La Figura 1.49 muestra el cálculo de la secuencia de verificación de trama aplicando el polinomio generador de la norma CRC-3 (GSM) al mensaje 1011 1100.

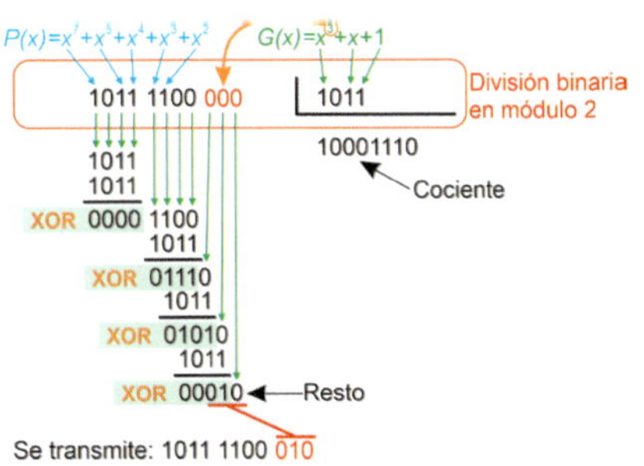

Figura 1.49. *Ejemplo de cálculo de CRC-3 (GSM).*

Este método, aunque parezca complicado, es muy fácil de implementar tanto en el *software,* aplicando el cociente de polinomios, como en el *hardware,* implementado un circuito electrónico basado en funciones lógicas XOR. Hoy en día, los diferentes CRC normalizados se encuentran disponibles en circuitos integrados. Por ejemplo, el circuito integrado 74F401, del fabricante National Semiconductor, permite calcular ocho tipos normalizados de CRC (Figura 1.50). Además, este método no necesita añadir un bit a cada dato, tal y como sucedía en el método de paridad, por lo que el número de bits necesarios para detectar los errores es bastante menor.

Connection diagram

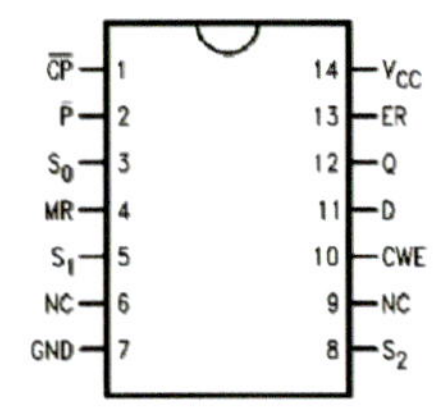

Select code			Polynomial	Remarks
S_2	S_1	S_0		
L	L	L	$X^{16}+X^{15}+X^2+1$	CRC-16
L	L	H	$X^{16}+X^{14}+X+1$	CRC-16 REVERSE
L	H	L	$X^{16}+X^{15}+X^{13}+X^7+X^4+X^2+X^1+1$	
L	H	H	$X^{12}+X^{11}+X^3+X^2+X+1$	CRC-12
H	L	L	$X^8+X^7+X^5+X^4+X+1$	
H	L	H	X^8+1	LRC-8
H	H	L	$X^{16}+X^{12}+X^5+1$	CRC-CCITT
H	H	H	$X^{16}+X^{11}+X^4+1$	CRC-CCITT REVERSE

Figura 1.50. *74F401 permite calcular ocho tipos normalizados de CRC.*

1.11. Métodos de corrección de errores

En el caso de detectase un error en la trama recibida, es necesario tratar de corregirlo. Para ello, existen dos métodos:

1. **Corrección hacia atrás o retransmisión de la trama:** el receptor pide al emisor que retransmita el mensaje erróneo. Este método requiere poco procesado, pero mantiene ocupado el canal de comunicación más tiempo. Este método es el que se utiliza en las comunicaciones industriales porque el volumen de datos es relativamente bajo.

2. **Corrección hacia delante o intentar corregir el error:** el receptor, a partir de la información redundante del mensaje, intenta localizar los bits erróneos y reconstruir el mensaje original. Este método requiere realizar cálculos y añade más bits al mensaje. Para ello, en vez de usar códigos sistemáticos (códigos en los que la parte del mensaje y la parte de la redundancia pueden identificarse de manera directa, los *k* primeros bits de la palabra código corresponden al mensaje, mientras que los siguientes corresponden a la redundancia como bit de paridad, CRC, etc.), se usan códigos de bloque.

En general, los códigos de bloque convierten la información que quiere enviarse en códigos de mayor longitud, donde resulta imposible identificar de forma directa los bits que corresponden con la redundancia. Estos códigos se diseñan de modo que tengan que alterase varios bits para que un código válido de la comunicación se convierta en otro código válido. Algunos de estos códigos son:

- **Códigos Hamming:** son muy utilizados en memorias, módems y comunicaciones Wi-Fi.
- **Códigos BCH:** se usan en DVD, discos duros, etcétera.
- **Códigos de Reed-Solomon:** son ampliamente utilizados en comunicaciones por satélite y transmisión digital de televisión y radio, así como en los sistemas xDSL de comunicación por cable.

1.12. Métodos de acceso al medio

En una red formada por varios equipos que comparten el mismo canal, puede darse el caso de que varios de ellos transmitan de forma simultánea. Esto provoca que las señales que las forman se entremezclan y dejan de ser interpretables, ocasionando la recepción de información errónea o pérdida de información. En estos casos, se dice que se ha producido una **colisión entre tramas.**

La regulación de la colocación de las tramas de datos en el medio se conoce como *control de acceso al medio.* Los objetivos principales del control de acceso al medio son:

- Regular el acceso a un medio compartido para tratar de impedir o reducir al máximo las colisiones entre tramas.
- Utilizar el canal de forma eficiente, aprovechando al máximo su capacidad.

Se han desarrollado dos métodos básicos de acceso al medio: centralizados y aleatorios.

1.12.1. Centralizados

El método centralizado, también llamado *método de acceso a la red con control,* se basa en que los dispositivos que desean transmitir deben esperar su turno. Para ello, hay un equipo que realiza la función de centro de control y los dispositivos toman turnos para acceder al medio. Cuando un dispositivo coloca una trama en el medio, ningún otro dispositivo puede hacerlo hasta que la trama haya llegado al destino y haya sido procesada. Existen dos grupos de acceso al medio centralizados:

- **Sondeo y selección *(polling)*:** se utiliza en redes del tipo maestro-esclavo. Se basa en dos fases, una primera fase de sondeo *(polling)* donde la estación central (maestra) interroga a todos los dispositivos (esclavos) de forma secuencial. Cuando un dispositivo (esclavo) es preguntado, se le permite transmitir información, si lo necesita. En la fase de selección *(select),* la estación central pregunta al dispositivo destino (esclavo) si está preparado o no para recibir información, en caso afirmativo, se la envía. El mayor inconveniente de este método es su lentitud, por ello se usa en sistemas con poco volumen de información. La Figura 1.51 muestra un ejemplo de aplicación con el bus de sensores/actuadores AS-i.
- **Paso de testigo *(token passing)*:** se usa en redes donde todos los dispositivos tienen la misma prioridad. No hay estación central, pero sí una trama especial

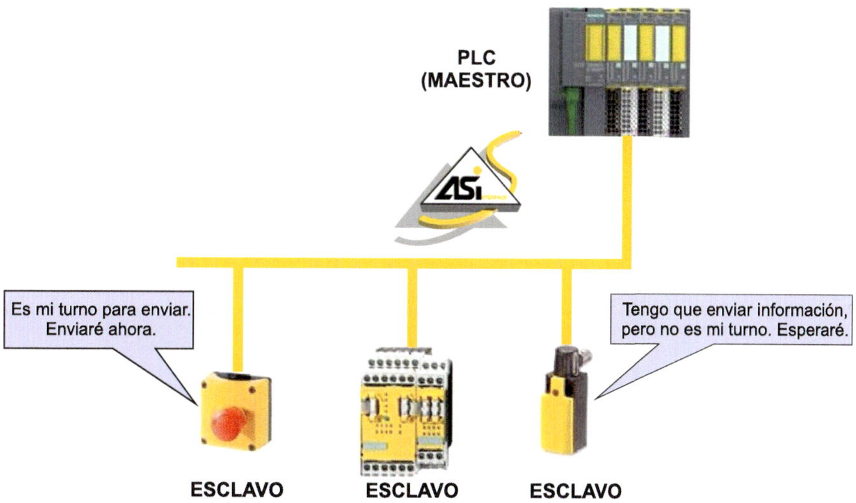

Figura 1.51. *Ejemplo de aplicación del método de sondeo y selección.*

de pequeño tamaño llamada *testigo (token)* que va siendo intercambiada entre los dispositivos según un orden preestablecido. Un dispositivo puede transmitir cuando tiene la trama testigo y, mientras no la tenga, deberá esperar. Este método de acceso al medio ha sido ampliamente utilizado en las redes con topología en anillo.

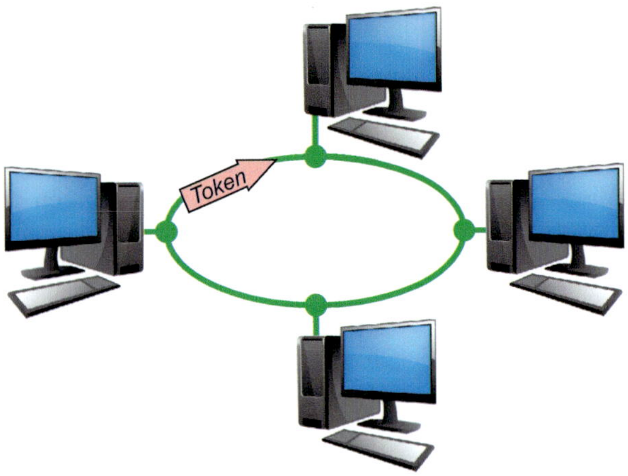

Figura 1.52. *En el método de paso por testigo, no hay estación central.*

1.12.2. Aleatorios

El método aleatorio, también llamado de *contienda,* se basa en que todos los dispositivos compiten por el uso del medio. Permite que cualquier dispositivo intente acceder al medio siempre que haya datos para enviar. El uso de este nombre se debe a que los equipos de la red se contienen hasta que haya una oportunidad para enviar los datos. Existen dos tipos de métodos de acceso al medio basados en contienda: CSMA/CD (norma IEEE 802.3) por detección de colisiones y CSMA/CA (norma IEEE 802.11) por prevención de colisiones.

- **CSMA/CD *(carrier sense multiple access with collision detection):*** el dispositivo monitorea el canal para detectar la presencia de una señal de datos. Si hay una señal, el dispositivo espera hasta que encuentre libre. Si no hay una señal de datos, indica que el canal está libre y el dispositivo transmite los datos. Durante la emisión, se sondea el canal para detectar si se produce una colisión. Si se produce una colisión (Figura 1.53), todos los dispositivos dejan de enviar y lo intentan después de un tiempo de espera aleatorio. El tiempo debe ser aleatorio para que no se produzcan colisiones sucesivas.

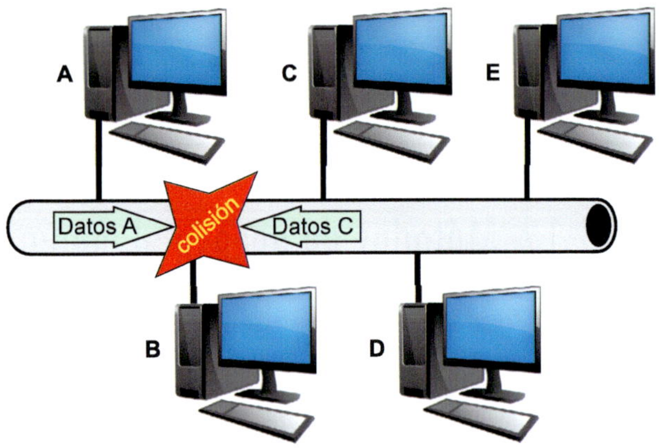

Figura 1.53. *Colisión entre las tramas de los dispositivos A y C.*

- **CSMA/CA *(carrier sense multiple access with collision avoidance):*** el dispositivo examina el canal para detectar la presencia de una señal de datos. Si el medio está libre, el dispositivo envía una notificación a través del canal, sobre su intención de utilizarlo. Después, el dispositivo envía los datos. De este modo, se evita la colisión de paquetes. CSMA/CA se utiliza en canales en los que, por su naturaleza, no puede usarse CSMA/CD, por ejemplo, se utiliza en redes inalámbricas.

MAPA CONCEPTUAL

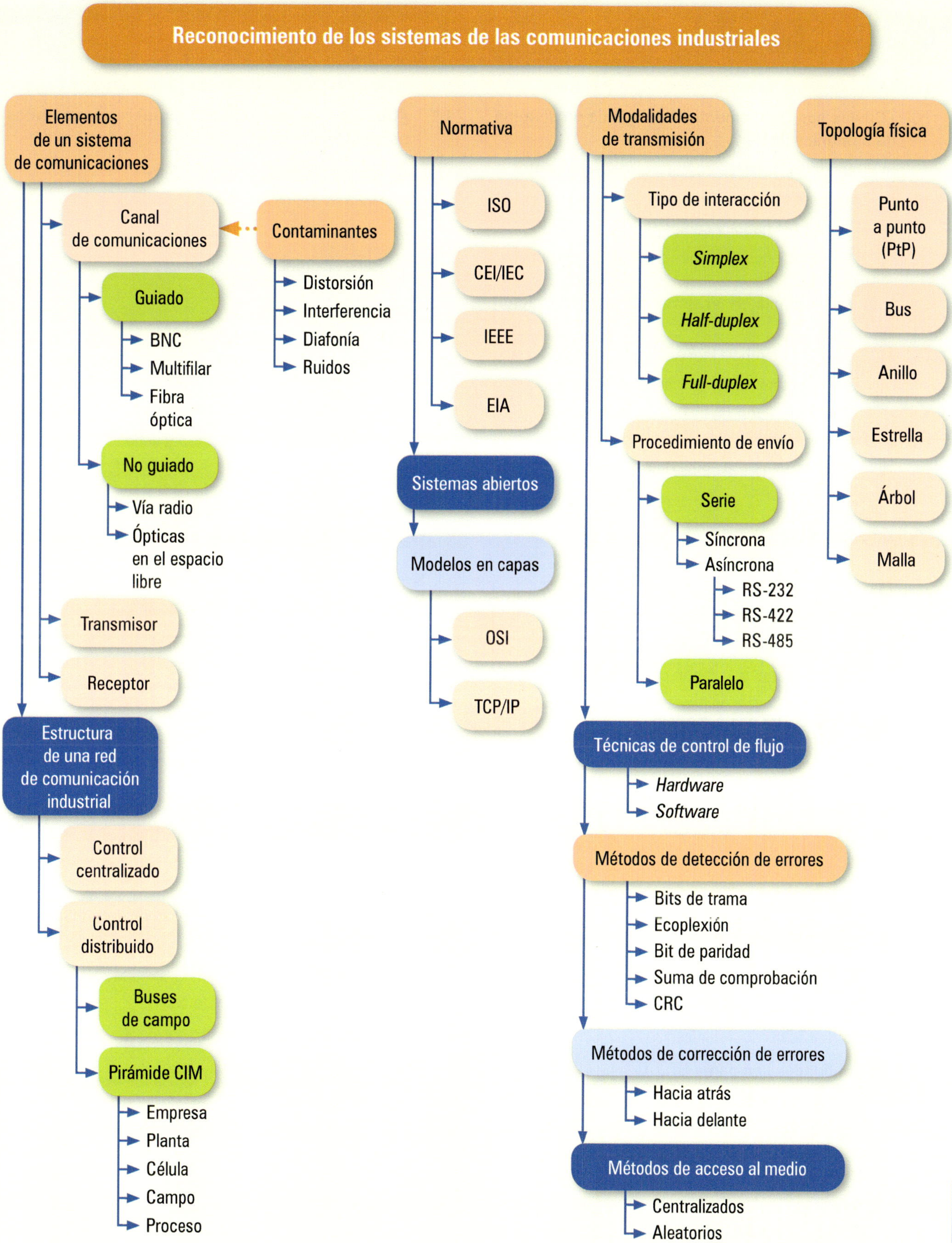

Actividades de comprobación

1.1. ¿Cuáles son los elementos básicos de un sistema de comunicaciones?

a) Transmisor, canal de comunicaciones y receptor.

b) Señal, emisor y receptor.

c) Host, encaminador y cables.

d) Transmisor, encaminador, conmutador y repetidor.

1.2. Una interferencia en un sistema de comunicación es...

a) ... una transferencia indeseada de energía.

b) ... una contaminación por señales externas.

c) ... una alteración de la señal debido a las imperfecciones del sistema.

d) ... una mezcla de la señal que se transmite con señales aleatorias.

1.3. En un medio no guiado...

a) ... la señal viaja por el núcleo.

b) ... la información se transmite de un punto a otro mediante ondas de radio.

c) ... no se necesita un medio físico.

d) Las respuestas b) y c) son correctas.

1.4. La pirámide CIM es un modelo...

a) ... jerárquico.

b) ... para la implantación de sistemas automatizados.

c) ... dividido en cinco niveles.

d) Todas las respuestas son correctas.

1.5. El modelo OSI es...

a) ... un modelo de referencia.

b) ... un modelo en capas.

c) Las respuestas a) y b) son correctas.

d) ... un sistema de simulación.

1.6. Dos entidades son pares si...

a) ... usan los puntos de acceso al servicio para comunicarse.

b) ... pertenecen a diferentes niveles.

c) ... realizan la misma función, pero en diferentes sistemas.

d) ... comparten el MAC.

1.7. ¿Qué tipo de transmisión requiere menos hilos conductores?

a) Serie asíncrona.

b) Serie síncrona.

c) Paralelo.

d) Serie síncrona en modo *simplex*.

1.8. El estándar RS-485 es...

a) ... *half-duplex,* distribuido y serie.

b) ... *half-duplex,* distribuido y paralelo.

c) ... *full-duplex,* distribuido y serie.

d) ... *half-duplex,* centralizado y serie.

1.9. ¿Cuál o cuáles son los efectos de una colisión en una red?

a) Pérdida de información.

b) Información errónea.

c) Las respuestas a) y b) son correctas.

d) Menor velocidad de transmisión.

1.10. ¿Cuáles de las siguientes son técnicas de detección de errores?

a) Paridad, CRC y STP.

b) Ecoplexión, paridad y CRC.

c) Paridad, CSMA/CD y STP.

d) Ecoplexión, paridad y CSMA/CD.

1.11. Los buses de campo...

a) ... compatibilizan los dispositivos de múltiples fabricantes.

b) ... se usan en control distribuido.

c) ... reducen los mazos de cable.

d) Todas las respuestas son correctas.

1.12. ¿En qué topología de red todos los equipos se conectan a una estación central?

a) Árbol.

b) Estrella.

c) Bus.

d) Anillo.

Actividades de ampliación

1.13. Enumera tres diferencias entre la norma RS-422 y la norma RS-485.

1.14. Calcula la longitud máxima de un cable serie RS-232C, si el cable tiene una capacidad de 120 pF por metro de longitud.

1.15. Halla el CRC del mensaje 11010 11011 0000 sabiendo que el polinomio generador utilizado es:

$$G(x) = x^4 + x + 1$$

1.16. El esquema de la Figura 1.54 corresponde a un modelo por capas. Identifica el modelo y señala el nivel de cada una de las capas.

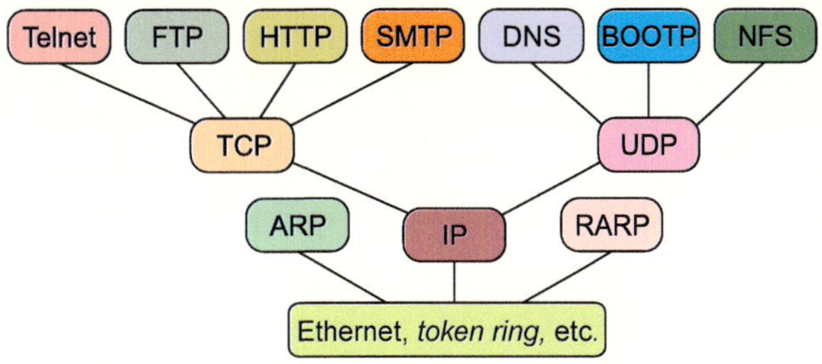

Figura 1.54. *Capas del modelo por identificar.*

1.17. Dada la suma de comprobación horizontal y de comprobación vertical de la Figura 1.55, indica si hay algún error en la transmisión. En caso afirmativo, localiza los bits erróneos.

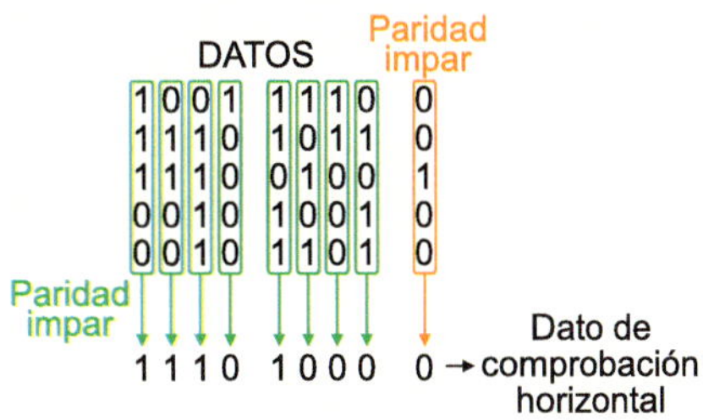

Figura 1.55. *Datos recibidos.*

1.18. En una transmisión en serie RS-232C, el tiempo para cruzar la zona de transición (entre –3 y +3 V) es de 2 µs. Conociendo este dato, calcula la velocidad máxima de transmisión para seguir manteniendo las especificaciones de la norma.

Comunicación entre dos sistemas informáticos mediante la interfaz RS-232

En esta actividad, se propone conectar dos sistemas informáticos a través del puerto serie RS-232. El objetivo es familiarizarse con los parámetros que intervienen en esta interfaz tan extendida. Para ello, se necesita un cable de transmisión simple (hembra-hembra de 9 pines) como el analizado en la Figura 1.34. Si los equipos informáticos no disponen de salida serie, será necesario el uso de un conversor USB a RS-232. La Figura 1.56 muestra los elementos que intervienen en esta conexión.

Figura 1.56. *Conexión de dos sistemas informáticos mediante la interfaz RS-232.*

Una vez conectados ambos sistemas informáticos, mediante la interfaz RS-232, se abre el *Administrador de dispositivos* en ambos equipos para tomar nota del número de puerto asignado. Como se aprecia en la Figura 1.57, en este caso, el *Equipo 1* tiene asignado el COM9 mediante un conversor USB a RS-232, mientras que el *Equipo 2* tiene asignado el COM1.

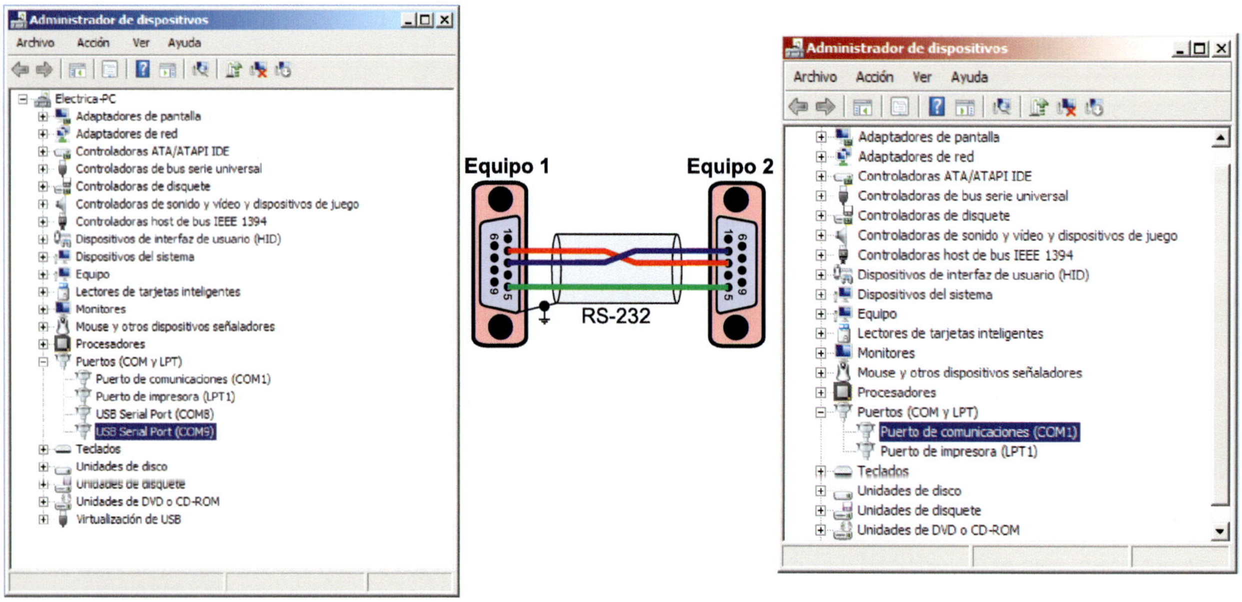

Figura 1.57. *Puerto serie asignado para la comunicación en cada equipo.*

El *software* escogido para crear la comunicación es PuTTY *(port unique terminal type)*, que es un programa terminal versátil y de licencia libre. Es el cliente SSH y Telnet gratuito más popular del mundo para plataformas Windows y Unix. El código QR de la Figura 1.58 abre la URL para su descarga.

Tras instalar y ejecutar el programa PuTTY en ambos equipos, aparece la ventana *PuTTY Configuration.* En la sección *Category,* se hace clic en *Session*. En el campo *Serial line,* se introduce el número de puerto serie asignado. En este caso, COM9 para el *Equipo 1* y COM1 para el *Equipo 2*. En el campo tipo de conexión *(Connection type),* se selecciona *Serial,* como ilustra la Figura 1.59.

Figura 1.58. *Web para la descarga de PuTTY.*

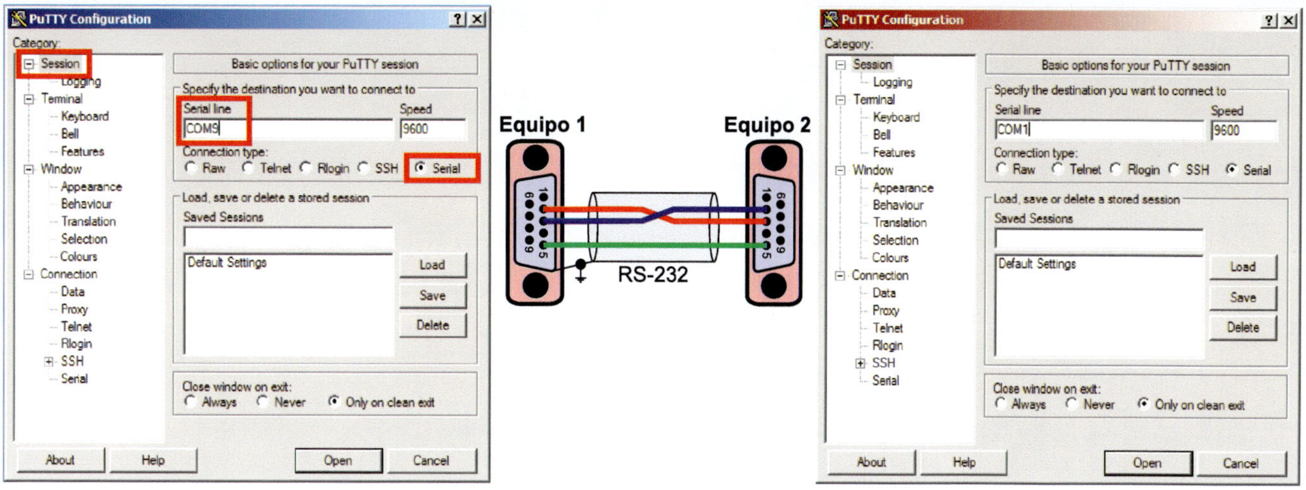

Figura 1.59. *Configuración del tipo de conexión en PuTTY.*

A continuación, en la sección *Category,* se hace clic en *Connection* > *SSH* > *Serial*. Tras verificar que el campo línea serie que ha de conectarse *(Serial line to connect to)* muestra el puerto COM configurado antes, se seleccionan en ambos equipos los siguientes parámetros: 9600 como velocidad de transmisión, 8 b de datos, 1 b de parada, sin paridad y sin control de flujo, como muestra la Figura 1.60.

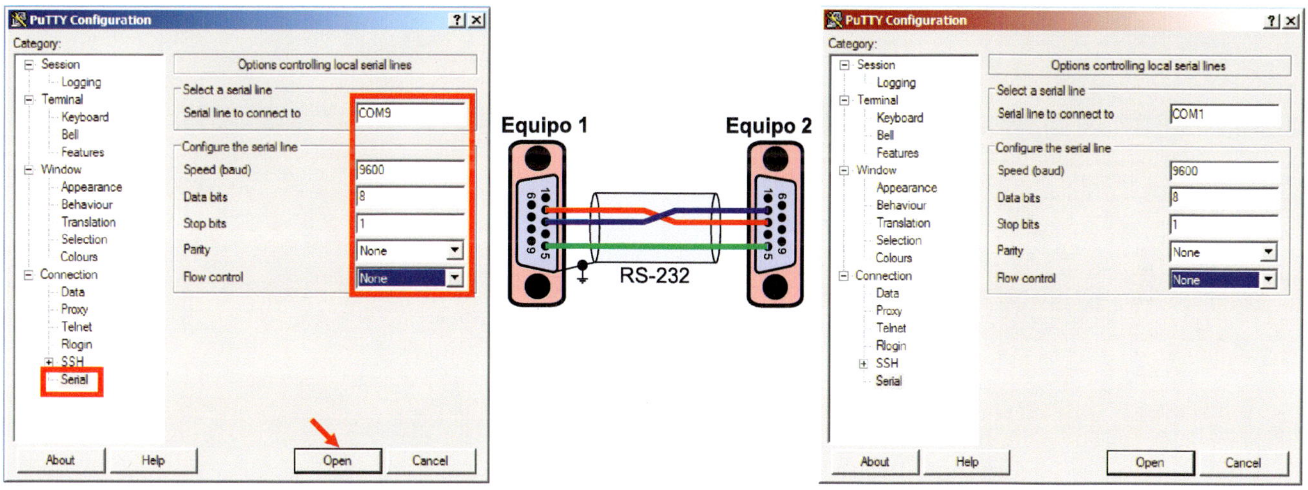

Figura 1.60. *Configuración de los parámetros de la conexión serie.*

Por último, al hacer clic en el botón *Open,* comienza una sesión de comunicación con el puerto elegido. En la ventana de comunicación de PuTTY, en cualquiera de los equipos, puede escribirse cualquier texto legible. El texto solo se muestra en la ventana de comunicación del otro equipo, no en el equipo utilizado para escribir el texto. Por ejemplo, en la Figura 1.61, en el *Equipo 1,* se ha escrito «Hola desde el PC1», texto que aparece en la ventana del *Equipo 2*. De igual modo, en el *Equipo 2,* se ha escrito «Hola desde el PC2», texto que aparece en la ventana del *Equipo 1*.

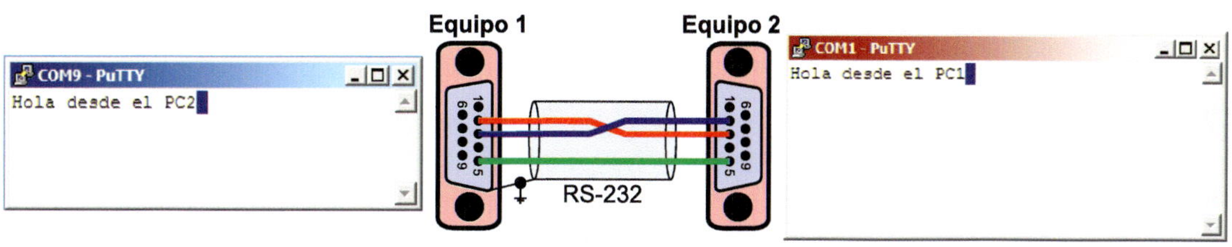

Figura 1.61. *Prueba de comunicación entre los dos equipos.*

2

Elaboración de programas básicos de comunicación

Los protocolos de comunicaciones garantizan el intercambio de datos entre los dispositivos, por esto, es muy importante conocer sus funciones. Todos los programas de comunicaciones implementan uno o varios de estos protocolos. En esta unidad, se elabora un programa básico de comunicaciones basado en Modbus RTU, el protocolo más universal del mundo industrial.

Contenidos

Objetivos

- Identificar los campos que incluye un protocolo industrial.
- Configurar la comunicación entre un ordenador y un equipo industrial.
- Conocer los comandos de un protocolo de comunicación.
- Aprender a detectar errores y corregirlos en una comunicación industrial.
- Elaborar un diagrama de flujo de una comunicación industrial.
- Diseñar un programa de comunicación con un lenguaje de alto nivel.

2.1. Protocolos de comunicaciones

Un **protocolo de comunicaciones** se define como un conjunto de reglas normalizadas que permite la comunicación entre dispositivos, estableciendo su forma de identificación en la red, la forma de transmisión de los datos, la forma de detección de errores y la forma en que la información debe procesarse. Las reglas fijadas por el protocolo también establecen cómo recuperar los eventuales datos que se pierdan en la comunicación.

Los elementos básicos de un protocolo de comunicaciones son:

- Conjunto de símbolos, llamados *conjunto de caracteres,* que se forma de un subconjunto con significado para las personas, denominado *caracteres imprimibles,* y otro subconjunto que transmite información de control, denominado *caracteres de control.*
- Conjunto de reglas para la secuencia y sincronización de los mensajes construidos a partir del conjunto de caracteres.
- Procedimientos para determinar cuándo ha ocurrido un error en la transmisión y cómo corregir el error.

Cada capa de un modelo de comunicación es gestionada por un protocolo. Algunos ejemplos de protocolos para cada capa del modelo de referencia OSI son:

- **Capa 1 (nivel físico):** RS-232, RS-422, RS-485, interfaz radio, etcétera.
- **Capa 2 (nivel de enlace de datos):** IEEE 802.3 (Ethernet), IEEE 802.4 *(token bus),* IEEE 802.4 *(token ring),* FDDI, ATM, HDLC *(high-level data link control)* y PPP *(point-to-point protocol),* entre otros.
- **Capa 3 (nivel de red):** IP (IPv4, IPv6), X.25, ICMP, IGMP, NetBEUI, etcétera.
- **Capa 4 (nivel de transporte):** TCP *(transmission control protocol),* UDP *(user datagram protocol)* y SCTP *(stream control transmission protocol),* entre otros.
- **Capa 5 (nivel de sesión):** NetBIOS, RPC, etcétera.
- **Capa 6 (nivel de presentación):** ASN.1 *(abstract syntax notation one),* por ejemplo.
- **Capa 7 (nivel de aplicación):** MMS *(manufacturing message specification),* MAP *(manufacturing automation protocol),* SNMP, SMTP, FTP, SSH, HTTP, Telnet, POP3, IMAP, LDAP, etcétera.

2.1.1. Campos que intervienen

Los protocolos de comunicaciones se basan en dos modelos básicos: fuente/destino y productor/consumidor. Estos modelos establecen la forma en que son compartidos los mensajes.

- **Modelo fuente/destino:** el dispositivo fuente envía un mensaje a un único dispositivo destino específico. Si el dispositivo fuente desea que el mensaje llegue a varios dispositivos, debe repetir ese mensaje para cada uno de los dispositivos. La trama del mensaje incluye en la cabecera la dirección del dispositivo fuente y la dirección del dispositivo destino. Por tanto, no es posible la llegada simultánea del mismo mensaje a todos los dispositivos, utilizando, en estos casos, la red de comunicaciones durante un largo periodo de tiempo. El tiempo de emisión a todos los dispositivos varía según el número de dispositivos a los que desea hacerse llegar el mensaje. Este modelo es utilizado por protocolos como Ethernet, ProfiBus®, InterBus-S, Seriplex y Modbus.
- **Modelo productor/consumidor:** el dispositivo productor (fuente) coloca un mensaje en la red de comunicaciones para el consumo por uno o varios consumidores (destino). Todos los dispositivos reciben los mensajes que se transmiten, siendo tarea de cada dispositivo decidir si ese mensaje debe aceptarlo. De este modo, se ahorra tiempo de utilización de la red. En este caso, la trama del mensaje incluye un identificador de mensaje. El identificador permite a los dispositivos consumidores (receptores) saber si deben aceptarlo o no. Generalmente, el mensaje producido no se dirige a un consumidor específico. Este modelo de comunicación es apropiado cuando se realizan mensajes en emisión completa *(broadcast)* o semidifusión *(multicast).*

Actualmente, la mayoría de los protocolos intentan emplear ambos tipos de modelo para así optimizar el funcionamiento de la red, dependiendo del tipo de mensajes que han de enviarse o recibirse. En la Figura 2.1, se compara el formato de los mensajes de ambos modelos.

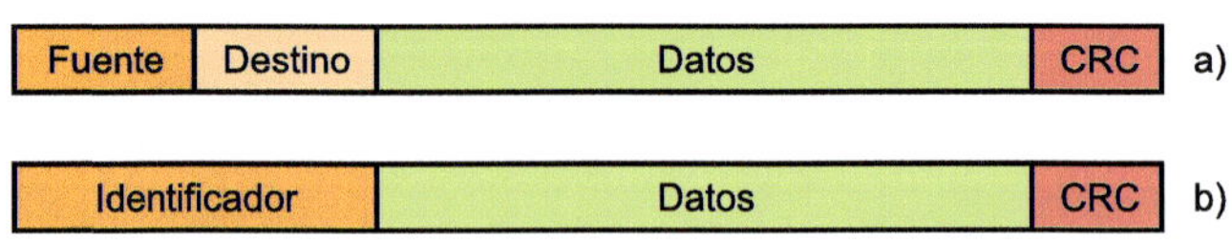

Figura 2.1. *Modelos de los mensajes: a) fuente/destino y b) productor/consumidor.*

En un sistema de comunicaciones basado en capas, como el modelo OSI, las entidades de capas homólogas de dispositivos diferentes pueden intercambiar mensajes conforme el protocolo correspondiente de dichas capas. Pero la *conexión* entre capas semejantes es solo virtual o lógica. En la práctica, la comunicación se realiza bajando información por las capas del dispositivo transmisor, alcanzar al receptor vía el medio de comunicación y subir por las capas del receptor hasta alcanzar la capa semejante. Para ello, el camino se resuelve verticalmente en cada dispositivo. Entonces, dos entidades de capas adyacentes interaccionan a través de uno o más SAP *(service access point)* por medio de los PDU *(protocol data unit)*.

Analizando un dispositivo que envía información a otro (Figura 2.2), se parte de los datos que una aplicación envía como PDU. Cada capa encapsula el PDU recibido de la capa superior agregando un encabezado llamado *PCI (protocol control information)*. La capa actual denomina al PCI, junto con el PDU de una capa anterior, *SDU (service data unit)*. Además, en la capa 2 (nivel de enlace), se añade una cola para la detección y corrección de errores. Debe tenerse presente que estos encabezados y cola solo tienen sentido para la capa homóloga o semejante del otro dispositivo.

Al llegar a la capa física, el mensaje compuesto encapsulado por las diferentes capas se transmite al dispositivo destino. Aquí la información recibida empieza a subir por la pila. Ahora cada capa lee, interpreta y actúa conforme la información de control, luego elimina el encabezamiento correspondiente (y la cola en el caso de la capa 2 tras verificar que no hay errores en la transmisión). El mensaje va desencapsulándose al ir subiendo por las capas para llegar a la capa de aplicación con solo el mensaje original, es decir, los datos.

2.2. Dispositivos de conversión

Los **dispositivos de conversión** son equipos de red que permiten el intercambio entre varios formatos de datos o protocolos. El objetivo de la conversión es poder conectar un dispositivo que usa otra norma con la infraestructura de red existente. La Figura 2.3 muestra varios ejemplos.

A continuación, se describen los dispositivos de conversión de norma física y de protocolo.

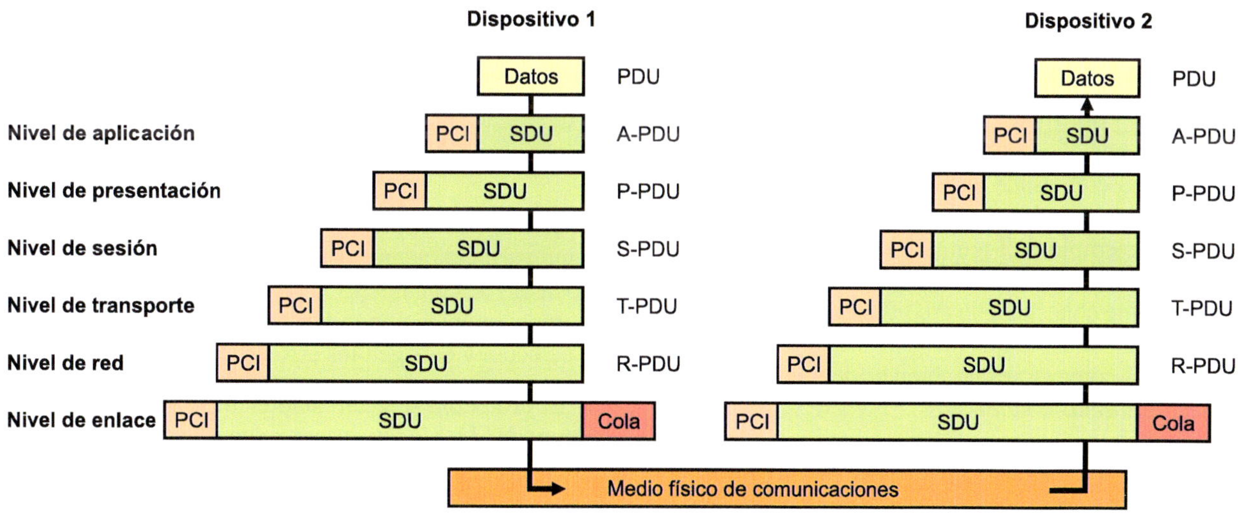

Figura 2.2. *Campos creados durante el proceso de comunicación en el modelo OSI.*

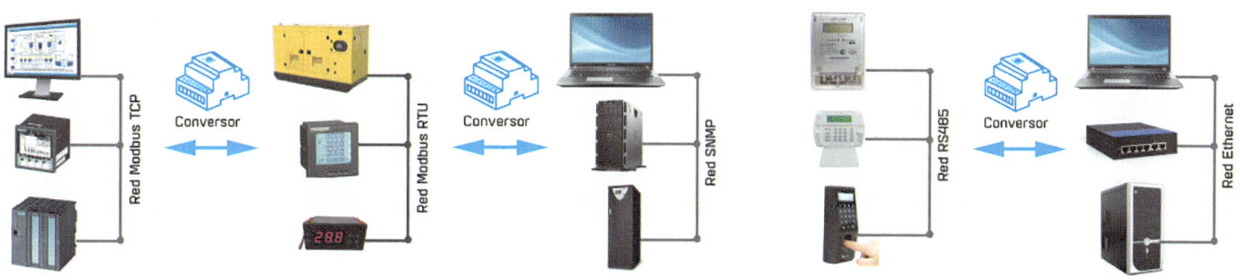

Figura 2.3. *Ejemplos de aplicación de los dispositivos de conversión (cortesía de Ground Electronics).*

2.2.1. De norma física

Adapta los niveles eléctricos del canal de comunicación, manteniendo el formato de las tramas. Por ejemplo, para extender el alcance de una red de comunicaciones, puede usarse un conversor de puerto serie RS-232 a RS-485 como el de la Figura 2.4. Este conversor adapta los niveles de tensión unipolar de la norma RS-232 a los niveles de tensión diferencial de la norma RS-485. Los conversores de norma física funcionan en el nivel 1 del modelo de referencia OSI.

Figura 2.4. *Conversor RS-232 a RS-485 aislado.*

2.2.2. De protocolo

Adapta el protocolo usado en una red al de otra red. Estos conversores permiten interconectar redes de diferente tecnología. Por ejemplo, la Figura 2.5 muestra un conversor Modbus TCP a Modbus RTU. Este conversor o *gateway* Modbus permite conectar a una red Ethernet existente cualquier equipo electrónico que posea comunicación Modbus RS-485. Estos conversores también se denominan *puertas de enlace, pasarelas* o *gateway*.

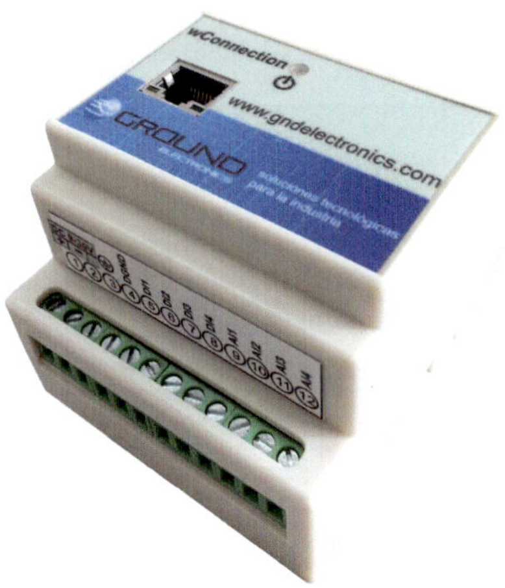

Figura 2.5. *Conversor Modbus a Ethernet (cortesía de Ground Electronics).*

En este caso, la información no se transmite directamente, si no que se traduce para garantizar una continuidad entre los dos protocolos. Por tanto, los conversores de protocolo actúan en el nivel 4 y superiores del modelo OSI.

También existen conversores multiprotocolo, que permiten interconectar más de dos redes con protocolos o topología diferentes (Figura 2.6).

Figura 2.6. *Conversor multiprotocolo.*

2.3. Estudio de un protocolo industrial (Modbus)

En este apartado, pretende estudiarse a fondo un protocolo industrial para, entre otras, conocer los comandos de un protocolo de comunicación y elaborar un diagrama de flujo de una comunicación industrial, además de analizar cómo se detectan y corrigen los errores.

El protocolo seleccionado es **Modbus,** en concreto, la versión **RTU.** Modbus es un protocolo de comunicaciones abierto. A lo largo de los años, se ha implantado como estándar en el campo industrial gracias a sus características de facilidad de uso e implementación.

Modbus fue diseñado en 1979 por Modicon *(modular digital controller)* para su gama de PLC. Funciona en el nivel 7 (capa de aplicación) del modelo OSI y se basa en una arquitectura maestro-esclavo (RTU) o cliente-servidor (TCP/IP).

Las razones principales por las que Modbus se ha extendido tanto, hasta convertirse en el protocolo más estandarizado en el sector industrial, son las siguientes:

- Es público y gratuito.
- Se diseñó teniendo en cuenta su uso para aplicaciones industriales.

- Es fácil de implementar y requiere poco desarrollo.
- Maneja bloques de datos sin suponer restricciones.

Modbus permite el control de una red de dispositivos y también se usa para la conexión de un ordenador de supervisión con una unidad remota (RTU) en sistemas de supervisión y adquisición de datos (SCADA).

Hay muchas variantes de protocolos Modbus, existen versiones para el puerto serie, para Ethernet y para otros que soportan el conjunto de protocolos de internet.

En la variante serie de Modbus, los datos pueden intercambiarse en dos modos de transmisión: ASCII y RTU. El modo determina cómo debe ser empaquetada y decodificada la información en los campos del mensaje.

- **Modo RTU *(remote terminal unit):*** es el modo más común, y más eficiente que el modo ASCII. Utiliza como mecanismo de comprobación de errores, para garantizar la fiabilidad de los datos, una suma de comprobación de redundancia cíclica (CRC). Los mensajes se separan por periodos inactivos de 3,5 caracteres (bytes) de duración. Sus características principales son:
  - — Control por conteo de caracteres.
  - — Operación en modo de respuesta normal (NRM).
  - — Transmisión FDX/HDX asincrónica.
  - — Topología en estrella.
  - — Interfaces de capa física: RS-232D, RS-422A, RS-485 o lazo de 4-20 mA.
  - — Medios de transmisión: par trenzado, cable coaxial y radio.
- **Modo ASCII *(American standard code for information interchange)*:** hace uso de caracteres ASCII para el protocolo de comunicación. El formato ASCII utiliza un *checksum* de control de redundancia longitudinal (LRC). Los mensajes se separan mediante los caracteres de dos puntos principales (:) y de nueva línea (CR/LF).

En cualquiera de los modos de transmisión serie (RTU o ASCII), la trama de un mensaje Modbus tiene un comienzo y un final conocidos. Esto permite a los dispositivos receptores leer la dirección y determinar cuál de ellos ha sido direccionado.

En modo RTU, los mensajes comienzan con un intervalo silencioso de, al menos, 3,5 tiempos de carácter. El primer campo transmitido es la dirección del dispositivo destinatario *(slave ID).* Los dispositivos conectados en la red monitorizan el bus continuamente, incluso durante los intervalos silenciosos. Cuando el primer campo (campo de dirección) es recibido, cada dispositivo lo decodifica para enterarse si es el destinatario. Siguiendo al último carácter transmitido, un intervalo de al menos 3,5 tiempos de carácter, señala el final del mensaje. Un nuevo mensaje puede comenzar después de este intervalo. La trama completa del mensaje debe ser transmitida como un flujo continuo. Si se produce un intervalo silencioso de más de 1,5 tiempos de carácter antes de completar una trama, el dispositivo receptor desecha el mensaje incompleto y asume que el próximo byte será el campo de dirección de un nuevo mensaje.

De forma similar, si un nuevo mensaje comienza antes de que transcurran 3,5 tiempos de carácter después de un mensaje previo, el dispositivo receptor lo considerará una continuación del mensaje previo. Esto dará lugar a un error, ya que el valor en el campo final CRC no será válido para el mensaje combinado.

En la Figura 2.7, se muestra la trama de los modos RTU y ASCII. Cada trama Modbus está compuesta por una unidad de datos de aplicación o ADU *(application data unit),* que incluye la dirección de destino, la PDU y la comprobación de errores. A su vez, la PDU está formada por el código de función y los datos.

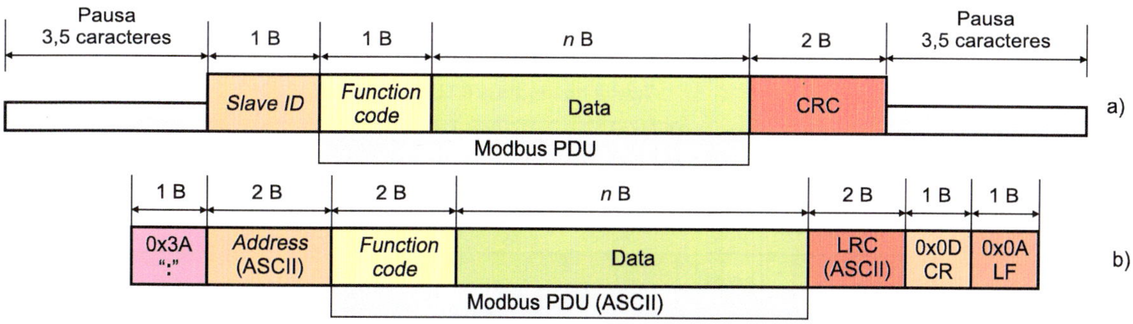

Figura 2.7. *Modos de Modbus serie: a) RTU y b) ASCII.*

Cada dispositivo de la red Modbus posee una dirección única. El protocolo Modbus crea una estructura jerárquica maestro-esclavo. El maestro controla toda la comunicación. El maestro interroga (petición) a un esclavo con una única dirección en la red y espera la respuesta del esclavo. Cada uno de los mensajes incluye información redundante que asegura su integridad en la recepción. Los comandos básicos Modbus permiten controlar un dispositivo RTU para modificar el valor de alguno de sus registros o solicitar el contenido de dichos registros.

El mensaje de respuesta del esclavo está también definido por el protocolo y contiene campos confirmando la acción tomada, cualquier dato que haya de devolverse y un campo de comprobación de error. Si el mensaje recibido por el esclavo es erróneo o el esclavo es incapaz de realizar la acción solicitada, enviará un mensaje de error como respuesta.

Modbus diferencia cuatro tipos de datos: acceso de un bit, acceso de 16 b, acceso a ficheros y diagnóstico. Cada tipo de datos tiene funciones específicas como lectura, escritura, etc., cada una con un código de función diferente.

La variante **Modbus TCP** fue introducida por Schneider Automation. Es un protocolo de comunicación diseñado para comunicarse con equipos industriales tales como PLC, sensores, sistemas informáticos, motores y otros dispositivos de entrada/salida, sobre una red Ethernet. Todas las solicitudes son enviadas vía TCP sobre el puerto registrado 502 y, normalmente, usando comunicación *half-duplex* sobre una conexión dada. TCP permite establecer un gran número de conexiones concurrentes, de este modo el cliente puede reutilizar una conexión previamente establecida o crear una nueva en el momento de realizar una transacción de datos.

Básicamente, Modbus TCP encapsula una trama Modbus dentro de una trama TCP, tal y como se muestra en la Figura 2.9, con los siguientes campos:

- **Identificador de transacción** ***(transaction identifier):*** se emplea para asociar las transacciones (2 B). Esto es útil en redes que soportan múltiples solicitudes simultáneamente (Ethernet).
- **Protocolo de identificación** ***(protocol identifier):*** normalmente, es 0, pero puede utilizarse para ampliar el comportamiento del protocolo (2 B).
- **Longitud** ***(length):*** es el número de bytes de los campos siguientes (código función y datos), incluyendo al identificador de la unidad y los campos de datos (2 B).

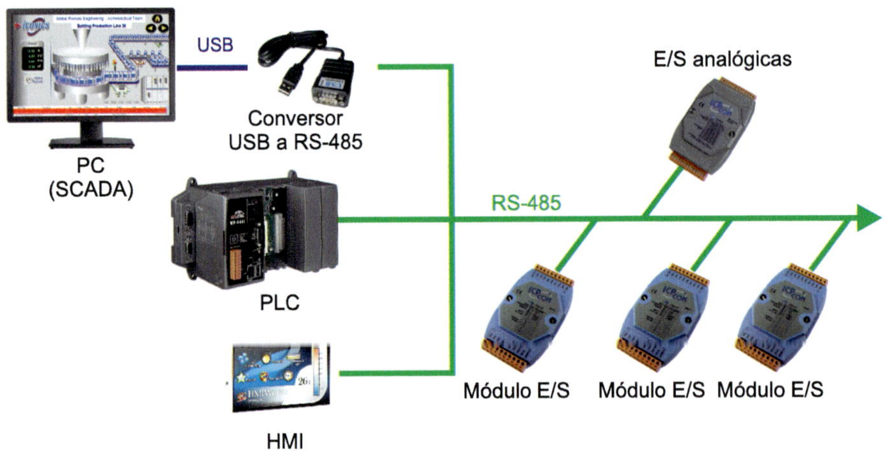

Figura 2.8. *Ejemplo de aplicación con Modbus.*

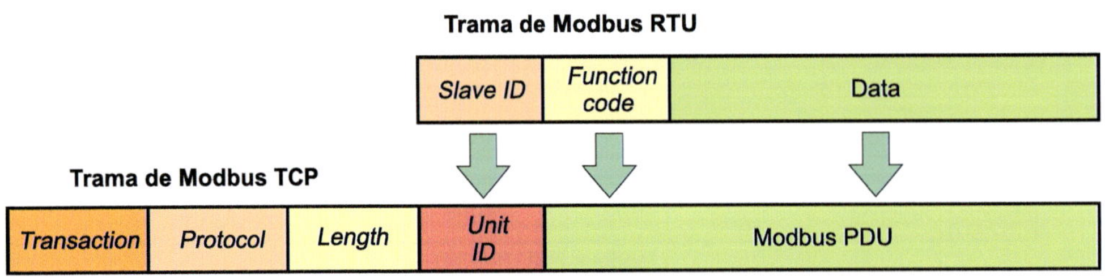

Figura 2.9. *Modbus TCP encapsula una trama de Modbus RTU.*

- **Identificador de la unidad *(unit identifier):*** se utiliza típicamente en un conversor Modbus *(gateway)* para comunicarse con un esclavo de una línea serie Modbus. En este caso, este campo es usado para determinar la dirección del dispositivo esclavo para la que la PDU está destinada, es decir, es configurado por el cliente de Modbus y debe volver con el mismo valor en la respuesta del servidor (2 B).
- **Modbus PDU:** contiene el código de función y los datos. Se encuentra limitada a 253 B para el protocolo estándar.

2.3.1. Comandos de lectura y escritura de datos y de control

En una comunicación con protocolo Modbus RTU, el maestro debe esperar durante un tiempo predeterminado (latencia) después de enviar una petición. Este tiempo de espera debe ser lo suficientemente largo para que a cualquier esclavo le dé tiempo a responder. Si el esclavo detecta un error de transmisión, el mensaje no será tenido en cuenta y puede devolver un código de excepción o no enviar nada, así el tiempo de espera expirará y el maestro tratará el error. La Figura 2.10 ilustra un diagrama con la secuencia típica que se produce en una transmisión Modbus.

Los periodos a y b son el tiempo de proceso (latencia) que requieren los dispositivos para procesar el comando y generar una respuesta. Este tiempo de latencia varía dependiendo del código de función enviado y del dispositivo, pudiendo ser de 2 a 500 ms.

Para entender mejor la secuencia de transmisión, a continuación, se describe detalladamente cada uno de los campos de un mensaje Modbus RTU:

- **Dirección *(slave ID):*** este campo de ocho bits contiene la dirección del esclavo al que va dirigido el mensaje. El maestro hace una petición a un esclavo poniendo su dirección en este campo. Cuando el esclavo envía su respuesta, sitúa su propia dirección en este campo para dar a conocer al maestro qué esclavo está respondiendo.
- **Código de función *(function code):*** este campo de 8 b contiene el tipo de acción que ha de ejecutarse. Los códigos válidos están en el rango decimal de 1 a 255. Hay tres categorías de códigos de función:

1. **Códigos de funciones públicas:** de 1 a 127, excepto los códigos definidos por el usuario. Estos códigos están completamente definidos, validados por la comunidad Modbus.org, documentados públicamente y garantizados como únicos. También se incluye una serie de códigos reservados para un futuro uso.
2. **Códigos de función definidos por el usuario:** en dos rangos de 65 a 72 y de 100 a 110. Estos códigos son definibles por el usuario para implantar funciones que no están soportadas por las especificaciones. No existen garantías de que la nueva función definida sea única.
3. **Códigos de función reservados:** utilizados por algunas compañías para productos heredados y no disponibles para uso público.

En la Tabla 2.1, se enumeran algunos ejemplos de códigos de función más utilizados.

Cuando un mensaje es enviado desde un maestro a un dispositivo esclavo, el campo del código de función indica al esclavo qué tipo de acción ha de ejecutar. Por ejemplo, leer el valor del proceso. Cuando

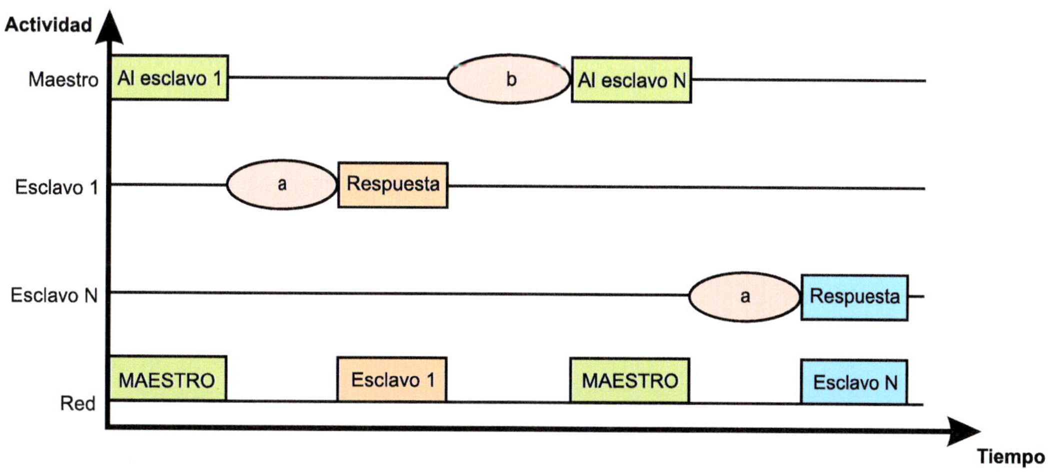

Figura 2.10. *Secuencia típica en la transmisión Modbus.*

el esclavo responde al maestro, utiliza el campo de código de función para indicar bien una respuesta normal (libre de error) o que algún tipo de error ha tenido lugar (denominado *respuesta de excepción*). En el caso de una respuesta normal, el esclavo simplemente replica el código de función original; mientras que, en el caso de una respuesta de excepción, el esclavo devuelve un código diferente al original. El maestro es el encargado de gestionar las respuestas de excepción. Los procedimientos típicos son enviar subsiguientes reintentos de mensaje y notificar fallos.

Tabla 2.1. Códigos de función públicos más comunes

Código de función	Función	Tipo	
01	Leer salida discreta	Acceso de un bit	Acceso a datos
02	Leer entrada discreta		
05	Escribir un bit de salida		
15	Escribir *n* b de salida		
03	Leer *n* registros de salida	Acceso de 16 bits	
04	Leer *n* registros de entrada		
06	Escribir un registro		
16	Escribir *n* registros		
20	Leer fichero	Acceso a ficheros	
21	Escribir fichero		
07	Lectura del estado de excepción	Diagnóstico	
08	Diagnóstico *(loopback)*		

- **Datos *(data)*:** este campo, formado por *n* B, contiene información adicional que el esclavo debe usar para tomar la acción definida por el código de función. Esto puede incluir direcciones discretas y registros, cantidad de datos que han de ser manipuladas y cómputo de bytes de datos contenidos en el campo.

  Por ejemplo, si el maestro solicita a un esclavo leer un grupo de palabras (código de función 03), el campo de datos especifica la dirección de la primera palabra y el número de palabras que han de ser leídas. Si el maestro escribe una palabra (código de función 06), el campo datos especifica la dirección de la palabra y el nuevo valor de la palabra. Si no se produce un error, el campo datos de la respuesta del esclavo al maestro contiene los datos solicitados. Si se produce un error, el campo contiene un código de excepción que el maestro puede utilizar para determinar la próxima acción a tomar.

- **Comprobación de error (CRC):** este campo contiene un valor de 16 b implementado como 2 B. El valor de comprobación de error es el resultado de un cálculo de comprobación cíclica redundante (CRC) realizado sobre el contenido del mensaje. El campo CRC es añadido al mensaje como último campo del mensaje. La forma de hacerlo es añadir primero el byte de menor peso del campo, seguido del byte de mayor peso.

2.3.2. Corrección de errores

Las redes con estándar Modbus utilizan dos tipos de comprobación de error sobre la trama recibida: la comprobación de paridad (par o impar), la cual puede ser aplicada opcionalmente a cada carácter, y la comprobación de la trama (CRC), que es aplicada al mensaje completo.

Ambas comprobaciones, de carácter y de trama del mensaje, son generadas por los dispositivos y aplicadas a los contenidos del mensaje antes de la transmisión. El dispositivo destino comprueba cada carácter y la trama del mensaje completo durante la recepción.

- **Control de paridad:** el usuario puede configurar el control de paridad par o impar, o sin control de paridad. Esto determinará cómo será iniciado el bit de paridad en cada carácter. Si se utiliza control de paridad, se contabilizará la cantidad de bits que tienen valor 1 en cada carácter. El bit de paridad tendrá el valor 0 o 1, de modo que la suma total de bits con valor 1 sea un número par o impar.

  Cuando el mensaje es transmitido, el bit de paridad es calculado y aplicado a la trama de cada carácter. El dispositivo receptor cuenta la cantidad de bits de valor 1 y establece un error si no coincide la paridad con la configurada para ese dispositivo (todos los dispositivos en la red Modbus deben ser configurados para usar el mismo método de control de paridad). Obsérvese que la comprobación de paridad solo detecta si un número impar de bits se han alterado en una trama de carácter durante la transmisión.

  Si se especifica control sin paridad, no se transmite bit de paridad y no se hace comprobación de paridad. Se transmite un bit de paro adicional para rellenar la trama de carácter.

- **Comprobación CRC:** permite verificar el contenido del mensaje completo, con independencia de cualquier método de control de paridad usado para los caracteres individuales del mensaje. El campo CRC es de 2 B, conteniendo un valor binario de 16 b. El valor CRC es calculado por el dispositivo emisor, que añade el CRC al mensaje. El dispositivo receptor calcula el CRC durante la recepción del mensaje y compara el valor calculado con el valor recibido en el campo CRC. Si los dos valores no son iguales, origina un error.

Cálculo del CRC

Modbus RTU utiliza para el cálculo del CRC la norma CRC-16 (ANSI), también conocida como CRC-16 (IBM), cuyo polinomio generador es:

$$G(x) = x^{16} + x^{15} + x^2 + 1$$

El polinomio algebraico hexadecimal normal es 8005 y su inverso A001. Para calcular el valor de CRC, se realizan los siguientes pasos:

1. Se carga un registro de 16 b, que se denominará *registro CRC*, con FFFF (todos a 1).
2. Se realiza una OR exclusiva (XOR) del primer byte del mensaje (los bits de arranque y paro y el bit de paridad no se tienen en cuenta para el CRC) con el byte de mayor peso del registro CRC de 16 b, colocando el resultado en el registro CRC.
3. Al resultado anterior, se le aplica un desplazamiento de un bit en la dirección de bit menos significativo (LSB), rellenando la posición del bit más significativo (MSB) con un 0.
4. Si el LSB extraído fuese un 1, se realiza un XOR entre el registro y un valor fijo preestablecido (A001 en hexadecimal, que corresponde al polinomio generador inverso). Si el LSB fuese un 0, no se efctúa la XOR.
5. Se repiten los pasos 3 y 4 hasta que se hayan efectuado 8 desplazamientos. Una vez hecho esto, se habrá procesado un byte completo.
6. Se repiten los pasos 2 al 5 para el próximo byte del mensaje y se continúa haciendo esto hasta que todos los bytes hayan sido procesados.
7. El contenido final del registro, después de que todos los bytes del mensaje han sido procesados, es el valor del CRC.

2.4. Elaboración de un programa de comunicaciones en lenguaje de alto nivel

Existen muchos programas comerciales que permiten comunicarse y configurar dispositivos industriales. Sin embargo, en ocasiones, resulta interesante elaborar un programa de comunicaciones propio, para resolver un problema muy concreto o para verificar un dispositivo.

Para elaborar los programas, se utilizan técnicas de representación gráfica. Una de esas técnicas son los denominados *diagramas de flujo (flowchart)*. Los diagramas de flujo de programas son representaciones gráficas que muestran la secuencia lógica y detallada de las operaciones que van a realizarse en la ejecución de un programa. Para ello, utilizan símbolos estandarizados unidos por flechas que muestran la secuencia lógica de las operaciones y acciones que deben realizarse.

Estos diagramas ayudan a entender el programa completo y a detectar problemas. Los diseños deben ser normalizados para facilitar el intercambio de documentación entre el personal informático (analistas y programadores). Para ello, existen normas en las que basarse, dictadas por distintas organizaciones como la ISO (International Standard Organization) y ANSI (American National Standard Institute).

El diseño de todo diagrama de flujo debe comenzar con un principio que marca el comienzo de la ejecución del programa y que viene identificado por la palabra *INICIO*. Debe detallarse al máximo la secuencia de operaciones, siguiendo siempre el orden en el que deberán ejecutarse (de arriba-abajo y de izquierda-derecha). La palabra *FIN* marca la finalización de ejecución del programa. Las reglas básicas que hay que seguir para la confección de un diagrama de flujo son las siguientes:

- Todos los símbolos se unen por medio de líneas de conexión.
- Las líneas de conexión no pueden cruzarse, pues ello indica que no está correctamente diseñado.
- A un símbolo del proceso pueden llegarle varias líneas de conexión, pero de él solo puede salir una. Si

Recuerda:

Los programas son algoritmos escritos para ser ejecutados por un sistema microprogramable, como un ordenador. Los algoritmos son un conjunto finito de instrucciones que permiten llegar a un resultado o solución.

el símbolo es de decisión, saldrán tantas líneas como posibilidades existan.

- Al símbolo de inicio, no llega ninguna línea de conexión y de él únicamente puede salir una.
- Al símbolo de final de proceso, pueden llegar muchas líneas de conexión, pero de él no puede partir ninguna.

Los símbolos utilizados en la elaboración de diagramas de flujo han sido normalizados por el Instituto Norteamericano de Normalización (ANSI) y la Tabla 2.2 muestra algunos de los más empleados.

Tabla 2.2. Símbolos básicos de los diagramas de flujo

Símbolo	Función
	Marca el inicio, final o una parada necesaria (abre y cierra el diagrama).
	Representa proceso u operación en general.
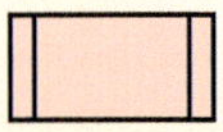	Representa subprograma o subrutina, es decir, un módulo independiente que realiza una tarea.
	Decisión (formula una pregunta o cuestión). Indica operaciones lógicas o comparativas, seleccionando en función del resultado entre varios caminos.
	Representa un conector. Este símbolo es utilizado para el reagrupamiento de las líneas de flujo.
	Operación de entrada/salida en general. Se utiliza para mostrar la introducción de datos desde un periférico o la salida de datos a un periférico.
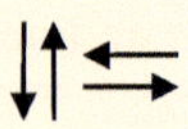	Representan las flechas indicadoras de la dirección del flujo de los datos.

Las herramientas en forma de programas o aplicaciones que los desarrolladores de *software* utilizan para crear, depurar y mantener otros programas y aplicaciones se denominan *software de programación.* Para escribir los programas en el *software* de programación, se usa un lenguaje.

El **lenguaje de alto nivel** es el más evolucionado y no se basa en la arquitectura del sistema, independizándolo del sistema donde se ejecuta, de modo que pueda utilizarse un mismo programa en diferentes equipos. El único requisito es disponer de un programa traductor o compilador para obtener el programa ejecutable en lenguaje binario de la máquina que se trate. Además, no se necesita conocer el *hardware* específico de dicha máquina.

Existen muchos lenguajes de alto nivel y muchas herramientas de desarrollo para implementarlos. Algunas de estas herramientas de desarrollo están orientadas a la instrumentación y comunicación. Por ejemplo, **LabWindows™/CVI™** es un *software* de programación orientado a la instrumentación virtual desarrollado por **National Instruments™** que permite la realización de aplicaciones en lenguaje ANSI C.

National Instruments™ es una empresa dedicada al desarrollo de *software* de medición y automatización y al desarrollo de dispositivos y controladores de instrumentos. La Figura 2.11 muestra un resumen de la gama de productos de esta empresa.

Figura 2.11. *Productos de National Instruments™ (cortesía de National Instruments™).*

LabWindows™/CVI™ contiene un entorno integrado para el desarrollo de programas (IDE o *integrated development environment*), así como un conjunto de librerías para la adquisición, análisis y visualización de datos y control. Puede descargarse una versión TRIAL, previo registro, en la página web de National Instruments™. El código QR de la Figura 2.12 abre la URL para su descarga.

Figura 2.12. *Web para la descarga de LabWindows™/CVI™.*

De forma general, los programas desarrollados en LabWindows™/CVI™ constan de dos partes:

- **Programa:** se almacena como ficheros con extensión *.c* y tiene que seguir las pautas de la especificación ANSI C. El código puede estar formado por módulos desarrollados en C, por las propias librerías incluidas en el entorno y por módulos o librerías desarrolladas con otros compiladores.

  Dentro del entorno, pueden editarse, ejecutarse y depurarse programas escritos en ANSI C utilizando las funciones de las librerías. Para simplificar su uso, cada función se presenta a través de una ventana gráfica denominada *Function Panel*. Desde esta ventana, es posible ejecutar la función de forma interactiva o generar el código de llamada a esta desde el programa fuente facilitando enormemente el acceso a todas las funciones disponibles en las librerías. Por ejemplo, la Figura 2.13 muestra un ejemplo de su uso con la función *OpenComConfig*. Esta función permite configurar los parámetros de un puerto serie. En este caso, en vez de teclear todos los parámetros de configuración, pueden seleccionarse de forma gráfica.

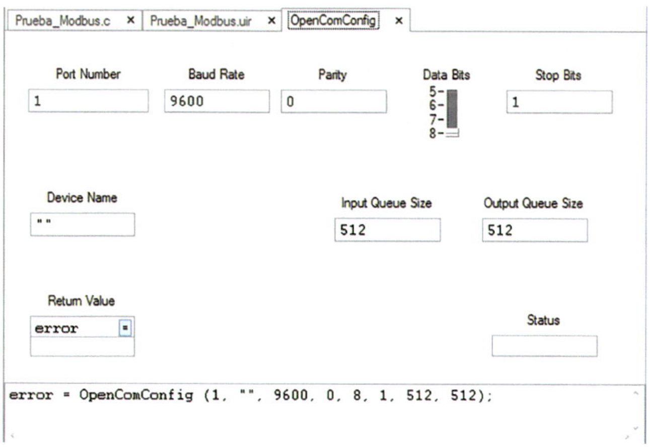

Figura 2.13. *Function Panel facilita la escritura del código.*

- **Interfaz gráfica de usuario *(user interface)*:** se almacena como ficheros, denominados *de recursos,* con extensión *.uir* y es la ventana que contiene los elementos gráficos para la representación de datos (indicadores) y la entrada de datos (controles). La Figura 2.14 muestra algunos ejemplos de controles. LabWindows™/CVI™ nombra a los controles e indicadores de forma general como *controls.* Para distinguirlos, se define su comportamiento entre cuatro tipos distintos:

  1. **Controles de tipo *normal:*** permiten al usuario introducir y visualizar datos.
  2. **Controles de tipo *indicator:*** permiten al usuario solo representar datos.
  3. **Controles de tipo *hot:*** se comportan de idéntica forma que los de tipo *normal,* con la diferencia de que generan eventos.
  4. **Controles de tipo *validate:*** son idénticos que los de tipo *hot,* con la salvedad de que se comprueban los rangos de los datos que se introducen o se visualizan. En el caso de que exista una discrepancia, el entorno lo comunica.

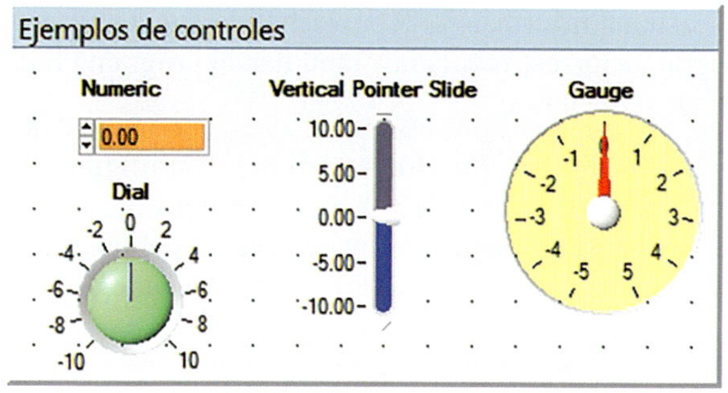

Figura 2.14. *Ejemplos de controles en LabWindows™/CVI™.*

Para comunicar el programa escrito en ANSI C con la interfaz gráfica de usuario, se utiliza una librería llamada *User Interface Library*. Las funciones de la *User Interface Library* permiten cargar la interfaz gráfica de usuario almacenado en el fichero *.uir* y visualizarlo, recibir entrada de datos de usuario y visualizar datos y resultados sobre los controles y objetos que forman la interfaz gráfica de usuario.

El mecanismo que utiliza la interfaz gráfica de usuario para comunicar al programa que se ha producido una acción (pulsar el ratón, girar un control, etc.) es el mismo que el de todas las aplicaciones Windows: programación basada en eventos. De esta forma, cada vez que el usuario realiza una acción sobre la interfaz gráfica de usuario, como, por ejemplo, pulsar un botón, se produce un evento que el programa detecta y ejecuta la rutina correspondiente (denominada *callback* o *llamada asociada a un evento*). En la Figura 2.15, se muestra de forma más clara el concepto de *evento* y de la función asociada a él.

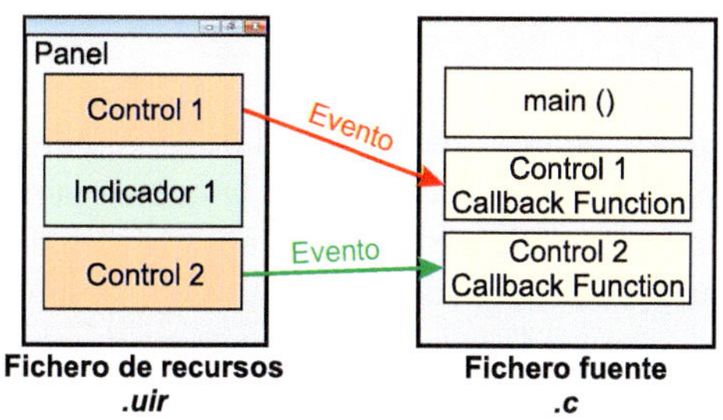

Figura 2.15. *Los eventos comunican la interfaz gráfica de usuario con el programa.*

2.4.1. Implementación y prueba del protocolo Modbus

Una vez estudiado el protocolo Modbus RTU e introducida la herramienta de programación LabWindows™/CVI™, a modo de ejemplo, va a elaborarse un programa que permita la comunicación entre un sistema informático (maestro) y equipos industriales (esclavos).

Este programa, llamado *Prueba_Modbus,* permitirá enviar y recibir tramas Modbus a través de un puerto serie del sistema informático. Aprovechando las ventajas de la programación estructurada y modular, el programa llamará a cuatro funciones:

1. ***Configurar_Puerto:*** esta función configura el número de puerto, la velocidad de transmisión, la paridad y el número de bits de parada del puerto serie. Por defecto, serán COM1, 9600 bps, ninguna y 1 b de parada respectivamente.
2. ***Enviar_Trama:*** esta función tendrá como entrada el mensaje que ha de enviarse, el número del puerto de comunicaciones y la longitud del mensaje. Se encargará de calcular su CRC, añadirlo al mensaje y enviar toda la trama por el puerto especificado.
3. ***Recibir_Trama:*** esta función se encargará de leer del puerto serie un posible mensaje recibido, devolviendo la cadena recibida, así como su longitud.
4. ***Calculo_CRC:*** esta función calculará el CRC de un mensaje aplicando el polinomio generador de la norma CRC-16 (ANSI).

Recuerda:

Para acceder a los puertos de comunicaciones, LabWindows™/CVI™ proporciona librerías con comandos específicos que simplifican esta tarea. En concreto, para el envío de datos por el puerto serie, se usa el comando *ComWrt,* para la lectura de datos *ComRd* y para la configuración *OpenComConfig*.

La interfaz gráfica de usuario del programa Prueba_Modbus tendrá única ventana, en la que se permitirá rellenar cada uno de los campos de un mensaje de envío y visualizar la cadena que se recibe. La Figura 2.16 muestra la interfaz gráfica de usuario, donde es posible la manipulación los siguientes campos:

- ***Dir. Dispositivo:*** indica a qué dispositivo esclavo se dirige el mensaje.
- ***Código de función:*** especifica la operación que desea realizarse. Para evitar introducir cualquier valor, se creará una lista con los códigos de función públicos más comunes.
- ***Dato 1 (MSB), Dato 1 (LSB), Dato 2 (MSB)* y *Dato 2 (LSB):*** definen los datos que acompañan al código de función. Por ejemplo, en accesos de 16 b, en *Dato 1* se especifica la dirección del primer registro y en *Dato 2* el número de registros.

Los controles utilizados para introducir los campos anteriores son numéricos del tipo *normal*. Mientras que el botón de *Enviar* y el botón de *Salir* son del tipo *hot* y, por tanto, generan un evento al pulsarlos.

Por otro lado, en los campos CRC, el programa visualizará el CRC calculado para el mensaje confeccionado con los parámetros anteriores. Concretamente, el campo ***CRC calculado*** representará el contenido en decimal del registro CRC de 16 b, mientras que los campos ***CRC byte alto*** y ***CRC byte bajo*** mostrarán en hexadecimal los dos bytes del CRC añadidos al final mensaje. Estos tres controles numéricos que muestran el CRC son del tipo *indicator*.

Por último, en las casillas (indicadores) de ***Cadena recibida del dispositivo,*** es donde el programa representará el mensaje respuesta del dispositivo esclavo en formato decimal. Los ocho controles numéricos que muestran la *Cadena recibida del dispositivo* son del tipo *indicator*.

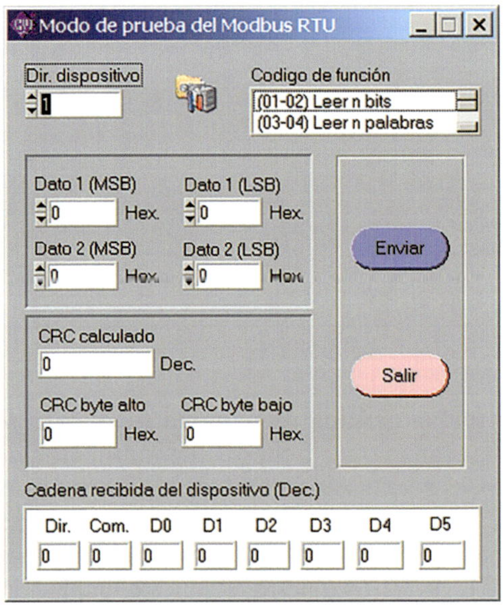

Figura 2.16. *Interfaz gráfica de usuario del programa Prueba_Modbus.*

Por tanto, el funcionamiento del programa Prueba_Modbus será muy simple: al hacer clic en el botón *Enviar,* leerá el valor de las casillas que pueden manipularse y confeccionará el mensaje. Este mensaje se lo pasará a la función

Calculo_CRC para que calcule el CRC y se añadirá al final del mensaje, el cual será enviado. Transcurrido un tiempo superior al de latencia, el programa leerá el mensaje recibido en el puerto serie configurado y mostrará los campos de este mensaje.

Por ejemplo, si quisieran leerse dos registros de salida, se seleccionaría el código de función 03 (leer *n* registros de salida), en los campos ***Dato 1 (MSB)*** y ***Dato 1 (LSB),*** se especifica la dirección del primer registro y, en los campos ***Dato 2 (MSB)*** y ***Dato 2 (LSB),*** el número de palabras que han de ser leídas, en este caso dos.

La Figura 2.17 muestra el diagrama de flujo del programa Prueba_Modbus, donde se aprecia que no se sale de él hasta que no se hace clic en el botón *Salir*.

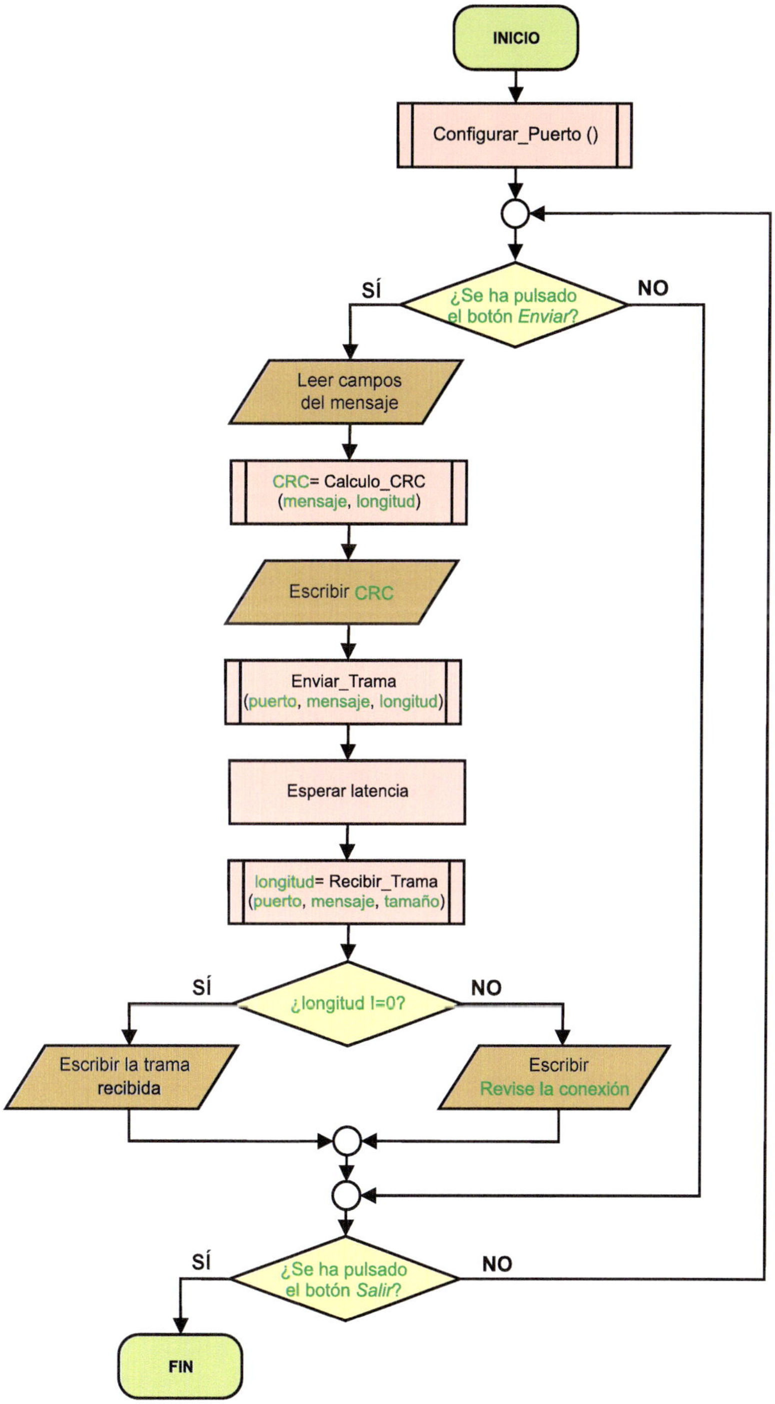

Figura 2.17. *Diagrama de flujo de la rutina principal del programa Prueba_Modbus.*

Una posible implementación de la rutina principal, incluyendo la función de configuración del puerto, del programa Prueba_Modbus se muestra en las siguientes líneas:

```
/*******************************/
/*  Aplicación de prueba para  */
/*        ModBus RTU           */
/*******************************/
/* Comunicaciones Industriales */
/*   Carlos Valdivia Miranda   */
/*        PARANINFO            */
/*******************************/
#include "Prueba_Modbus.h"
#include <userint.h>
#include <rs232.h>
#include <ansi_c.h>
#include <utility.h>


/*******************************/
/*   Declaración de variables  */
/*******************************/
int presentacion, puerto, velocidad, paridad, parada;


/*******************************/
/*  Declaración de prototipos  */
/*******************************/
void Configurar_Puerto (void);
void Enviar_Trama (int puerto, unsigned char *p_mensaje, unsigned int longitud);
unsigned int Recibir_Trama (int puerto, unsigned char *p_mensaje, unsigned int size);
unsigned int Calculo_CRC (unsigned char *p_mensaje, unsigned int longitud_mensaje);


/****************************************************/
/*         FUNCIÓN PRINCIPAL DE LA APLICACIÓN        */
/****************************************************/
int main (int argc, char *argv[])
{
       if (InitCVIRTE (0, argv, 0) == 0)
            return -1; /* out of memory */
       if ((presentacion = LoadPanel (0, "Prueba_Modbus.uir", PANEL)) < 0)
            return -1;
       DisplayPanel (presentacion); // Carga la ventana.
       Configurar_Puerto ();        // Configura el puerto de comunicaciones.
       RunUserInterface ();         // Arranca la interfaz de usuario.
       return 0;
}


/****************************************************/
/*         FUNCIÓN DE CONFIGURACIÓN DEL PUERTO       */
/* Entrada: Ninguna.                                 */
/* Salida:  Ninguna.                                 */
/****************************************************/
void Configurar_Puerto (void)
{
       int error;

       puerto= 1;
       velocidad= 9600;
       paridad= 0;
       parada= 1;

       // Abre el puerto de comunicaciones.
       error = OpenComConfig (puerto, "", velocidad, paridad, 8, parada, 512, 512);
       if (error!=0)
       {
            MessagePopup ("Error", "Revise la configuración del puerto");
            QuitUserInterface (0);
       }
       clearerr (stdin); // Elimina todas las causas de errores.
}
```

```
/*************************************************/
/*                BOTÓN DE ENVIAR                */
/*************************************************/
int CVICALLBACK Enviar (int panel, int control, int event,
               void *callbackData, int eventData1, int eventData2)
{
       unsigned char crch, crcl;
       unsigned int CRC;
       unsigned char buffer[20];  // Buffer de envío y recepción.
       unsigned int longitud;

       switch (event)
       {
            case EVENT_COMMIT:

            longitud=6;
            GetCtrlVal (presentacion, PANEL_DIRECCION_DISPOSITIVO,  &buffer[0]);
            GetCtrlVal (presentacion, PANEL_CODIGO,            &buffer[1]);
            GetCtrlVal (presentacion, PANEL_DATO_1_M,          &buffer[2]);
            GetCtrlVal (presentacion, PANEL_DATO_1_L,          &buffer[3]);
            GetCtrlVal (presentacion, PANEL_DATO_2_M,          &buffer[4]);
            GetCtrlVal (presentacion, PANEL_DATO_2_L,          &buffer[5]);

            // Muestra el CRC y envía el comando.
            CRC= Calculo_CRC (buffer, longitud);
            SetCtrlVal (presentacion, PANEL_CRC, CRC);
            crcl = CRC /256;
            crch = CRC % 256;
            SetCtrlVal (presentacion, PANEL_CRC_L, crcl);
            SetCtrlVal (presentacion, PANEL_CRC_H, crch);
            FlushOutQ (puerto); // Limpia el puerto de salida.
            FlushInQ (puerto);  // Limpia el puerto de entrada.
            Enviar_Trama (puerto, buffer, longitud);

            // Lectura de lo enviado.
            longitud= Recibir_Trama (puerto, buffer, 15);

            if (longitud!=0)
            {
               SetCtrlVal (presentacion, PANEL_R_DIR,    buffer[0]);
               SetCtrlVal (presentacion, PANEL_R_COMAN,  buffer[1]);
               SetCtrlVal (presentacion, PANEL_R_DATO_0, buffer[2]);
               SetCtrlVal (presentacion, PANEL_R_DATO_1, buffer[3]);
               SetCtrlVal (presentacion, PANEL_R_DATO_2, buffer[4]);
               SetCtrlVal (presentacion, PANEL_R_DATO_3, buffer[5]);
               SetCtrlVal (presentacion, PANEL_R_DATO_4, buffer[6]);
               SetCtrlVal (presentacion, PANEL_R_DATO_5, buffer[7]);
            }
            else MessagePopup ("Error", "Revise la conexión");

            break;
       }
       return 0;
}


/*************************************************/
/*                BOTÓN DE SALIR                 */
/*************************************************/
int CVICALLBACK Salir (int panel, int control, int event,
                       void *callbackData, int eventData1, int eventData2)
{
       switch (event)
       {
            case EVENT_COMMIT:
            QuitUserInterface (0);
            break;
       }
       return 0;
}
```

Envío y recepción de datos

La función de envío de datos *(Enviar_Trama)* llamará a la función *Calculo_CRC* para calcular el CRC del mensaje que ha de enviarse, lo añadirá al final del mensaje y enviará el mensaje completo. El código sería el siguiente:

```
/*****************************************************/
/*                   FUNCIÓN DE ENVÍO                */
/* Entrada: N° de puerto.                            */
/*          Puntero al mensaje a enviar.             */
/*          Longitud del mensaje a enviar.           */
/* Salida:  Ninguna.                                 */
/*****************************************************/

void Enviar_Trama (int puerto, unsigned char *p_mensaje,
                   unsigned int longitud)
{
    unsigned int CRC;

    CRC= Calculo_CRC (p_mensaje, longitud); // Calcula el CRC.
    p_mensaje[longitud+1]= CRC /256;        // Añade al mensaje la parte alta.
    p_mensaje[longitud]= CRC % 256;         // Añade al mensaje la parte baja.
    ComWrt (puerto, p_mensaje, longitud+2); // Envía de la cadena.
}
```

Por otro lado, la función de recepción de datos *(Recibir_Trama)* esperará a recibir algo pasado el tiempo de latencia. La función devolverá el número de bytes leídos del puerto serie, junto con la trama recibida. El código sería el siguiente:

```
/*****************************************************/
/*                FUNCIÓN DE RECEPCIÓN               */
/* Entrada: N° de puerto.                            */
/*          Puntero al mensaje recibido.             */
/*          Longitud esperada a recibir.             */
/* Salida:  Longitud real recibida.                  */
/*****************************************************/

unsigned int Recibir_Trama (int puerto, unsigned char *p_mensaje,
                            unsigned int size)
{
    volatile unsigned int longitud= 0;
    double espera= 0.0;

    while (espera<1.0 && longitud<size) // Debe recibirse algo antes de 1 s.
    {
        longitud= GetInQLen (puerto);   // Cantidad de datos del puerto serie.
        Delay (0.1);                    // Espera.
        espera= espera + 0.1;           // Incrementa la espera.
    }

    ComRd (puerto, p_mensaje, longitud); // Lee la cantidad de datos.
    return longitud;                     // Devuelve la cantidad de datos leída.
}
```

Control de errores

En una comunicación con Modbus RTU, los errores pueden darse de dos formas: trama correcta, pero no puede hacerse lo que se solicita, o trama incorrecta, porque al chequear el bit de paridad o el CRC no coincide.

En los casos de trama correcta, pero no puede hacerse lo que se solicita, el dispositivo devuelve un código de excepción. Los dos códigos de excepción más importantes son:

- **Código 01** ***(ilegal function):*** se produce cuando no es una acción válida. Puede ser porque el código de función enviado solo pueden ejecutarlo equipos más nuevos o porque el dispositivo está en un estado donde no puede ejecutar dicha instrucción.
- **Código 02** ***(ilegal data address):*** se produce cuando no es una dirección válida. En este caso, tanto la dirección como la cantidad de registros no son soportadas.

El diagrama de flujo de la Figura 2.18 muestra cómo un dispositivo esclavo procesa la petición del maestro. El esclavo responde con el mismo código de función si la recepción es correcta o con el código de función de error (0x08) seguido de un código de excepción, que especifica el tipo de problema que se ha producido.

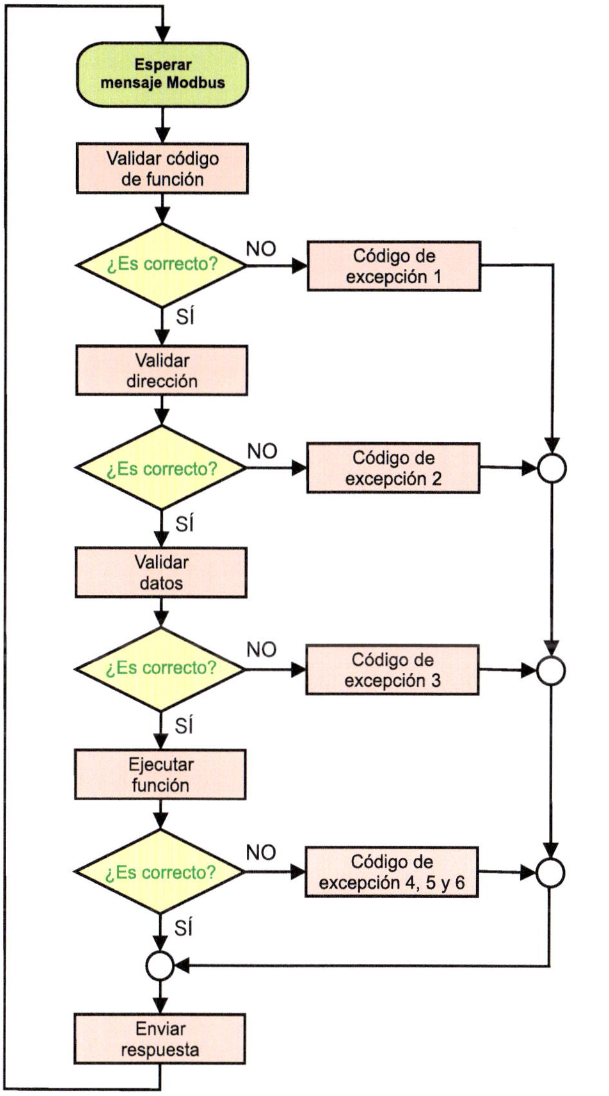

Figura 2.18. *Diagrama de flujo de procesado de una petición del maestro.*

Por el contrario, para detectar una trama incorrecta, se chequean tanto el bit paridad (opcional) como el CRC. En el Apartado 2.3.2, se desarrollaron los pasos que han de seguirse para obtener el CRC aplicando su polinomio generador. A partir de estos pasos, se obtiene el diagrama de flujo y, a partir de él, un algoritmo que lo implemente.

El diagrama de flujo de la Figura 2.19 muestra el procedimiento del algoritmo de CRC-16 (ANSI) usado en Modbus RTU.

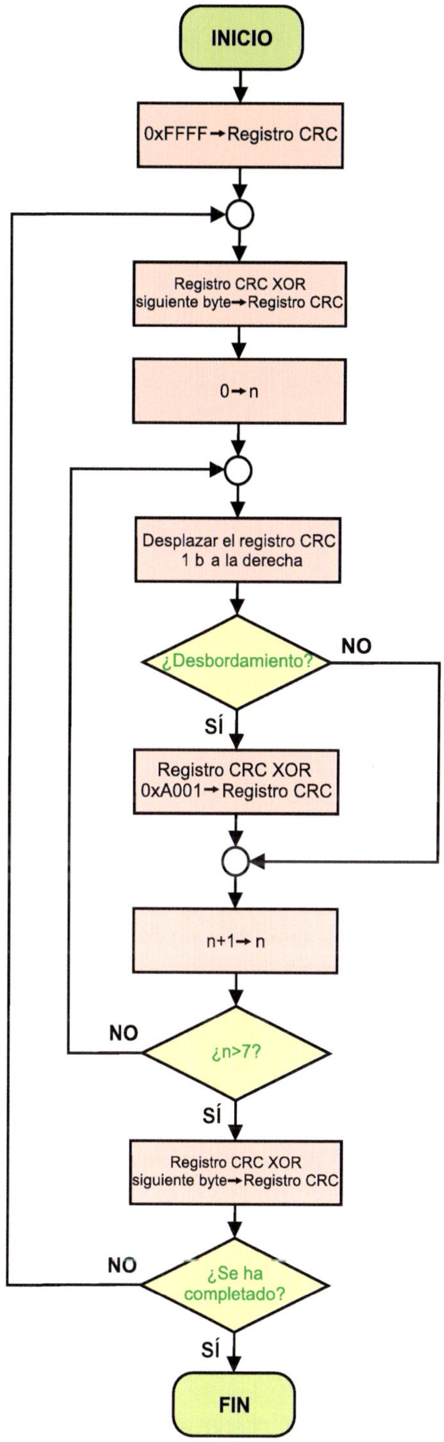

Figura 2.19. *Diagrama de flujo del cálculo de CRC-16 (ANSI).*

Cuando el CRC se añade al mensaje, primero se añade el byte de menor peso, seguido del byte de mayor peso. Un ejemplo, en lenguaje C, de implementación de una función que genera el CRC de un mensaje se muestra en las siguientes líneas:

```
/****************************************************/
/*            FUNCIÓN DE CÁLCULO DEL CRC            */
/* Entrada: Puntero al mensaje a calcular el CRC.   */
/*          Longitud del mensaje.                   */
/* Salida:  CRC obtenido.                           */
/****************************************************/

unsigned int Calculo_CRC (unsigned char *p_mensaje,
                          unsigned int longitud_mensaje)
{
    unsigned int CRC= 0xFFFF;
    unsigned int siguiente_byte;
    unsigned int carry;
    unsigned int n;

    while (longitud_mensaje--)
    {
       siguiente_byte= (unsigned int) *p_mensaje;
       CRC^= siguiente_byte;          // XOR
       for (n=0; n<8; n++)            // Bucle para los 8 bits.
       {
            carry= CRC & 1;           // Verifica si hay desbordamiento.
            CRC>>= 1;                 // Desplazamiento a la derecha.
            if (carry) CRC^= 0xA001;  // Si hay desbordamiento hace la XOR.
       }
       p_mensaje++;                   // Siguiente byte del mensaje.
    }
    return CRC;                       // Devuelve el CRC calculado.
}
```

Registro de datos

Además de la entrada y salida de información a través de los componentes visuales y su procesamiento, en muchas ocasiones, es necesario su registro. Los registros almacenan datos que tienen cierta vinculación entre sí y permiten con su análisis obtener conclusiones, como tasa de fallos, comportamiento del sistema en determinadas condiciones, etc. Por ejemplo, la Figura 2.20 muestra una aplicación que registra la temperatura de un horno durante un tratamiento térmico. El análisis de este registro de datos puede ayudar a mejorar el proceso.

Los registros de datos suelen almacenarse en estructuras llamadas *archivos*. Los archivos de texto son los más extendidos, porque los datos se guardan en forma de caracteres ASCII y esto facilita su portabilidad a cualquier programa o sistema para su análisis.

Los archivos de texto poseen algunos caracteres especiales dentro de él, que normalmente no son visibles cuando se abre el archivo con un editor de texto, pero que permiten delimitarlo. Estos caracteres especiales son: el carácter de fin de línea *(\n)* y el carácter de fin de archivo (EOF o *end of file*).

Con la función *sprintf* del lenguaje C, puede generarse una cadena de caracteres de las variables numéricas. En la conversión, se usa un signo de porcentaje *(%)* para indicar el tipo de la variable que ha de convertirse y el número de decimales. Por ejemplo, para convertir a una cadena de caracteres *(linea)* la variable *a* de tipo *double* con tres decimales, se escribiría lo siguiente:

```
sprintf (linea, "%.3f \n", a);
```

Por último, con la función *fwrite* del lenguaje C, puede almacenarse la cadena de caracteres en un archivo de texto, previamente abierto o generado con la función *fopen*.

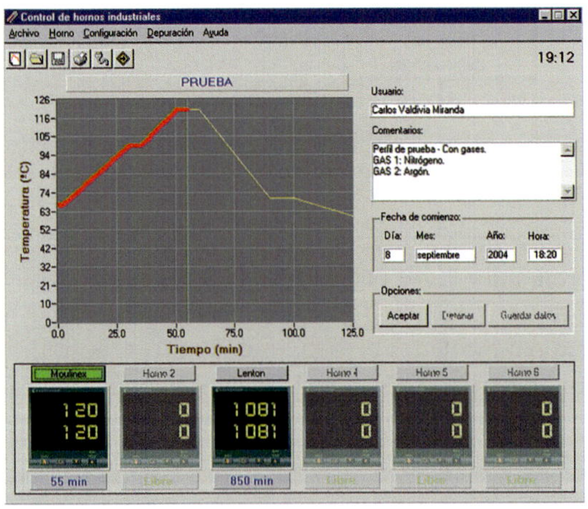

Figura 2.20. *El registro de datos ayuda a la optimización del proceso.*

MAPA CONCEPTUAL

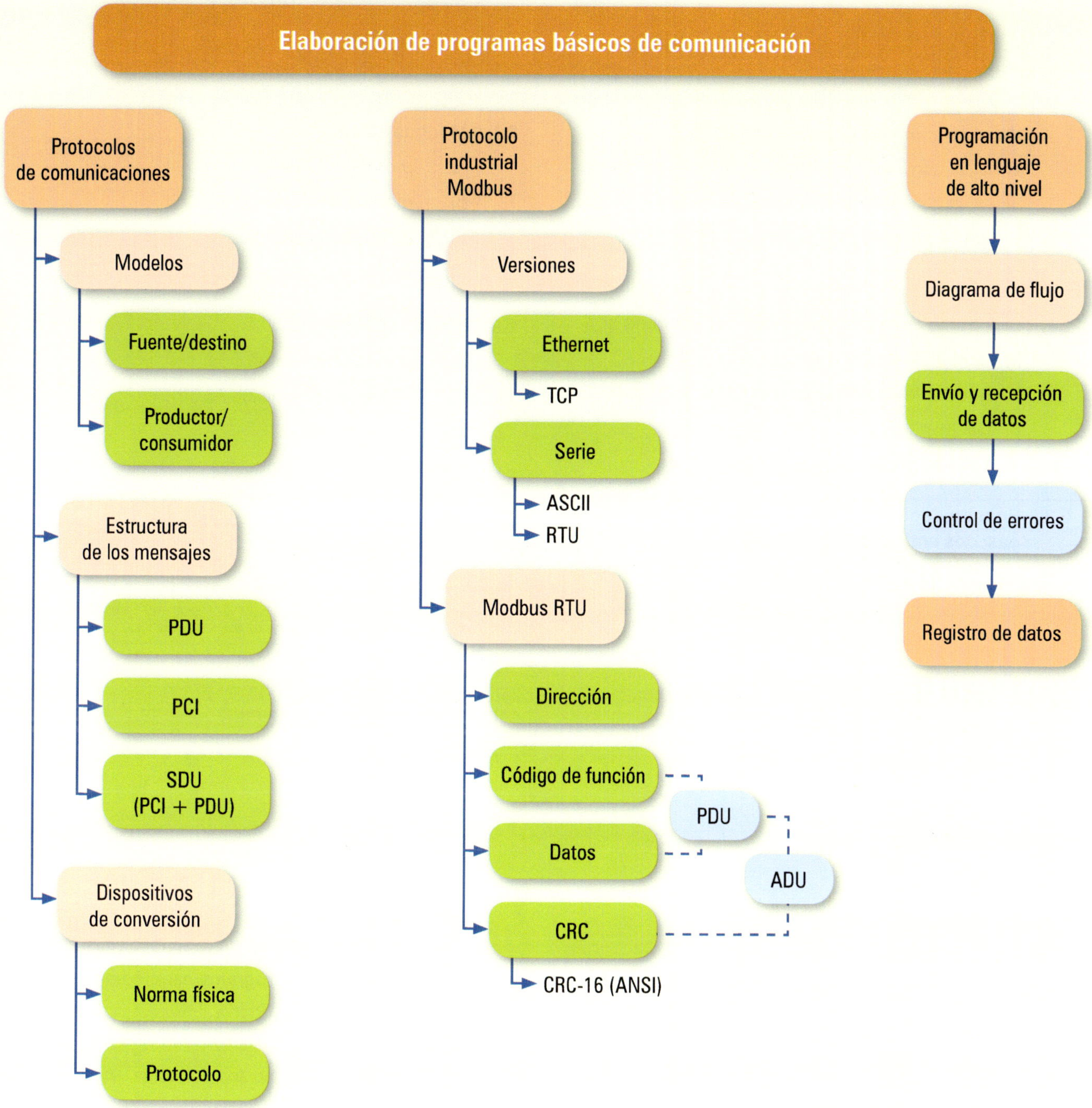

Actividades de comprobación

2.1. Un conversor Modbus a ZigBee es...

a) ... un conversor de norma física.

b) ... un conversor de protocolo.

c) ... una pasarela.

d) Las respuestas b) y c) son correctas.

2.2. Una trama con un identificador corresponde al...

a) ... modelo fuente/destino.

b) ... modelo productor/consumidor.

c) Las respuestas a) y b) son correctas.

d) Ninguna de las respuestas es correcta.

2.3. En un modelo de comunicaciones basado en capas, dos entidades adyacentes...

a) ... interaccionan por las SAP.

b) ... usan protocolos pares.

c) ... interaccionan con las PCI.

d) ... interaccionan con las SDU.

2.4. Una SDU está formada por...

a) ... PCI + PDU + SAP.

b) ... varias PCI.

c) ... varias PDU.

d) ... PCI + PDU.

2.5. Un conversor RS-232 a RS-422 es...

a) ... un conversor de norma física.

b) ... un conversor de protocolo.

c) ... una pasarela.

d) ... un repetidor.

2.6. El diagrama de flujo es...

a) ... la representación gráfica de un programa.

b) ... la representación gráfica de los campos de una trama.

c) ... el código de un programa.

d) ... la representación textual de un protocolo de comunicaciones.

2.7. Modbus es un...

a) ... protocolo industrial.

b) ... modelo fuente/destino.

c) ... un protocolo abierto.

d) Todas las respuestas son correctas.

2.8. Modbus RTU es un...

a) ... protocolo Ethernet.

b) ... modo de transmisión ASCII.

c) ... protocolo serie.

d) Ninguna de las respuestas es correcta.

2.9. Una trama Modbus RTU consta de...

a) ... dirección + PDU + CRC.

b) ... dirección + código de función + datos + CRC.

c) Las respuestas a) y b) son correctas.

d) ... protocolo + longitud + PDU.

2.10. CRC-16 (ANSI) se usa en...

a) ... Modbus ASCII.

b) ... Modbus RTU.

c) ... Modbus TCP.

d) Ninguna de las respuestas es correcta.

2.11. LabWindows™/CVI™...

a) ... es una herramienta de desarrollo *software*.

b) ... consta de un programa escrito en C y de una interfaz gráfica de usuario (GUI).

c) ... es un lenguaje de alto nivel.

d) Todas las respuestas son correctas.

2.12. Un control de tipo *hot* de LabWindows™/CVI™...

a) ... solo visualiza datos.

b) ... genera eventos.

c) ... es siempre numérico.

d) ... comprueba si los datos están dentro de un rango preestablecido.

Actividades de ampliación

2.13. Investiga, consultando páginas web de fabricantes en internet, cuáles son las características y los precios de mercado de los dispositivos de conversión. Escribe un pequeño informe sobre la investigación. El objetivo es conocer los dispositivos conversores que hay en el mercado, sus características y precio.

2.14. Indica a qué versión y modo de Modbus pertenecen las siguientes tramas en hexadecimal:

a) 3A F7 03 13 89 00 0A 60 0D 0A.

b) 01 04 02 FF FF B8 80.

c) 00 0C 29 4F A3 89 00 0C 29 F7 85 CB 08 00 45 00.

d) 00 45 00 D5 40 00 80 06 64 6F C0 A8 0A 14 C0.

2.15. Un protocolo de comunicaciones utiliza para la detección de errores CRC-3 (GSM), cuyo polinomio generador es $G(x) = x^3 + x + 1$. Se pide:

a) Dibuja el diagrama de flujo del cálculo de CRC-3 (GSM).

b) Implementa un algoritmo en lenguaje C.

2.16. Modifica el programa de comunicaciones elaborado en esta unidad para añadir un botón *(Guardar),* que, al pulsarlo, almacene la trama enviada y recibida en un fichero de texto ASCII llamado *registro.txt*.

Comunicación con un módulo de relés mediante Modbus RTU

El objetivo de esta actividad es familiarizarse con el protocolo de comunicaciones industrial Modbus RTU. Para ello, se propone conectar un módulo de relés a un sistema informático y, mediante el programa elaborado en esta unidad, enviar comandos al módulo de relés.

La red de comunicación será una topología punto a punto. La Figura 2.21 muestra los elementos que intervienen en dicha conexión. En el caso de que el sistema informático no disponga de puerto serie, además del conversor RS-232 a RS-485, será necesario un conversor USB a RS-232 o un único conversor USB a RS-485.

Figura 2.21. *Conexión del módulo de relés mediante conversor USB a RS-485.*

El módulo de relés seleccionado para esta actividad es el ADAM-4068B del fabricante Advantech. Este módulo consiste en un circuito electrónico que interpreta los comandos enviados por el sistema informático y activa o desactiva el relé especificado en el comando. ADAM-4068B posee las siguientes características:

- Conexión RS-485.
- Compatibilidad con el protocolo de Modbus RTU y Advantech ASCII.
- Velocidad de transmisión (bps): 1200, 2400, 4800, 9600 19200 y 38400.
- 8 relés (4 normalmente abiertos y 4 conmutados) capaces de abrir 250 V_{AC}–50 Hz y 0,3 A (75 W).
- Alimentación: de 10 a 30 V_{DC}.
- Tamaño: 60 × 112 × 30 mm.

El módulo de relés tiene forma cuadrangular plana, con los regleteros de conexiones en el lado superior e inferior y una serie de leds en la cara frontal para indicar el estado de los relés y del módulo (Figura 2.22). El módulo puede montarse en carril DIN y permite apilar varios módulos, uno encima de otro, como ilustra a la derecha la Figura 2.22.

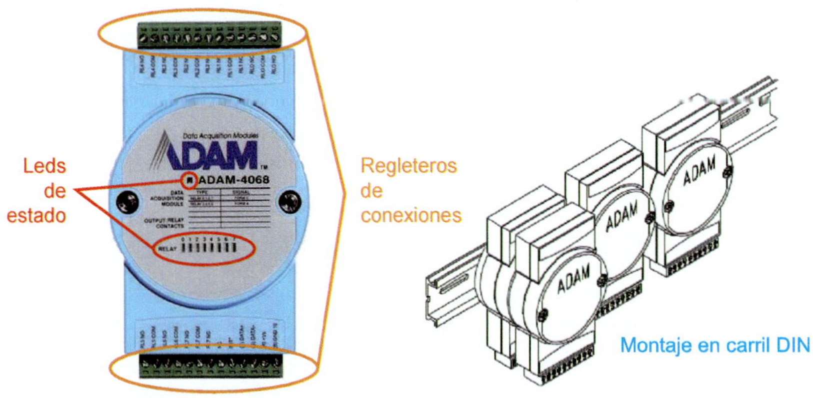

Figura 2.22. *Vista frontal del módulo de relés y montaje en carril DIN.*

En la parte izquierda del regletero inferior, se encuentra la entrada de alimentación (+Vs y GND), la conexión RS-485 (Data+ y Data–) y el terminal de configuración (INIT). El resto de los terminales del regletero inferior y todos los terminales del regletero superior es donde están accesibles los contactos de los relés. El módulo de relés escogido dispone de cuatro relés de la *Forma A* (normalmente abierto) y cuatro de la *Forma B* (conmutado), como muestra la Figura 2.23.

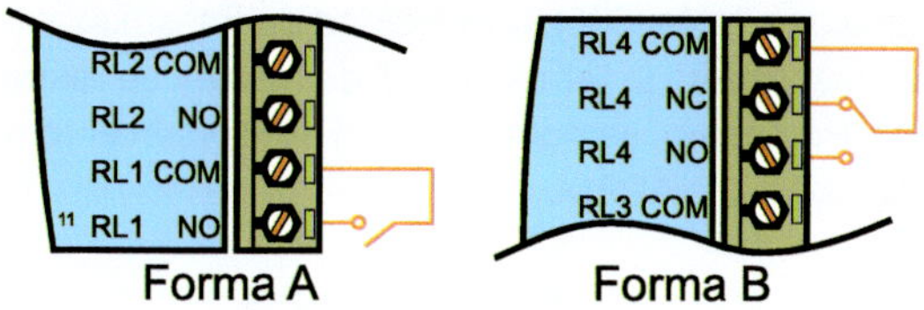

Figura 2.23. *Conexión de los relés.*

El módulo de relés, para trabajar, acepta la alimentación industrial estándar de +24 V_{DC}, aunque su funcionamiento está garantizado para alimentaciones comprendidas entre +10 y +30 V_{DC}. En la Figura 2.24, se muestra la conexión del módulo de relés a una fuente conmutada que proporciona 24 V_{DC}. Ambos dispositivos, módulo de relés y fuente conmutada, se montan sobre un carril DIN para facilitar su interconexión y manipulación.

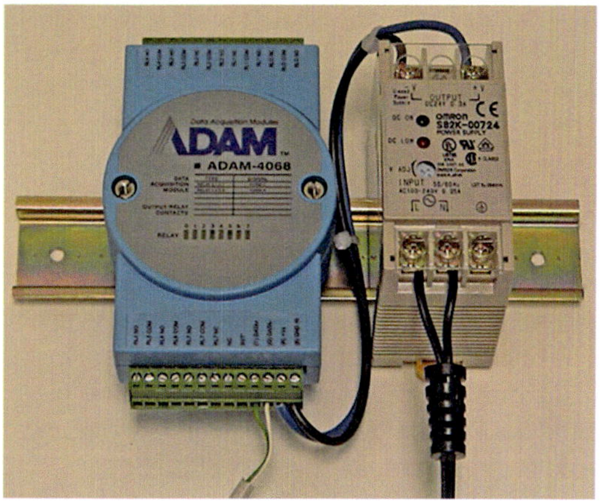

Figura 2.24. *Conexión del módulo de relés y la fuente conmutada.*

Una vez conectado el módulo de relés al sistema informático, de la forma indicada en la Figura 2.21, se procede a su configuración y verificación. Para ello, junto con el módulo de relés, se incluye un CD con una utilidad *software*. Esta utilidad busca por la red todos los módulos ADAM conectados y los identifica. Finalizada la búsqueda de los módulos, la utilidad permite su configuración y prueba. Para poder cambiar la configuración del módulo, este debe estar en el *estado INIT;* para ello, el terminal *INIT* del regletero de conexiones debe estar conectado a masa.

En el *estado INIT,* la utilidad permite modificar: la dirección del dispositivo, la velocidad de transmisión, el protocolo de comunicaciones y el estado inicial de los relés (Figura 2.25). En este caso, se configura el módulo de relés en la dirección 255.

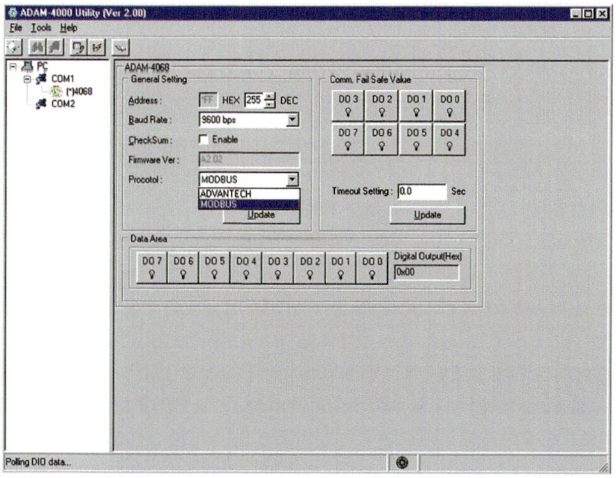

Figura 2.25. *Utilidad* software *de configuración del módulo de relés.*

Una vez configurada la dirección del módulo de relés (255), la velocidad de transmisión (9600), el protocolo (Modbus) y el estado inicial de los relés (todos apagados), se desconecta el terminal *INIT* de masa y se rastrea todo la red para verificar si el módulo se encuentra en la dirección configurada. Por último, se comprueba el funcionamiento de los relés utilizando los botones de los que dispone la aplicación *software* de los módulos ADAM.

Figura 2.26. *URL de descarga del código fuente del programa Prueba_Modbus.*

Finalizada la configuración del módulo de relés, se procede a probar el programa desarrollado en esta unidad (Prueba_Modbus). Para ello, se indica el número de COM, detectado por el sistema informático, en la variable entera *puerto* de la función *Configurar_Puerto*.

LabWindows™/CVI™ puede ejecutar los programas de dos modos: depuración *(Debug)* y lanzamiento *(Release).* El modo depuración permite añadir puntos de ruptura *(breakpoints)* y visualizar el estado de las variables del programa *(watchpoints).* Mientras que, el modo lanzamiento no permite estas opciones y lo ejecuta cómo si estuviera instalado en un equipo. El modo de ejecución se selecciona en la opción *Configuration* del menú *Build.* Una vez seleccionado el modo, el programa se ejecuta pinchando sobre el icono *Debug Project* (triángulo verde) del entorno de programación LabWindows™/CVI™. El código QR de la Figura 2.26 descarga un fichero ZIP con el código fuente del programa Prueba_Modbus.

Conociendo la dirección del módulo de relés (255), la posición de cada uno de los relés (especificada en el manual del usuario y resumida en la Tabla 2.3) y el código de función utilizado (05, escribir un bit) se comprueba su funcionamiento.

Tabla 2.3. Dirección de los relés

Relé	Dato 1 (MSB)	Dato 1 (LSB)
0	0x00	0x10
1	0x00	0x11
2	0x00	0x12
3	0x00	0x13
4	0x00	0x14
5	0x00	0x15
6	0x00	0x16
7	0x00	0x17

Por ejemplo, la Figura 2.27 muestra que, en los campos *Dato 1 (MSB)* y *Dato 1 (LSB),* se especifica la posición del relé 1 (0x11) y, en los campos *Dato 2 (MSB)* y *Dato 2 (LSB),* el estado del relé, en este caso activar. Es importante destacar que el protocolo Modbus describe que, cuando se altera el valor de un bit, el campo *Dato 2 (LSB)* debe estar siempre a 0 y, en el campo *Dato 2 (MSB),* se especifica el valor (0xFF para ponerlo a 1 y 0x00 para ponerlo a 0). Observando la cadena recibida, se descubre que el módulo responde con los siguientes datos: número de dispositivo (en este caso el 255), código de función solicitado (en este caso el 05), el número de relé modificado (en este caso el 1), el valor del relé (en este caso el FF-00 en hexadecimal, es decir, activado) y el CRC del mensaje.

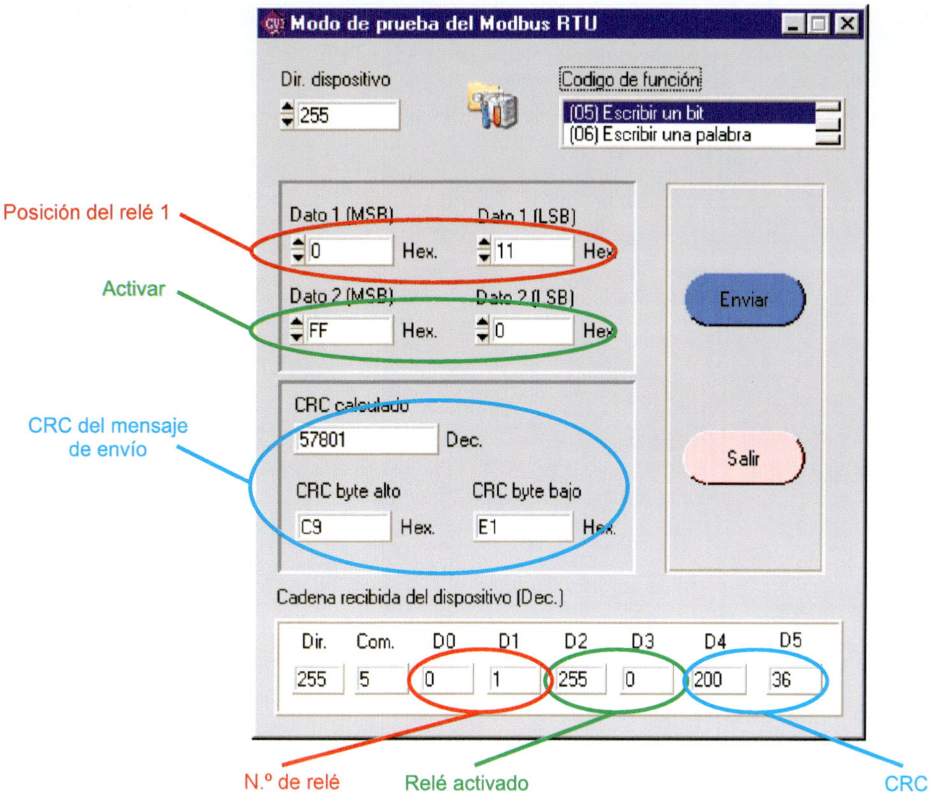

Figura 2.27. *Activación de un relé con el programa elaborado en la unidad.*

Mirando los leds de estado del módulo de relés, se aprecia que el led del relé 1 se ilumina (Figura 2.28). De este modo, uno a uno, pueden ir activándose o desactivándose de forma individual cada uno de los relés del módulo.

Figura 2.28. *Relé 1 activado desde el programa Prueba_Modbus.*

Instalación y configuración de redes locales de ordenadores

3

Las redes de área local (LAN) hacen posible que las industrias que utilizan tecnología informática compartan de forma eficiente elementos tales como archivos e impresoras. Además, permiten la comunicación, por ejemplo, a través del correo electrónico *(e-mail)*. Las LAN se componen de ordenadores, tarjetas de interfaz de red, medios de *networking*, dispositivos de control del tráfico de red y dispositivos periféricos.

Contenidos

Objetivos

- Identificar los tipos de redes de datos.
- Conocer las características de la instalación eléctrica y las condiciones medioambientales.
- Diferenciar los elementos de una LAN.
- Aprender los tipos de soporte de transmisión.
- Reconocer los equipos de interconexión.
- Realizar el conexionado físico de los equipos.
- Entender el estándar Ethernet.
- Configurar y verificar una red de área local.
- Comprender las herramientas utilizadas en las redes LAN.

3.1. Redes de datos

Las **redes de datos** surgen ante la necesidad de comunicar y compartir información entre usuarios. Una red de datos informática mantiene los beneficios del ordenador personal (*software* propio, información personal, etc.), pero añadiendo la posibilidad de compartir recursos *software* y *hardware* con otros usuarios, lo que aporta unas enormes ventajas:

- **Recursos compartidos:** los equipos conectados a una red pueden compartir determinados componentes como impresoras, unidades de discos, etcétera.
- **Dispositivos de protección de datos:** puede programarse la realización de copias de seguridad, por ejemplo, de todos los discos duros de la red.
- **Posibilidad de acceder a un soporte de datos compartidos:** los usuarios pueden disponer de una base de datos común.
- **Procesamiento distribuido:** puede repartirse una tarea entre varios equipos, obteniendo una mayor potencia.
- **Alternativas de comunicación:** los usuarios pueden comunicarse con otros a través de aplicaciones informáticas específicas, por ejemplo, mediante correo electrónico, videoconferencia, etcétera.
- **Capacidad de ampliación:** las redes de datos permiten una rápida expansión y es muy fácil añadir elementos nuevos.

3.1.1. Tipos de redes de datos

Las redes de datos pueden clasificarse atendiendo a diversos criterios. Los más comunes son en relación con la extensión geográfica y localización de la red y el tamaño de la red.

Atendiendo al criterio de **extensión geográfica y localización de la red,** pueden encontrarse los siguientes tipos:

- **LAN** ***(local area network):*** es una red local, su extensión está limitada físicamente a un edificio o, como mucho, a edificios contiguos. Es una red privada para conectar ordenadores personales y estaciones de trabajo en oficinas, fábricas, etcétera.
- **WLAN** ***(wireless local area network):*** es una red de área local sin cables, utiliza tecnologías de radiofrecuencia que permiten mayor movilidad al minimizar las conexiones cableadas. Se utiliza como alternativa a la red LAN o como extensión de estas, con un alcance aproximado de 100 m.
- **MAN** ***(metropolitan area network):*** es una red de área metropolitana, corresponde a una versión más grande de una LAN que cubre ciudades enteras y, normalmente, se basa en una tecnología similar.
- **WAN** ***(wide area network):*** es una red de área extensa. Engloba a todas las redes de datos que cubren un área geográfica extensa. Normalmente, una WAN está compuesta por un grupo de LAN conectadas a través de enlaces, ya sean cableados o inalámbricos. Un ejemplo de este tipo de redes sería RedIRIS, internet o cualquier red en la cual no estén en un mismo edificio todos sus miembros.

La Figura 3.1 muestra el ámbito de los tipos de redes de datos más importantes según su extensión geográfica.

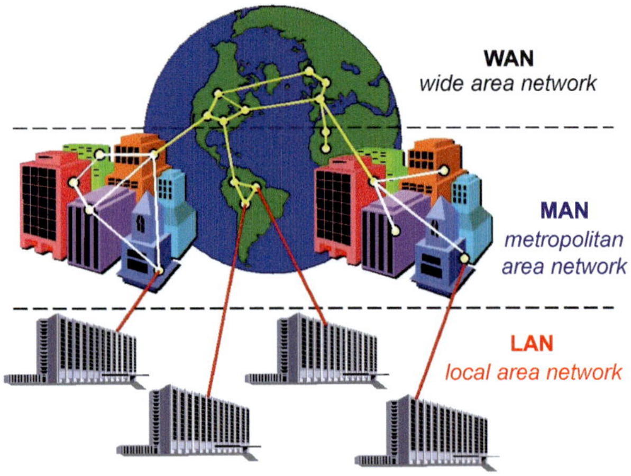

Figura 3.1. *Ámbito de las redes WAN, MAN y LAN.*

Atendiendo al criterio del **tamaño de la red,** pueden encontrarse los siguientes tipos:

- **Bus de campo o** ***field bus:*** es una red local industrial que conecta dispositivos de campo (captadores, actuadores, etc.) con equipos de control de proceso (controladores, sistemas informáticos, sistemas HMI, etc.) que necesitan acceder a estos dispositivos.
- **Red de celda o red intermediaria:** es una red que conecta entre sí los equipos de comando y control pertenecientes a un islote de producción.
- **Red de sala de comando:** es una red que transmite al operador los datos necesarios para controlar el proceso y que permite al operador enviar al proceso cambios de consigna, parámetros, etcétera.
- **Red de fábrica:** es una red que interconecta los ordenadores de todos los sectores y servicios de una fábrica, como líneas de producción, almacén, control de calidad, servicios generales e ingeniería.

- **Red de larga distancia:** es una red que conecta puntos de producción con sistemas de supervisión y control. Es el núcleo de sistemas SCADA *(supervisory control and data acquisition).*

3.2. Instalación de salas informáticas

La planificación y el diseño de una red es una tarea que no solamente se basa en conectar un grupo de equipos entre sí. Esta labor requiere el estudio de varios parámetros para conseguir una red **escalable** y **fácil de administrar.** Teniendo en cuenta, además, que cada uno de los elementos principales de una red tienen requisitos de diseño específicos.

A continuación, se describe una serie de pasos básicos para la planificación y diseño de una red:

1. **Planificar los requisitos *hardware* y la topología de red:** el primer paso consiste en determinar los equipos que se necesitan y su distribución. Al diseñar la red, debe decidirse qué tipo de red se adapta mejor a las necesidades en función del número de conexiones. Esto incluye la topología de red, los tipos de dispositivos que admite la red, los servidores que pueden necesitarse y el tipo de protocolo que ha de utilizarse. Dependiendo del tamaño de la red, habrá tener en cuenta si es necesario el uso de puentes o de encaminadores que extiendan la conexión de la red local a redes externas.
2. **Determinar las direcciones IP, nombre de los equipos y servicios de la red:** en este punto de la planificación, debe realizarse un documento que identifique a los equipos, como direcciones IP, nombres y servicios a utilizar en la red, etc., partiendo del registro de una IP para la red. Es recomendable crear una lista que contenga las direcciones IP y los nombres de los equipos *(host)* para generar bases de datos de la red y de qué servicios pueden utilizarse en la red.
3. **Establecer subdivisiones administrativas y diseñar una estrategia de subredes:** el desarrollo de este punto se divide en dos partes. La primera es establecer subdivisiones administrativas y es opcional en la planificación. Debe realizarse si las subdivisiones administrativas están relacionadas con el tamaño y el control de la red. Puede decirse que la tarea de administración es más compleja cuanto mayor sea el número de *hosts* y de servidores. Si la red es muy compleja, entonces, tendrán que configurarse divisiones administrativas adicionales. La segunda es diseñar una estrategia de subredes, teniendo en cuenta si es necesario crear subredes para la administración del espacio de direcciones IP o para que haya más direcciones IP disponibles para los usuarios del sistema.
4. **Determinar dónde colocar los encaminadores en el diseño de la red:** en el caso de que la red sea lo suficientemente grande como para requerir el uso de encaminadores, se creará una topología de red que los admita.

Recuerda:

Para que los equipos puedan comunicarse a través de internet, deben identificarse. La dirección IP proporciona esta identificación, puesto que cada equipo conectado a la red tiene una dirección IP exclusiva.

Estos son los cuatros pasos básicos que se realizan en el proceso de planificación de una red. Teniendo en cuenta que lo más importante es el **diagrama de la red,** donde se describen todos los componentes básicos que forman parte de la red. Este diagrama describe de forma gráfica cómo está estructurada la red y qué direcciones de red posee, así como el cableado de los equipos. Como ejemplo, en la Figura 3.2, se muestra un diagrama de la red.

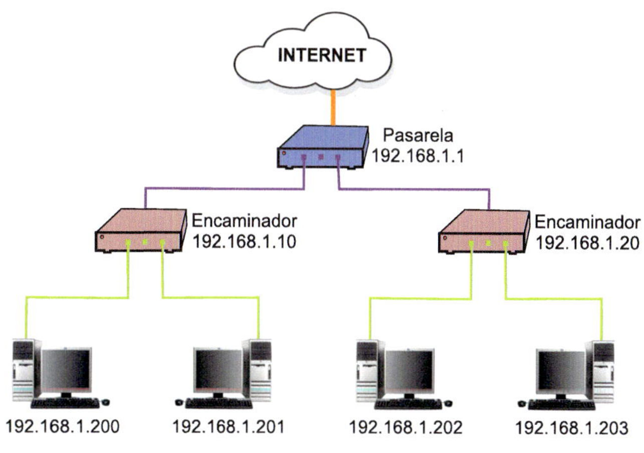

Figura 3.2. *Ejemplo de diagrama de la red.*

3.2.1. Cableado

Un **sistema de cableado** es la organización de los cables dentro de un edificio que satisface las necesidades de comunicación (teléfonos, sistemas informáticos, etc.) actuales y futuras de una empresa o institución. El cableado de las redes informáticas es un tipo de instalación; hay que considerarlo del mismo modo que se hace con las instalaciones de electricidad, agua, gas, etcétera.

Recuerda:

A la hora de realizar el cableado de un edificio, hay que tener en cuenta que la tecnología varía a gran velocidad. Las nuevas tendencias pueden hacer quedar obsoleta cualquier solución adoptada que no prevea una gran capacidad de adaptabilidad.

Hasta hace unos años, para cablear un edificio, se usaban distintos sistemas independientes unos de otros. Esto llevaba a situaciones tales como tener una red para telefonía, otra distinta para megafonía, otra de conexión entre sistemas informáticos, etc. Con esta situación, se dificulta mucho el mantenimiento y las posibles ampliaciones del sistema.

Un sistema de **cableado estructurado** es una red de cables y conectores (en número, calidad y flexibilidad de disposición) suficientes que permite unir dos puntos cualesquiera dentro de un edificio para cualquier tipo de red. Consiste en usar un único tendido para todos los servicios que quieran prestarse y centralizarlo para facilitar su administración y mantenimiento. Este sistema permite identificar y cambiar en todo momento de forma fácil los diversos equipos que se conectan a él, dotando a la instalación de modularidad y flexibilidad.

Una de las ventajas básicas de estos sistemas es que se encuentran regulados mediante estándares, lo que garantiza a los usuarios su disposición para las aplicaciones existentes, independientemente de su fabricante, siendo soluciones abiertas, fiables y muy seguras. Se emplean las normas **TIA/EIA-568A** y **TIA/EIA-568B,** que definen, entre otros, los tipos de cables, distancias, conectores, arquitecturas, terminaciones de cables y características de rendimiento, requisitos de instalación de cable y métodos de pruebas de los cables instalados.

La Figura 3.3 muestra el cableado estructurado de un edificio, donde se distinguen un **cableado vertical** que conecta las plantas del edificio, un **cableado horizontal** que une los equipos de una misma planta y un **área de trabajo** donde se encuentra cada equipo.

- **Área de trabajo:** se define como la zona donde están los distintos puestos de trabajo de la red. En cada uno de ellos, habrá una caja con tomas de corriente y rosetas de conexión (como la de la Figura 3.4), situada normalmente en la pared, que permita conectar el equipo o equipos que quieran integrarse en la red. El área de trabajo comprende todo lo que se conecta a partir de la roseta de conexión hasta los propios equipos a conectar (ordenadores e impresoras fundamentalmente). También se incluye cualquier filtro, adaptador, etc., que se necesite. Estos irán siempre conectados en el exterior de la roseta. Si el cableado se utiliza para compartir telefonía, datos u otros servicios, cada uno de ellos deberá tener un conector diferente en la propia caja de conexión.

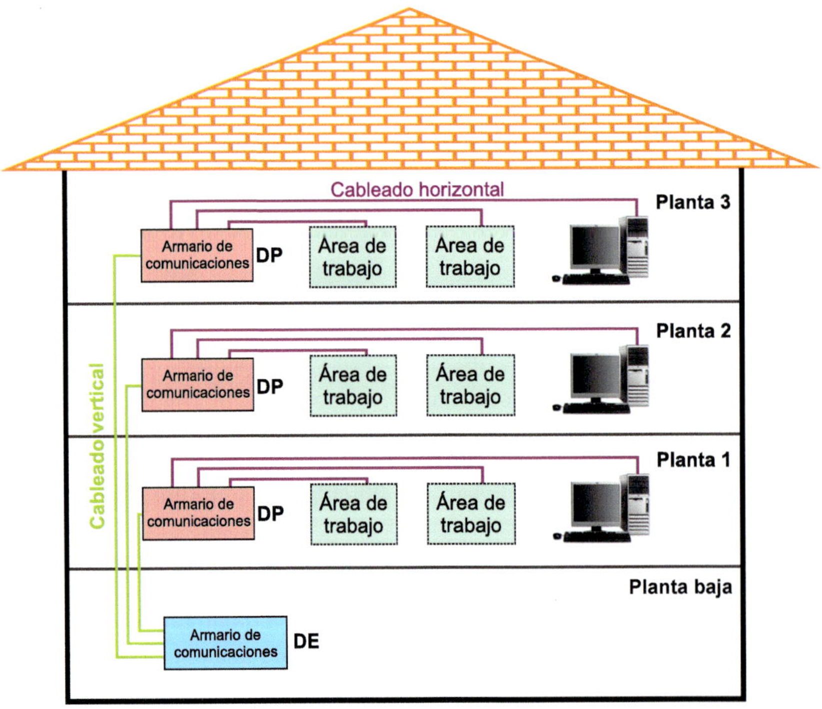

Figura 3.3. *Cableado estructurado.*

Figura 3.4. *Rosetas de conexión.*

El cable que va desde la roseta hasta el equipo que ha de conectarse se llama ***latiguillo*** y no debe superar los 3 m de longitud.

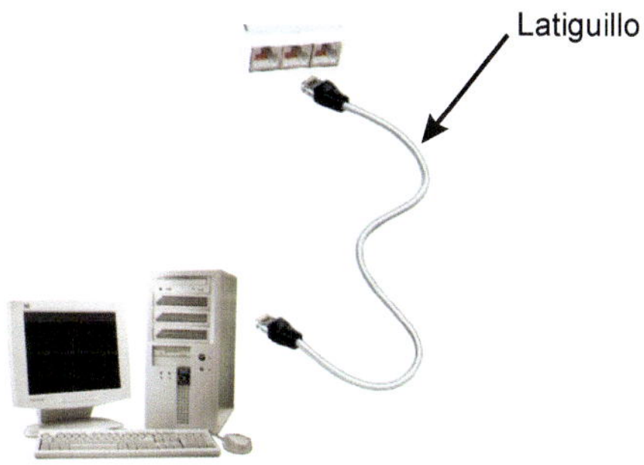

Figura 3.5. *Latiguillo de conexión a la roseta.*

- **Cableado horizontal *(horizontal cabling subsystem):*** corresponde al cableado que une los equipos de una misma planta con los encaminadores *(routers)* de planta. Desde la roseta de cada una de las áreas de trabajo, se tiende un cable hasta un lugar común de centralización llamado ***panel de parcheo.*** El panel de parcheo es donde se centraliza todo el cableado de la planta de un edificio y llegan los cables procedentes de cada una de las dependencias donde se ha instalado un punto de la red. Cada roseta instalada en el edificio tiene en el otro extremo de su cable una conexión al panel de parcheo. De esta forma, podrá darse o quitarse el servicio a una determinada dependencia simplemente con proporcionarle o no señal en este panel.

Todo el cableado horizontal debe ser tendido por conducciones adecuadas. En la mayoría de los casos, se eligen para esta función las llamadas *canaletas,* que permiten de una forma flexible trazar los recorridos desde el área de trabajo hasta el panel de parcheo. Es conveniente que el panel de parcheo, junto con los equipos de interconexión centralizada (encaminadores, latiguillos, fuentes de alimentación, etc.), estén encerrados en un **armario de comunicaciones,** como el de la Figura 3.7.

Figura 3.7. *Detalle del interior de un armario de comunicaciones.*

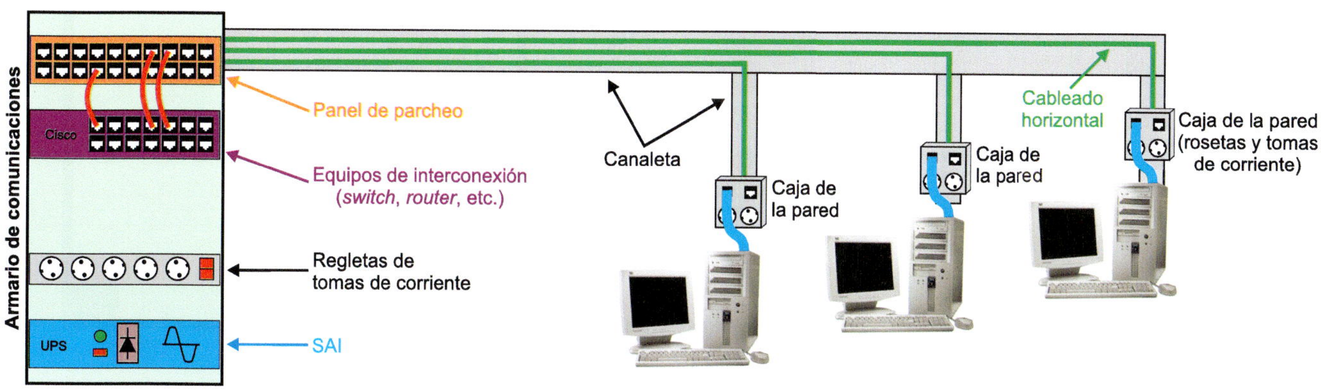

Figura 3.6. *Cableado horizontal.*

De esta forma, se aíslan del exterior y, por lo tanto, de su manipulación accidental por personal no cualificado. Además, facilita el mantenimiento, al tener todo en un mismo lugar. Como puede observarse en la Figura 3.6, la topología usada es en estrella. Cada cable horizontal no debe superar los 90 m de longitud y los cables para el parcheo en el armario de comunicaciones no deben superar los 6 m.

- **Cableado vertical *(building backbone cabling subsystem)*:** corresponde al cableado que une las plantas de un edificio, es decir, el que interconecta los distintos armarios de comunicaciones. Puede ser tendido con fibra óptica, coaxial o par trenzado, aunque lo usual es utilizar fibra óptica o cable UTP. La topología empleada es en estrella, existiendo un **panel de distribución central** al que se conectan los armarios de comunicaciones de distribución horizontal. Entre ellos, puede existir un panel intermedio. En el cableado vertical, están incluidos los mecanismos de los paneles de planta e intermedios, los latiguillos usados para el parcheo y los mecanismos que terminan el cableado vertical en los armarios de distribución horizontal.

Cuando la red abarca varios edificios, el cableado que los une se denomina ***cableado de campus*** *(campus backbone cabling subsystem)*. La elección del tipo de cable que ha de usarse para realizar esta conexión depende de las distancias a cubrir y de la posibilidad de interferencias. En general, el cable más adecuado es la fibra óptica.

3.2.2. Condiciones eléctricas y medioambientales

La electrónica de red de los armarios de comunicaciones y los equipos conectados al área de trabajo necesitan suministro eléctrico para funcionar. Esta **instalación eléctrica asociada** se realiza paralelamente a la red eléctrica del edificio con los circuitos pertinentes en cuadros eléctricos independientes.

Es muy importante que la instalación eléctrica esté muy bien hecha y dividida en varios **circuitos eléctricos.** De no ser así, se corren riesgos importantes, incluso de electrocución. Los problemas eléctricos suelen generar problemas intermitentes muy difíciles de diagnosticar y provocan deterioros importantes en los equipos de red. Todos los equipos de red deben estar conectados a enchufes con toma de tierra.

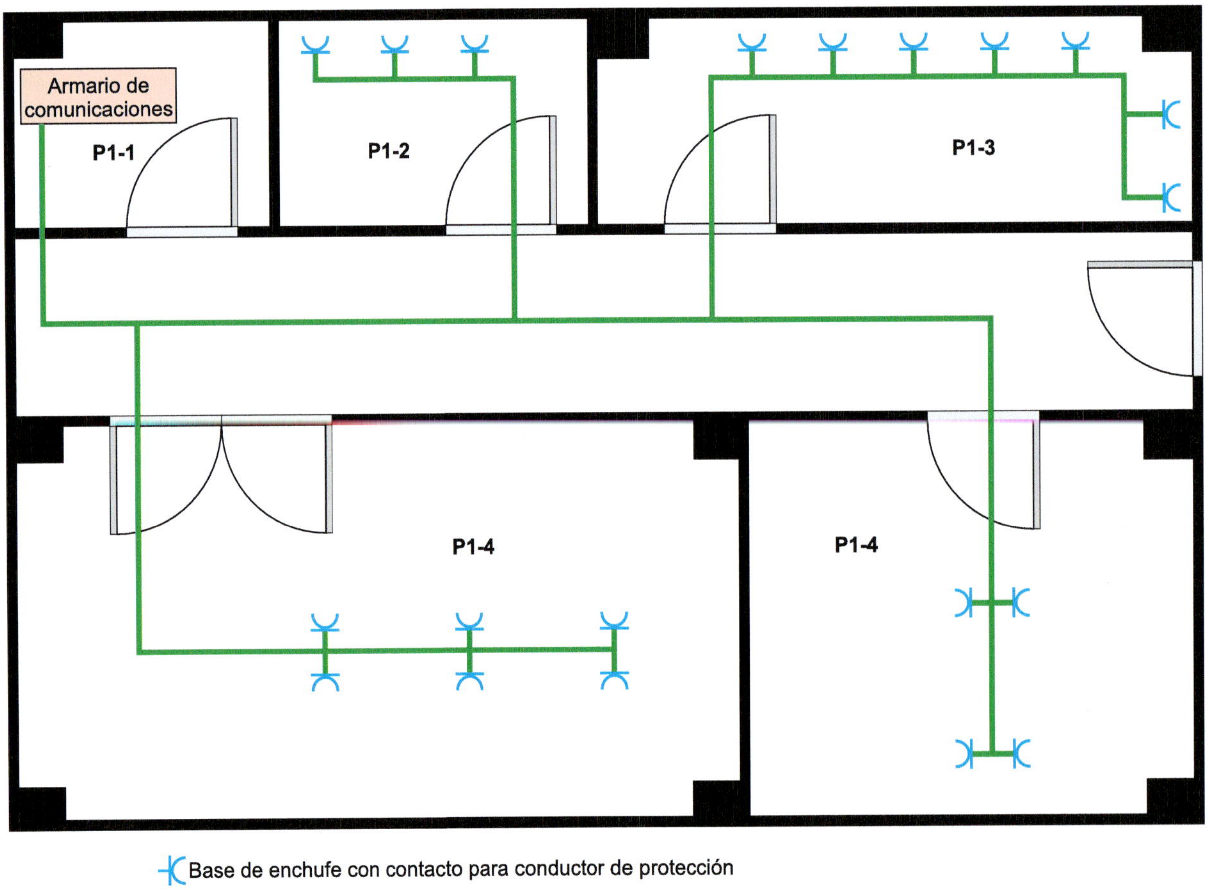

Figura 3.8. *Plano de la primera planta de un edificio con la ubicación de las bases de enchufe.*

Las carcasas de estos equipos, los armarios, las canaletas metálicas, etc., también deben ser conectadas a tierra.

Toda la instalación debe estar a su vez conectada a la tierra del edificio, en el que habrá que cuidar que el número de picas que posee es suficiente para lograr una tierra aceptable. La Figura 3.8 muestra el plano de la primera planta de un edificio con la ubicación de las bases de enchufe eléctricas y el armario de comunicaciones.

Los armarios de comunicaciones se ubican en el **cuarto de comunicaciones.** Este cuarto debe disponer de una puerta con cerradura y de apertura hacia fuera y existirá una bajante vertical, en la parte posterior de los armarios, para la entrada de cables y para el acceso a las canalizaciones principales del cableado horizontal y del cableado vertical. Además de la luminaria necesaria para proporcionar una luminosidad de al menos 300 lx, debe haber una ventilación natural directa o forzada, con el objetivo de mantener unas condiciones ambientales de temperatura entre 18 y 30 °C y humedad relativa entre el 30 y el 55 %. Si el cuarto de comunicaciones dispone de ventanas, deberán estar protegidas con rejas para impedir el acceso de intrusos y deberán disponer de persianas o mecanismos similares para evitar la incidencia directa de la luz solar sobre los equipos. La ubicación de los armarios garantizará una separación mínima de 3 m respecto de las principales fuentes de señales parásitas (transformadores, ascensores, etcétera).

Debe evitarse el polvo y la electricidad estática utilizando suelo de terrazo, loza o similar (no utilizar alfombra). De ser posible, aplicar tratamiento especial a las paredes, suelos y techos para minimizar el polvo y la electricidad estática.

La Figura 3.9 muestra el esquema unifilar del cuarto de comunicaciones para una red de datos, que dispone de los siguientes elementos:

- 1 Interruptor general automático (IGA) de 20 A conectado a la red general monofásica de 230 V.
- 1 Interruptor diferencial de 25 A y 30 mA de sensibilidad por cada armario de comunicaciones. En el caso de la Figura 3.9, hay dos.
- 2 Tomas de corriente libres protegidas mediante un interruptor magneto-térmico o PIA (pequeño interruptor automático) de 16 A para enchufar herramientas y aparatos eléctricos.
- 1 Toma de tierra independiente para su conexión a los armarios de comunicaciones. Los armarios con-

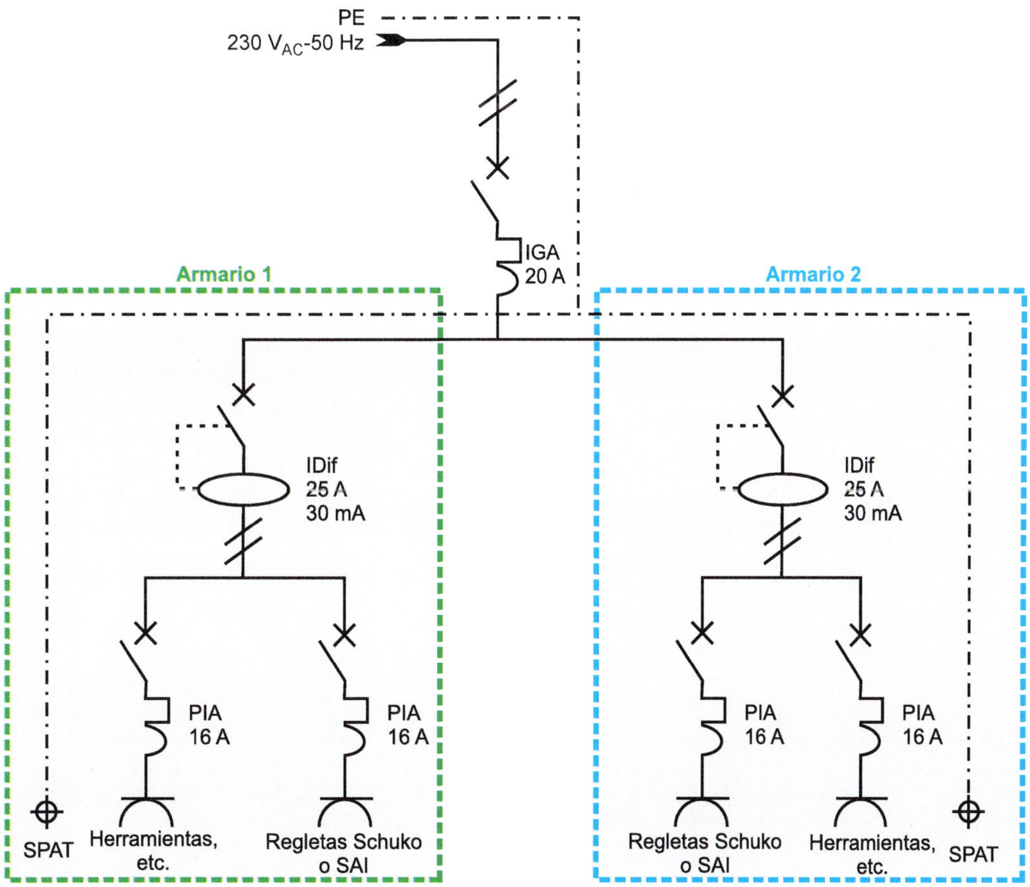

Figura 3.9. *Esquema unifilar del cuarto de comunicaciones.*

tarán con un kit de puesta a tierra que se conectará al SPAT dedicado, todas sus partes metálicas y las de los elementos que contenga.

Dentro del armario de comunicaciones, se instalarán regletas de tomas de corriente de tipo Schuko de 16 A con toma de tierra. Todas las regletas contarán con protección magneto-térmica integrada o serán cableadas hasta los bornes del magneto-térmico instalado en el armario. Las regletas se instalarán en horizontal en el perfil posterior del armario de comunicaciones, mirando hacia la parte frontal como se representa en la Figura 3.6. Se colocará un pasahilos o canaleta para gestionar los cables de alimentación de los equipos conectados a la regleta. El número de tomas de tipo Schuko será:

- Un mínimo de 8 en los armarios de distribución de planta (DP) que puedan contener algún tipo de electrónica de red.
- Un mínimo de 8 en los armarios de distribución de edificio (DE) que puedan contener algún tipo de electrónica de red.

Elementos de protección

La electrónica de red está diseñada para trabajar tanto en el hogar y en la oficina como en las naves industriales. Para alimentarla, se emplea corriente alterna que está disponible en todos estos lugares. Sin embargo, la calidad de esta corriente puede variar entre estos lugares e incluso dentro del mismo sitio. Por lo que, en algunas ocasiones, el suministro de corriente puede ser tan malo que impida a los dispositivos de red funcionar correctamente y se hace necesario el uso de **elementos de protección.**

Hay tres tipos de perturbaciones que pueden darse en la red eléctrica:

1. **Picos de tensión:** son producidos cuando se conectan y desconectan otros elementos eléctricos de gran potencia como calentadores, hornos, etc. Al conectarse y al desconectarse este tipo de elementos, se produce un incremento o decremento de la corriente a través de los cables, que se manifiesta en forma de pequeños picos (Figura 3.10a). Algunas veces, los filtros de la fuente de alimentación no pueden eliminar estos picos, pudiendo causar deterioros en la memoria y la caída de los dispositivos.
2. **Ruidos y distorsiones:** son producidos cuando hay muchos elementos conectados a la vez en la misma línea eléctrica, debido a que cada elemento introduce ruidos Estos ruidos deforman la onda sinusoidal del suministro de corriente alterna (Figura 3.10b). Aunque los ruidos y las distorsiones, por sí solos, no afectan al funcionamiento de los equipos, estos son más evidentes en las zonas donde hay picos de tensión.
3. **Fluctuaciones en la corriente:** son variaciones del nivel de voltaje y alteraciones en el fluido eléctrico (Figura 3.10c). Aunque las fuentes de alimentación de la electrónica de red toleran ciertas variaciones y alteraciones, si son muchas, provocan fallos como el rearranque de los equipos.

Las perturbaciones eléctricas se detectan mediante un equipo especial. Sin embargo, estudiando la localización geográfica de la instalación y un poco de historia previa sobre inexplicables malos funcionamientos, habría una base para decidir si es necesario proveerse de protección.

> **Recuerda:**
>
> Las fuentes de alimentación de la electrónica de red están diseñadas para funcionar a cierto voltaje nominal de entrada (230 V en Europa y 110 V en los Estados Unidos y Canadá). El equipo debe estar adecuado para el voltaje usado en cada país y adaptado a las normas de seguridad eléctrica.

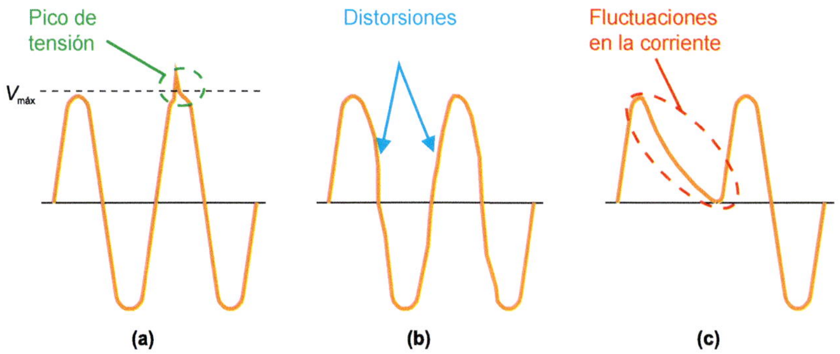

Figura 3.10. *Perturbaciones eléctricas.*

Para solucionar los problemas de picos de tensión, ruidos y distorsiones, puede utilizarse un **enchufe protector especial de onda** que ofrece una protección limitada contra los picos de tensión. Este enchufe protector de ondas es a veces poco efectivo, por lo que, si hay gran cantidad de picos, se recurre a **rectificadores de corriente.** Los rectificadores de corriente están compuestos por varios circuitos que filtran la corriente y eliminan tanto los picos como las distorsiones.

Tanto los enchufes protectores especial de ondas como los rectificadores de corriente se conectan al enchufe Schuko (Figura 3.11), teniendo a su vez varias salidas a las que se conectan todos los elementos del armario de comunicaciones.

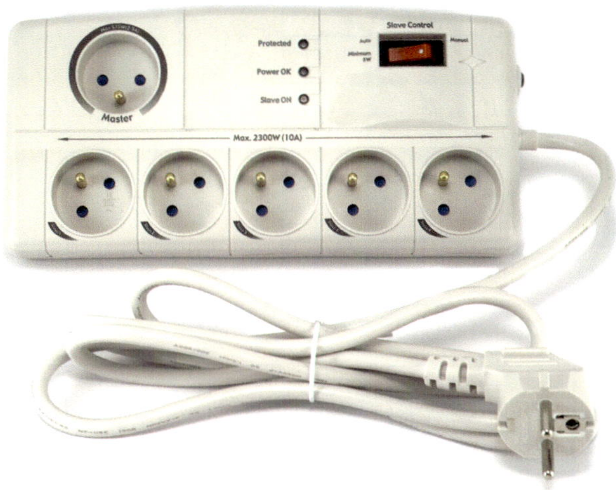

Figura 3.11. *Enchufe protector y rectificador de corriente.*

Para la protección ante fluctuaciones e interrupciones de corriente, se utilizan los **sistemas de alimentación ininterrumpida** (SAI). Estos dispositivos se conectan de idéntica forma que los anteriores.

Sistemas de alimentación ininterrumpida

Como protección ante fluctuaciones e interrupciones de corriente, se utilizan los **sistemas de alimentación ininterrumpida** (SAI o UPS, *uninterrumplible power supply*). Normalmente, los SAI corrigen todas las deficiencias de la corriente eléctrica, es decir, actúan de estabilizadores, garantizan el fluido frente a cortes de corriente, proporcionan el flujo eléctrico adecuado, etcétera.

Estos dispositivos se conectan entre la entrada de alimentación del armario de comunicaciones y las regletas de tomas de corriente (Figura 3.6). Como ejemplo, en la Figura 3.12, se muestra un SAI de 1500 VA de montaje en *rack* para los armarios de comunicaciones. Los SAI tienen en su interior unas baterías que se cargan con corriente continua con el voltaje de la línea, cuando la corriente de la red es adecuada. También incluyen un circuito electrónico, denominado *inversor,* que transforma la tensión continua almacenada en las baterías en corriente alterna.

Figura 3.12. *SAI de montaje en* rack.

Su funcionamiento es muy simple: cuando la corriente alterna es normal, pasa por él y algún filtro incluido en estos dispositivos. Cuando el SAI detecta una rápida caída de voltaje, un relé lo desconecta de la red y lo conecta al inversor que genera un voltaje de corriente alterna como muestra la Figura 3.13. Según el modelo y tamaño del SAI, el armario de comunicaciones puede estar funcionando desde unos minutos hasta unas horas.

> **Recuerda:**
>
> La unidad de potencia de un SAI es el voltamperio (VA). Para calcular cuánta energía requiere un equipo SAI, debe conocerse el consumo de los dispositivos.

Básicamente, hay dos tipos de SAI:

1. **SAI de modo directo:** la corriente eléctrica alimenta al SAI y este suministra energía constantemente al armario. Estos dispositivos realizan también la función de estabilización de corriente.

2. **SAI de modo reserva:** la corriente se suministra al armario directamente. El SAI solo actúa en caso de corte de corriente.

Los servidores pueden comunicarse con un SAI a través de alguno de sus puertos de comunicaciones, de modo que el SAI informa al servidor de las incidencias que observa en la corriente eléctrica.

En la Figura 3.14, se observan algunos de los parámetros que pueden configurarse en un equipo informático para el gobierno del SAI. Windows, por ejemplo, incorpora una lista preconfigurada de SAI de los principales fabricantes, con objeto de facilitar lo más posible la utilización de estos dispositivos.

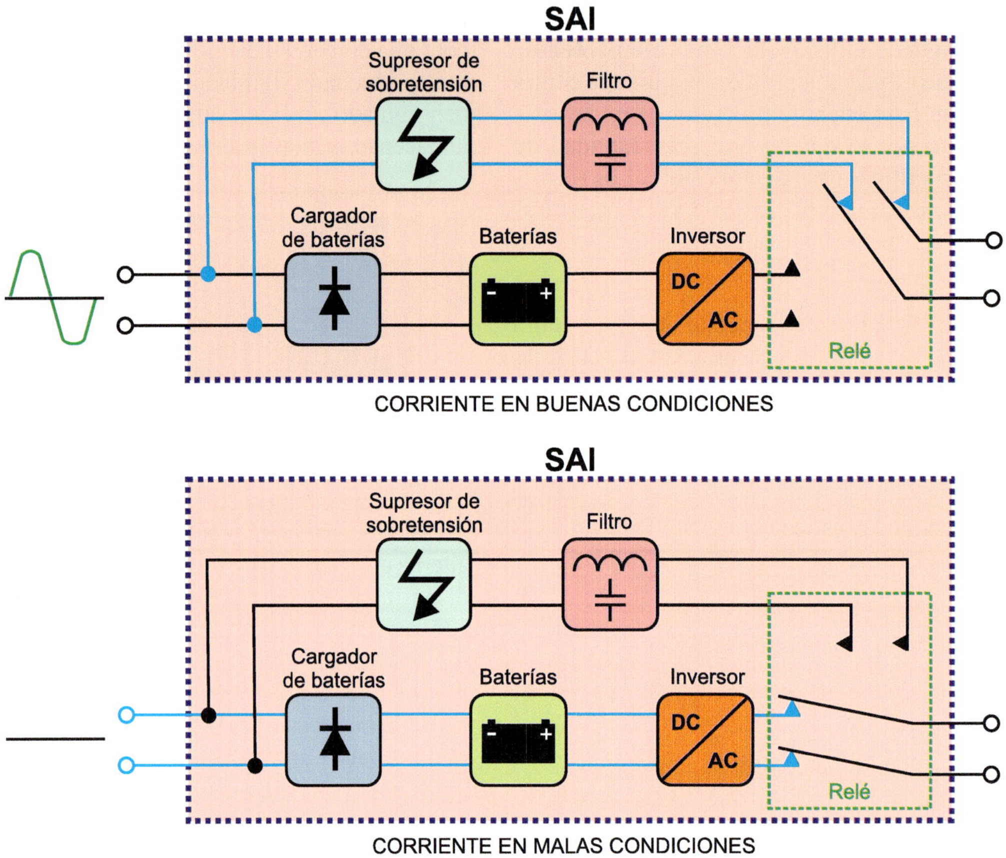

Figura 3.13. *Funcionamiento de un SAI.*

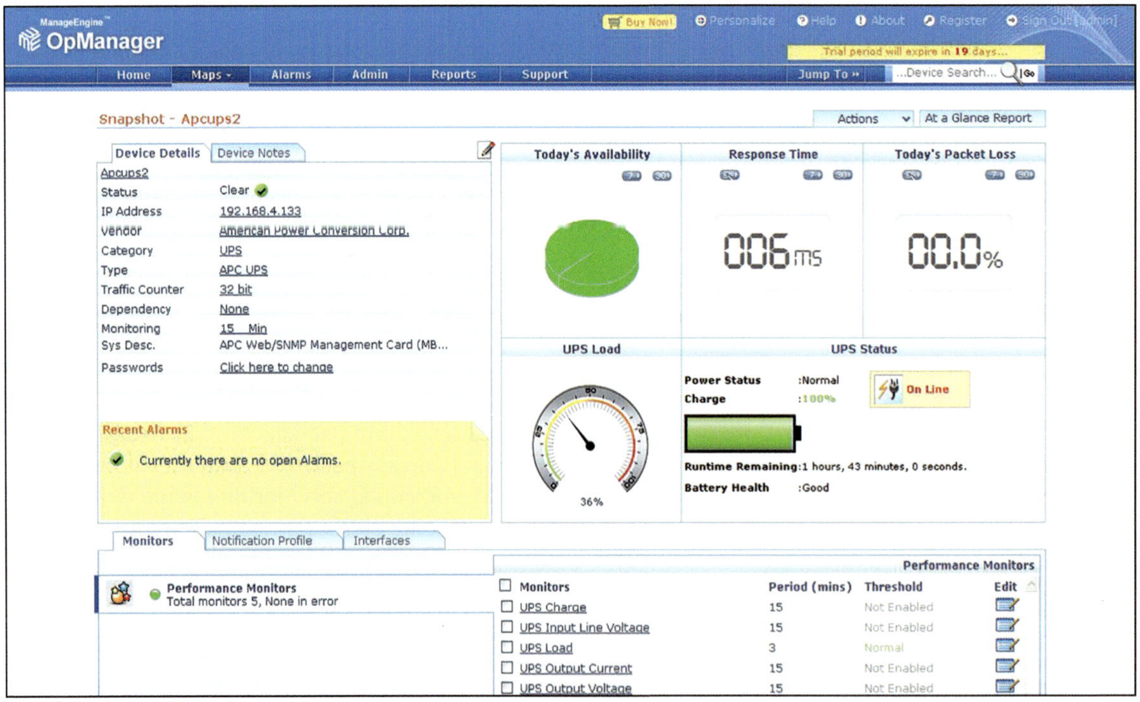

Figura 3.14. *Gestión de un SAI desde un equipo informático.*

Power over Ethernet (PoE)

La **alimentación a través de Ethernet** o **PoE** *(power over Ethernet)* es una tecnología que permite que la alimentación eléctrica se suministre a un dispositivo de red (conmutador, punto de acceso, encaminador, teléfono, cámara IP, etc., en general, cualquier dispositivo que no tenga un consumo eléctrico muy elevado) usando el cableado de Ethernet existente. Elimina la necesidad de utilizar tomas de corriente en las ubicaciones del dispositivo alimentado. Permite una aplicación más sencilla de los sistemas de alimentación ininterrumpida y proporciona mayor flexibilidad a la hora de instalar los dispositivos, porque puede instalarse en cualquier lugar donde haya un cable Ethernet.

La primera versión de esta tecnología se publicó en el estándar IEEE 802.3af en el 2003 y, en el año 2009, se publicó una revisión y una ampliación en el estándar IEEE 802.3at. PoE está diseñado de manera que no haga disminuir el rendimiento de comunicación de los datos en la red o reducir el alcance de la red. La corriente suministrada a través de la infraestructura LAN se activa de forma automática cuando se identifica un terminal compatible y se bloquea ante dispositivos preexistentes que no sean compatibles. Esta característica permite a los usuarios mezclar en la red con total libertad y seguridad dispositivos preexistentes con dispositivos compatibles con PoE.

3.3. Equipos que intervienen en una red de área local

Una red de área local o LAN es una red privada para conectar equipos informáticos en casas, oficinas, fábricas, etc. Estas redes suelen estar compuestas por los elementos de la Figura 3.15, estos son:

- **Servidor** ***(server):*** son los equipos que van a compartir sus recursos *hardware* y *software* con los demás equipos de la red. Sus características son potencia de cálculo, importancia de la información que almacenan y conexión con recursos que se desean compartir.
- **Estación de trabajo** ***(workstation):*** son equipos informáticos de altas prestaciones. Estos equipos tienen a su disposición los recursos que ofrece la red, así como los servicios que proporcionan los servidores a los cuales pueden acceder.
- **Equipos de interconexión:** son equipos que permiten unir redes *(internetworking)* independientemente de la tecnología utilizada y de forma transparente para el usuario.

La conexión a la red de las estaciones de trabajo, servidores y otros equipos se realiza mediante el **adaptador de red.** Estos adaptadores suelen instalarse en un *slot* de expansión de

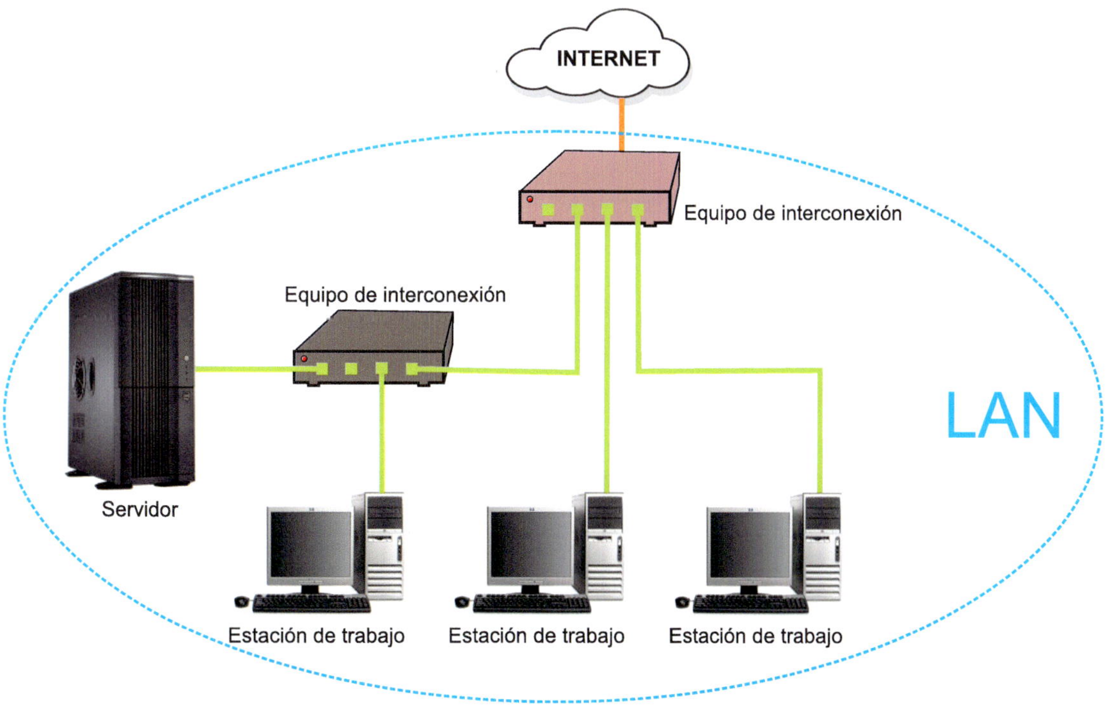

Figura 3.15. *Equipos que intervienen en una red de área local.*

la placa base o conectados desde el exterior, mediante alguna interfaz (por ejemplo, USB). El adaptador de red puede crear una red cableada (Figura 3.16) o inalámbrica (Figura 3.17).

Figura 3.16. *Adaptador de red cableado.*

Figura 3.17. *Adaptador de red inalámbrico.*

3.3.1. Equipos de interconexión

En los apartados anteriores, se ha visto que la conexión de los equipos a una red suele hacerse por medio de un **equipo de interconexión.** Dependiendo de la función que estos equipos realicen, será necesario o no implementar el acceso a determinadas capas del modelo OSI o del modelo TCP/IP. Los equipos de interconexión para redes son los siguientes:

- **Repetidores o multirrepetidores:** son equipos de interconexión que permiten aumentar la distancia alcanzada por la red cumpliendo las normativas. Estos equipos simplemente regeneran las señales recibidas, no realizando ninguna acción adicional (Figura 3.18). Cuando es un multirrepetidor puede haber muchas colisiones, entonces se usa el concentrador o *hub*. Los repetidores se clasifican como equipos de nivel 1 del modelo OSI, dado que actúan solo a nivel de los bits y no tienen en cuenta ningún otro tipo de información. Los repetidores pueden aprovecharse para convertir la norma física (RS-232, RS-485, etc.) o el sistema de cableado (coaxial, par trenzado, etcétera).

- **Concentradores *(hubs)*:** realizan la misma función que un multirrepetidor, pero avisa a los demás equipos de la red cuando el medio está ocupado, para que no se produzcan tantas colisiones. Sin embargo, lo que le llega por cualquier entrada lo replica por todas las demás. Actúan en la capa física (nivel 1), generando una topología en estrella (Figura 3.19). Los concentradores pueden ser activos o pasivos. Los activos necesitan alimentación externa para regenerar las señales, mientras que los pasivos simplemente dividen

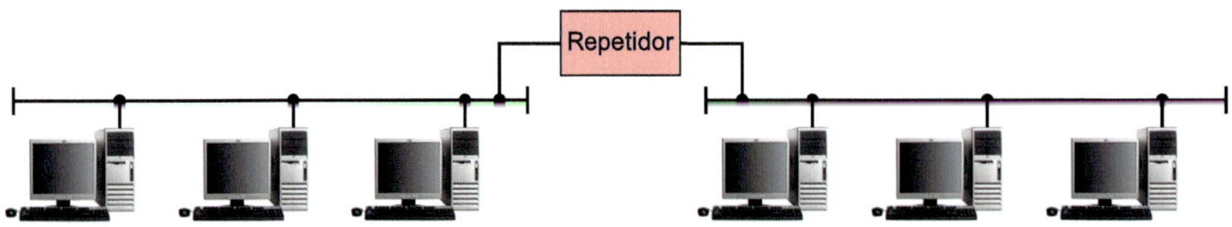

Figura 3.18. *El repetidor aumenta la distancia de la red.*

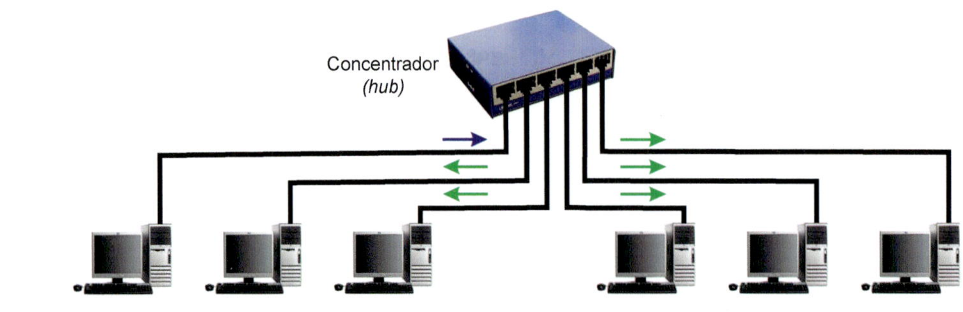

Figura 3.19. *El concentrador replica lo que le llega.*

la señal entre múltiples usuarios. Los concentradores pasivos no regeneran los bits, de modo que no extienden la longitud del cable, sino que simplemente permiten que uno o más equipos se conecten al mismo segmento de cable.

- **Puentes *(bridges)*:** permiten interconectar redes con diferente acceso al medio (*token ring,* CSMA, etc.). Para desarrollar esta tarea, es necesario que accedan a la capa de enlace de datos (nivel 2) del modelo OSI. Por otro lado, también se utilizan para segmentar (dividir) la red de área local utilizando las direcciones físicas. A diferencia del concentrador, el puente no genera tráfico en un segmento en el que no esté conectado el destinatario. Como muestra la Figura 3.20, al conectar un puente, la red queda dividida en segmentos más pequeños. Si un equipo se conecta a otro dentro del mismo segmento, la información no sale del segmento. Sin embargo, si un equipo quiere comunicarse con otro conectado a otro segmento, el puente retransmitirá la información solo al segmento donde se encuentra el equipo destino. Al aislar segmentos, se aísla el tráfico y esto proporciona seguridad, se evita espiar en segmentos restringidos.
- **Conmutadores *(switches)*:** son como los concentradores, pero permiten simultanear varias comunicaciones. Estos equipos son puentes que tienen la posibilidad de dividir la red en muchos segmentos (6 o más) y que retransmiten a mayor velocidad. Además, permiten que varios segmentos operen con velocidades diferentes. Para realizar su cometido, es necesario que analicen el contenido de la información; por tanto, implica el almacenamiento de tramas. Los conmutadores son más lentos que los concentradores porque deben tratar la información (Figura 3.21) y comprueban el campo de control de errores. Si hay un error, eliminan la trama de la red y, en caso contrario, la reenvían al destinatario.
- **Encaminadores *(routers)*:** son equipos que permiten segmentar la red y elegir la ruta óptima que deben seguir los mensajes desde un equipo a otro. Para ello, es necesario que accedan a la capa de red (nivel 3) del modelo OSI. Al igual que los puentes y los conmutadores, los encaminadores dividen la red en segmentos, denominados *subredes.* Las subredes conectadas a un encaminador pueden tener el mismo o diferente protocolo de nivel 3.
- **Pasarelas *(gateways)*:** convierten un protocolo o formato a otro. Sirven para conectar redes que utilicen protocolos o topología diferentes, es decir, son una puerta de enlace con una red. Por lo tanto, la

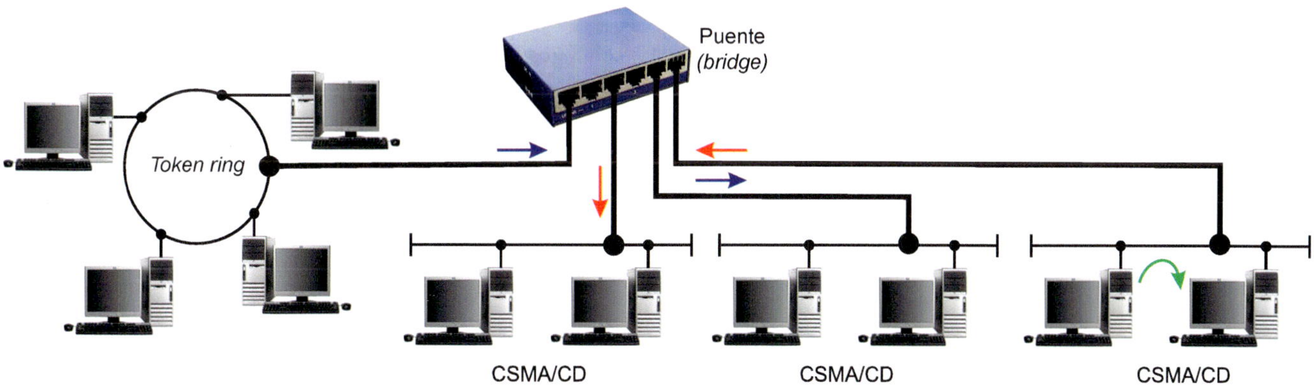

Figura 3.20. *El puente permite interconectar redes.*

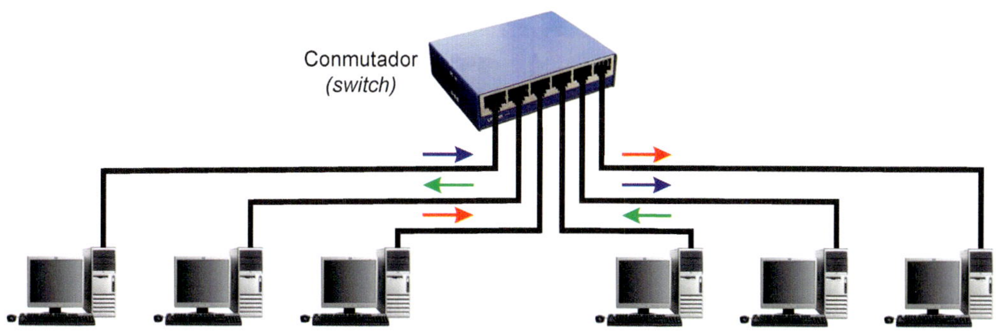

Figura 3.21. *El conmutador permite simultaneidad de comunicaciones.*

información no se transmite directamente, sino que se traduce para garantizar una continuidad entre los dos protocolos. Son altamente complejos y actúan en el nivel 4 y superiores del modelo OSI.

La Tabla 3.1 resume la relación con los niveles OSI que tiene cada uno de los equipos de interconexión de redes.

Tabla 3.1. Relación de los equipos de distribución con los niveles OSI

Equipo de interconexión	Nivel relacionado OSI
Repetidor Concentrador *(hub)*	1
Conmutador *(switch)* Puente *(bridge)*	2
Encaminador *(router)*	3
Pasarela *(gateway)*	Del 4 al 7

> **Recuerda:**
>
> El proceso de comunicación en las redes de datos es complejo. Por ello, una estrategia para afrontar dicha complejidad es agrupar todas las funciones de la comunicación en capas o niveles. El modelo OSI *(open system interconnection)* es un marco de referencia para la definición de arquitectura de interconexión de sistemas de comunicaciones. Este modelo OSI está formado por siete capas o niveles que definen las diferentes fases por las que deben pasar los datos para viajar de un equipo a otro sobre una red de comunicaciones de datos.

3.4. Tipos de soporte de transmisión

En la Unidad 1, se ha estudiado que la transmisión en las redes de datos puede realizarse por un medio guiado o no guiado. Dentro de los medios guiados, el más utilizado es el cable multifilar o par trenzado. Dada la gran cantidad de parámetros que intervienen en la construcción de un cable de par trenzado, los fabricantes vieron la necesidad de ponerse de acuerdo mediante un estándar para poder fabricar elementos compatibles.

La Alianza de Industrias Electrónicas (EIA, Electronic Industries Alliance) y la Asociación de la Industria de Telecomunicaciones (TIA, Telecommunications Industry Association) tomaron la idea y establecieron siete categorías de cable de par trenzado. La Tabla 3.2 enumera estas categorías que determinan la calidad del cable y, por tanto, la velocidad de transmisión.

Tabla 3.2. Categorías de los cables de par trenzado

Categoría	Ancho de banda	Uso
Cat 1	<1 Mbps	Telefonía y datos a corta distancia.
Cat 2	4 Mbps	Redes antiguas.
Cat 3	10 Mbps	Redes de los años noventa.
Cat 4	16 Mbps	Redes en anillo.
Cat 5	100 Mbps	Redes Ethernet.
Cat 5E	100 Mbps	Anterior, pero adecuado a redes Gigabit Ethernet.
Cat 6	1 Gbps	Redes Gigabit Ethernet.
Cat 7	10 Gbps	Redes 10-Gigabit Ethernet.

Las redes **WLAN** *(wireless local area network)* son un sistema de comunicación de datos inalámbrico flexible y muy utilizado como alternativa a la LAN cableada o como una extensión de esta. Se emplea una tecnología de radiofrecuencia que permite mayor movilidad a los usuarios al minimizarse las conexiones cableadas. Las redes WLAN se usan en muchos campos, como almacenes y organizaciones, en los que se transmite la información en tiempo real a un terminal central. También son muy populares en los hogares para compartir un acceso a internet entre varios sistemas informáticos.

La Figura 3.22 ilustra una configuración típica de WLAN, donde los **puntos de acceso** o ***transceivers*** se conectan a una red cableada en un sitio fijo mediante un cableado normalizado. El punto de acceso recibe la información, la almacena y la transmite entre la WLAN y la LAN cableada. Cada punto de acceso puede soportar un pequeño grupo de usuarios llamados ***clientes*** y funciona en un rango de entre treinta y varios cientos de metros. La antena conectada al punto de acceso es recomendable situarla en alto, pero se podría colocar en cualquier lugar si se consigue la cobertura deseada. El usuario final accede a la red WLAN a través de adaptadores de red específicos.

> **Recuerda:**
>
> Es importante tener en cuenta que cuantos más dispositivos se conecten a la red cableada a través de un mismo punto de acceso, más lento será el acceso. En estos casos, se añaden más puntos de acceso configurados en canales distintos.

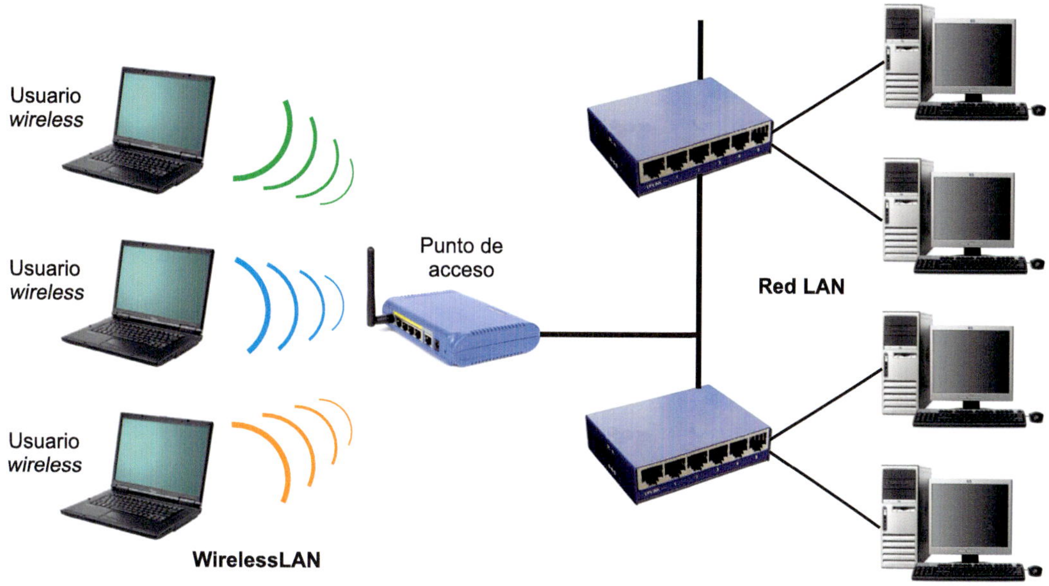

Figura 3.22. *Extensión de una red con WLAN.*

3.4.1. Estándares IEEE 802.11

El IEEE 802.11 es el estándar más extendido para la creación de redes de área local inalámbricas, también conocido como ***Wi-Fi*** *(wireless-fidelity)*. Nace en 1999 cuando Nokia y Symbol Technologies crearon una alianza de compatibilidad Ethernet inalámbrica llamada *WECA (wireless Ethernet compatibility alliance)*. Esta asociación pasó a denominarse *Wi-Fi Alliance* en el 2003. El objetivo era crear una marca que permitiese fomentar más fácilmente la tecnología inalámbrica y asegurar la compatibilidad entre equipos. IEEE acogió esta norma con el grupo de trabajo 802.11.

Figura 3.23. *Wi-Fi es el estándar de la redes WLAN.*

A continuación, se describen las especificaciones más importantes de la norma:

- **IEEE 802.11b:** utiliza la banda de 2,4 GHz. Está dividido en 14 canales con un ancho de banda de 22 MHz cada uno y puede operar hasta los 11 Mbps.
- **IEEE 802.11a:** también conocida como *Wi-Fi 5* utiliza la banda de 5 GHz. Aunque su alcance es inferior al anterior su velocidad alcanza los 54 Mbps.
- **IEEE 802.11g:** esta especificación permite velocidades de 54 Mbps en la banda 2,4 GHz, mejorando el alcance de la versión 802.11a.
- **IEEE 802.11n:** a diferencia de las anteriores, permite trabajar en dos bandas, en la banda de 2,4 GHz y en la de 5 GHz. Gracias a esto, es compatible con todos los dispositivos de las versiones anteriores. Su velocidad de transferencia llega a los 300 Mbps.
- **IEEE 802.11ac:** esta especificación, también conocida como *Wi-Fi 5G* o *Wi-Fi Gigabit,* mejora la tasa de transferencia hasta 1 Gbps dentro de la banda de 5 GHz.
- **IEEE 802.11ad:** esta nueva especificación, también conocida como *WiGig 1.0,* mejorará la tasa de transferencia hasta 7,2 Gbps. Permitirá trabajar en las bandas de 2,4, 5 y 60 GHz, haciéndola compatible con todos los estándares anteriores. Funcionando a 60 GHz, el alcance se reduce de 1 a 10 m, pero proporciona un elevado ancho de banda.

Recuerda:

Al igual que el estándar Ethernet y para hacerlo compatible, el IEEE 802.11 usa como control de acceso al medio el sistema CSMA/CD *(carrier sense multiple access/collision detection).*

La Figura 3.24 muestra una comparativa del alcance de los distintos estándares actuales y futuros, como IEEE 802.11ah y IEEE 802.11af.

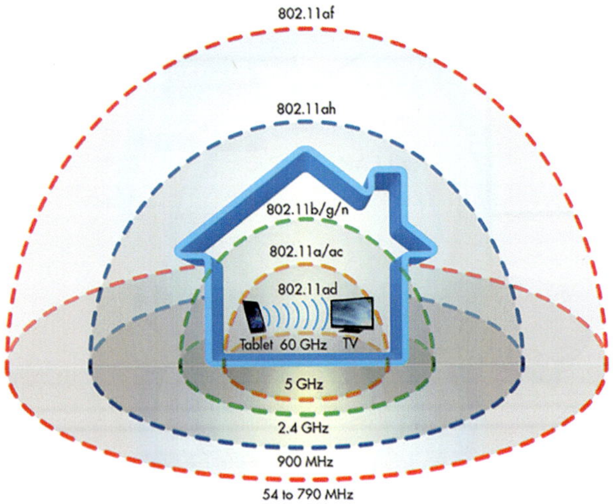

Figura 3.24. *Comparativa del alcance de cada uno de los estándares Wi-Fi (cortesía de Microwaves & RF).*

3.4.2. Cobertura e interferencias

Para asegurar la **cobertura** de la WLAN, se determina la mejor posición de los puntos de acceso y se establece la frecuencia de funcionamiento. Los puntos de acceso se sitúan lo más centrado que se pueda en el área total de cobertura y en una posición elevada. La antena que viene en la configuración inicial del punto de acceso no suele ser de alta ganancia. Si no se consigue la cobertura deseada, puede sustituirse la antena por otra de mayor ganancia.

Cuando un único punto de acceso no dé cobertura suficiente, será necesario el uso de repetidores, teniéndose en cuenta el número de usuarios. Al aumentar el número de usuarios, se reduce el ancho de banda del canal elegido. En el caso de que la velocidad obtenida no sea la apropiada, será conveniente añadir más puntos de acceso que trabajen en canales distintos.

La gran ventaja de las redes inalámbricas es que los nodos pueden comunicarse sin estar unidos por un cable. Sin embargo, ofrecen una peor calidad de servicio que las redes cableadas. La velocidad es menor y la tasa de error debida a las **interferencias** es mayor. Cuando hay varias redes inalámbricas coexistiendo dentro de la misma zona, deben utilizarse canales diferentes para que la interferencia sea nula. Las WLAN pueden operar en varios canales que se solapan, cuya frecuencia varía dependiendo del estándar.

Por ejemplo, en los estándar 802.11b y 802.11g de redes inalámbricas, la banda de frecuencia empleada es de 2,4 a 2,4835 GHz (83,5 MHz de ancho). Esta banda de frecuencia se ha dividido en 14 canales distintos, con una diferencia de 5 MHz entre cada uno como muestra la Figura 3.25. En los Estados Unidos y Canadá, solo pueden utilizarse los 11 primeros, mientras que, en Europa, pueden usarse los canales del 1 al 13.

El problema surge cuando, para una correcta transmisión de hasta 54 Mbps en el caso de 802.11g, al ser modulado, necesita de una banda de 22 MHz. Entonces, como cada canal está separado por 5 MHz, se produce solapamiento con los canales cercanos. Por ello, se recomienda utilizar canales aislados, es decir, que estén lo suficientemente separados para dejar el margen de 22 MHz. Normalmente, se utilizan los canales 1, 6 y 11, que están a 25 MHz de distancia, pero,

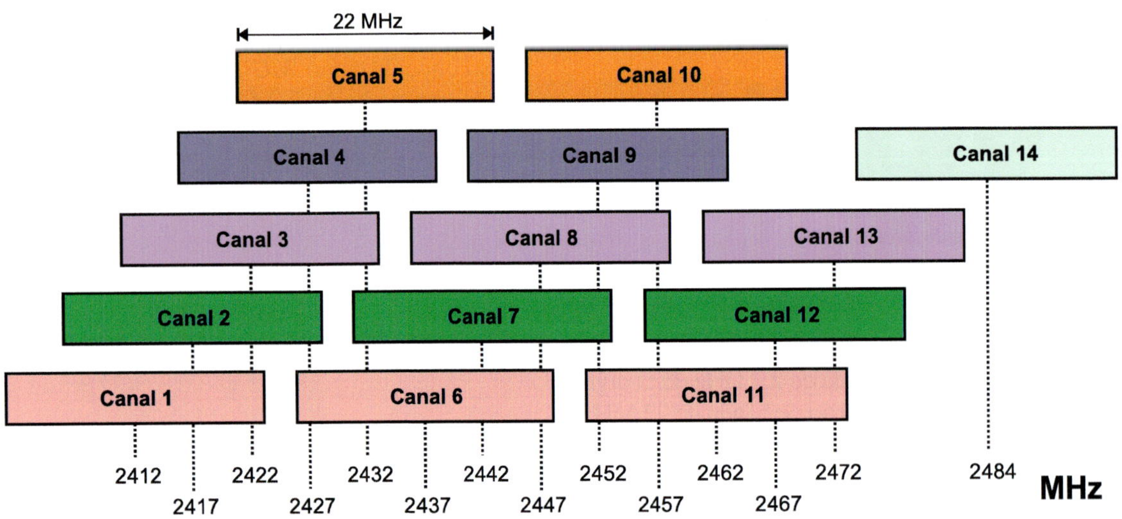

Figura 3.25. *Relación entre canal y frecuencia utilizada.*

en Europa, también pueden utilizarse los canales 2, 7 y 12 o 3, 8 y 13. Aunque lo más conveniente es separar un poco más los canales usados, dejando una diferencia entre ellos de 30 MHz. Así, en Europa, los canales óptimos que han de usarse en puntos de acceso cercanos son el 1, 7 y 13.

En resumen, cuando dos o más puntos de acceso que usan los mismos canales o canales cercanos y tienen áreas de transmisión que se superponen, las distorsiones de la señal pueden afectar las transmisiones. Para evitar estas interferencias, se recomienda distribuir los canales óptimos por los puntos de acceso de forma tal que dos puntos de acceso que usen el mismo canal nunca estén cerca, como muestra la Figura 3.26.

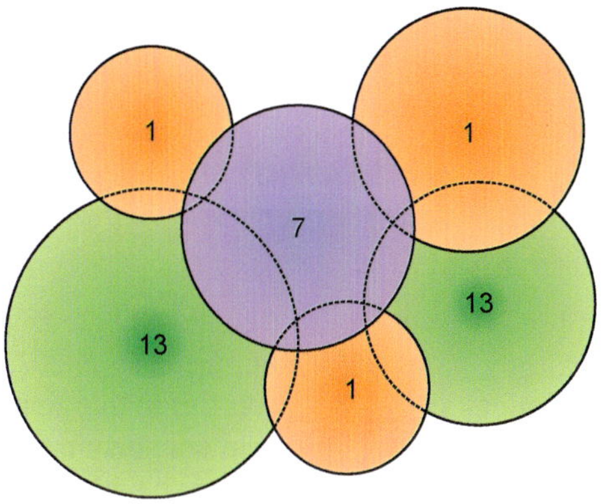

Figura 3.26. *Ejemplo de distribución de los canales para evitar interferencias.*

Por otro lado, el estándar 802.11a, normalmente utilizado en ambiente industrial, trabaja en las bandas de frecuencia de 5,15 a 5,35 GHz y de 5,725 a 5,825 GHz. En este caso, hay 8 canales diferentes de 20 MHz de ancho cada uno y la banda es lo suficientemente ancha como para evitar que los canales interfieran unos con otros.

Algunos puntos de acceso tienen la opción de configurar el canal que ha de usarse de forma automática. Básicamente, lo que hace es comprobar qué canales están libres y usar uno de ellos para transmitir, ahorrando al instalador de la red el trabajo. Sin embargo, puede que, en determinados ambientes (o si no existe la opción de automático), sea necesario revisar los canales y elegir uno a mano. Para facilitar esta tarea, existen muchos programas, uno de ellos y gratuito es inSSIDer. Con este programa (Figura 3.27), se analizan todas las conexiones inalámbricas que existen alrededor y muestra esta información y alguna más.

Dependiendo de la complejidad de la red, podría ser necesario utilizar algunas herramientas de *software* que ayuden a previsualizar sobre los planos el funcionamiento de los puntos de acceso, como el mostrado en la Figura 3.28. De este modo, estimar la cobertura y los niveles de señal, las fuentes de atenuación de la señal (espejos, ventanas, paredes o muebles metálicos) y las posibles interferencias (teléfonos inalámbricos, hornos microondas, WLAN vecinas, etcétera).

También deberá tenerse en cuenta si es necesario instalar más de un punto de acceso inalámbrico en función de la densidad de usuarios o la necesidad de un ancho de banda mayor. En ocasiones, es necesario instalar más puntos de acceso con menor área de cobertura para satisfacer estas demandas y evitar a su vez la interferencia mutua.

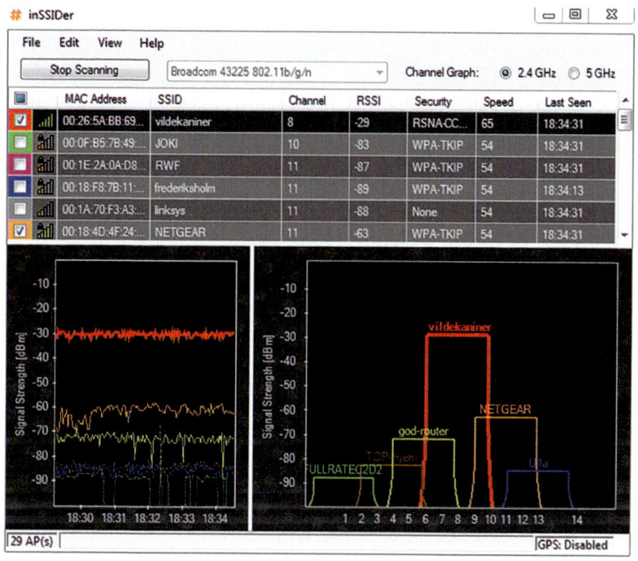

Figura 3.27. *Programa de análisis de conexiones inalámbricas.*

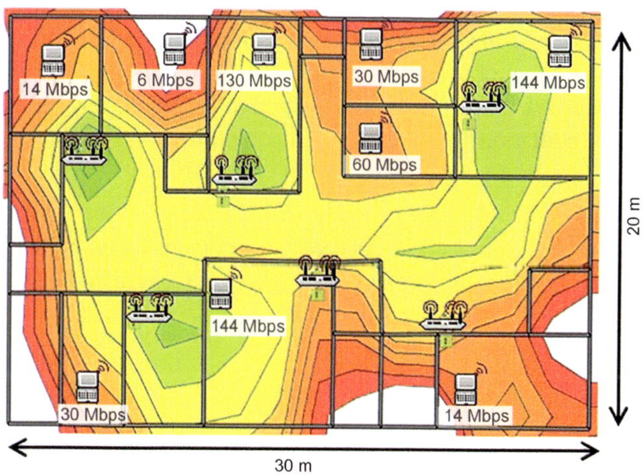

Figura 3.28. *Herramienta software para visualizar el funcionamiento de la red.*

Una vez hecho el diseño y el despliegue de infraestructura WLAN, es imprescindible realizar un análisis de cobertura con el fin de asegurar el nivel de señal en cada punto y eliminar la interferencia entre los distintos puntos de acceso y canales.

3.5. Protocolos de comunicación y estándares

Una vez conectados físicamente los equipos, debe establecerse un **protocolo de comunicación** para que los datos *circulen* por la red. Por lo general, cada fabricante imponía su propio protocolo, por lo que equipos de dos fabricantes distintos no podían comunicarse entre sí. Se hacía necesario, por tanto, el establecimiento de **estándares** que garantizaran la comunicación con equipos de cualquier fabricante.

El Instituto de Ingenieros Eléctricos y Electrónicos (Institute of Electrical and Electronics Engineers o IEEE), fundado en 1884, encargado de regular las diferentes tecnologías mediante la creación de normas o estándares, en 1980, constituyó el Comité 802 para definir los estándares de las redes de datos. A continuación, se describen los estándares más relevantes:

- **IEEE 802.3:** grupo de trabajo Ethernet. Este protocolo es el más usado en el ámbito de las redes de área local.
- **IEEE 802.4:** grupo de trabajo encargado de definir el protocolo de la topología en bus denominado *token bus*.
- **IEEE 802.5:** grupo de trabajo encargado de definir el protocolo de la topología en anillo denominado *token ring*.
- **IEEE 802.11:** grupo de trabajo para las redes inalámbricas de área local (Wi-Fi).
- **IEEE 802.15:** grupo de trabajo para las redes inalámbricas de área personal (*wireless personal area network* o WPAN). Dentro de este grupo, se encuentra Bluetooth®, un protocolo de comunicación inalámbrica para pequeños dispositivos electrónicos.
- **IEEE 802.16:** grupo de trabajo para acceso a redes inalámbricas de banda ancha, conocidas como *WiMAX* (*worldwide interoperability for microwave access*).

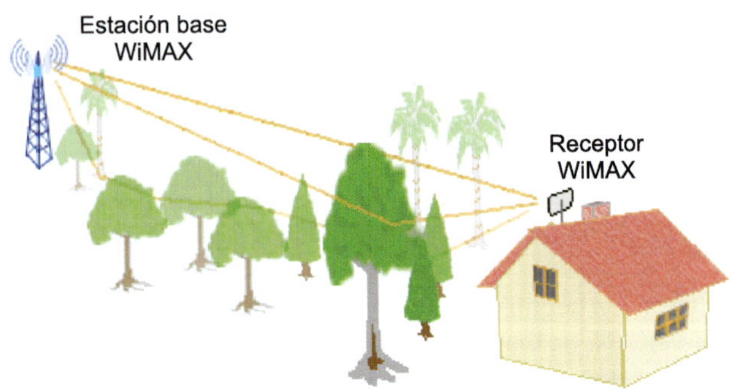

Figura 3.29. *WiMAX*.

Está enfocado a las redes de área metropolitanas para dar cobertura a las zonas rurales a las que no se tiene acceso a través de cable o fibra óptica. Tiene un alcance de 50 a 60 km y es compatible con Wi-Fi. La Figura 3.29 ilustra un ejemplo de aplicación.

3.5.1. El estándar Ethernet

El estándar 802.3 surgió gracias a la aceptación que obtuvo el protocolo que desarrolló, en 1970, Norman Abramson para una red en la universidad de Hawái. La idea es la siguiente: los equipos, antes de transmitir los datos, deberían detectar si el canal está en uso (detectando la señal portadora), en cuyo caso esperarían a que el equipo activo terminara. Además, todos los equipos, mientras transmitieran, estarían continuamente vigilando el medio físico por si se producía alguna colisión, en cuyo caso se pararía y retransmitiría más tarde. Este protocolo recibiría la denominación *acceso múltiple con detección de portadora y detección de colisiones* o ***CSMA/CD*** *(carrier sense multiple access/collision detection).*

El nombre Ethernet hacía referencia a la teoría antigua de la física, hoy ya abandonada, según la cual las ondas electromagnéticas viajaban por un fluido que llenaba todo el espacio denominado *éter.* La primera versión de Ethernet trabajaba a 10 Mbps y posteriormente se fue aumentando la velocidad, dando lugar a:

- **Fast Ethernet:** hasta 100 Mbps.
- **Gigabit Ethernet:** hasta 1000 Mbps.
- **10-Gigabit Ethernet:** hasta 10 Gbps.

Los tipos de cables comúnmente usados en Ethernet son el par trenzado y la fibra óptica. El envío de datos se encapsula en un paquete (trama) formado por una serie de campos. La Figura 3.30 muestra el formato de una trama del estandar IEEE 802.3.

A continuación, se describe la función de cada uno de los campos de la trama:

- **Preámbulo:** este campo se compone de 7 B con un patrón de ceros y unos alternados (1010 1010). Su función es la de sincronizar la trama con el reloj del sistema receptor.
- **SOF *(start of frame):*** la función de este byte (1010 1011) es la de indicar el comienzo de trama.
- **Dirección destino y dirección origen:** estos campos identifican a los equipos destino y origen respectivamente. Las direcciones están definidas de forma idénticas para todos los protocolos del grupo IEEE 802.

Preámbulo	SOF	Dirección de destino	Dirección de origen	Tipo/ longitud	Datos	FCS
7 B	1 B	6 B	6 B	2 B	46-1500 B	4 B

Figura 3.30. *Formato de la trama del estándar IEEE 802.3.*

- **Tipo o longitud:** identifica el protocolo de red de alto nivel asociado con la trama o, en su defecto, la longitud del campo de datos.
- **Datos:** en este campo, se encuentran los datos que han de transmitirse. IEEE 802.3 establece un tamaño mínimo de datos de 46 B, si este campo es inferior a esta cantidad, debe introducirse un relleno *(padding)* con ceros.
- **FCS *(frame check sequence)*:** durante la transmisión de una trama, puede producirse un error que se traduce en la modificación de algunos de sus bits. Este campo tiene como función detectar esos posibles errores, para ello se utiliza un código de redundancia cíclica (**CRC** o *cyclic redundancy code*) de 32 b. El CRC se obtiene al aplicar un algoritmo sobre el resto de los bits de la trama.

Ethernet tiene varios desarrollos tecnológicos que utilizan la siguiente notación:

[velocidad] [modulación] [máxima longitud en cientos de metros o tipo de medio]

La Tabla 3.3 muestra los desarrollos más importantes.

Tabla 3.3. Desarrollos tecnológicos más importantes de Ethernet

Desarrollo		Ancho de banda	Tipo de cable	Transmisión	Distancia máxima
Ethernet	10BASE-2	10 Mbps	Coaxial delgado RG-58 *(thinnet)*	Banda base	185 m
	10BASE-5	10 Mbps	Coaxial grueso RG-11 *(thicknet)*	Banda base	500 m
	10BASE-T	10 Mbps	UTP Cat3 o Cat5	Banda base	100 m
	10BROAD-36	10 Mbps	Coaxial de 75 ohmios CATV	Modulada	3600 m
	10BASE-F	10 Mbps	Fibra óptica	Banda base	1000 m
Fast Ethernet	100BASE-TX	100 Mbps	STP o UTP Cat5	Banda base	100 m
	100BASE-FX	100 Mbps	2 fibras ópticas multimodo	Banda base	400 m a 2 km
	100BASE-T4	100 Mbps	UTP Cat3 o Cat5	Banda base	100 m
Gigabit Ethernet	1000BASE-SX	1 Gbps	Fibra óptica multimodo	Banda base	550 m
	1000BASE-LX	1 Gbps	Fibra óptica monomodo	Banda base	2 km
	1000BASE-CX	1 Gbps	Par trenzado con apantallamiento especial	Banda base	<25 m
	1000BASE-T	1 Gbps	UTP Cat5E	Banda base	100 m
10-Gigabit Ethernet	10GBASE-T	10 Gbps	UTP Categoría Cat6 o Cat7	Banda base	100 m
	10GBASE-LX4	10 Gbps	Fibra óptica multimodo	Banda base	300 m
	10GBASE-LR	10 Gbps	Fibra óptica monomodo	Banda base	10 km
	10GBASE-ER	10 Gbps	Fibra óptica monomodo	Banda base	40 km

3.6. Montaje, conexión y configuración de los equipos de la red local

Una vez montado el cableado estructurado y el cableado eléctrico, siguiendo las recomendaciones del Apartado 3.2, se procede a la conexión y configuración de los equipos de la red local. Para conectar los equipos, es necesario crimpar los cables que van desde los equipos hasta la roseta de conexión (latiguillos). Por último, se configuran los equipos y se verifica la instalación. Antes de configurar los equipos, se definen las subredes (subdivisiones administrativas) y se asigna una dirección IP a cada equipo.

3.6.1. Construcción de cables

Dada la gran variedad de fabricantes de cables y filosofías de conexión, para conseguir que el cableado sirva para todas ellas y las que estén por venir, es necesario que exista una normativa. Es vital fijar unos parámetros comunes para todos y, además, es preciso que todos los equipos (actuales y en desarrollo) se adapten a estas normas.

Existen un grupo de organizaciones y comités internacionales que se encargan de fijar una serie de reglas generales para todos. El cableado estructurado para edificios comerciales y entre edificios (cableados de campus) está regulado por el estándar TIA/EIA-568. La primera revisión del estándar fue la TIA/EIA-568A, pero el desarrollo de los cables de pares trenzados y la popularización de la fibra óptica conllevaron cambios importantes en el estándar, que fue sustituido por el actual TIA/EIA-568B.

El estándar TIA/EIA-568B define los tipos de cables, distancias, conectores, arquitecturas, terminaciones de cables y características de rendimiento, requisitos de instalación del cable y métodos de prueba de los cables instalados.

La norma señala que, en los cableados estructurados de par trenzado UTP, los conductores están codificados por colores de acuerdo con una convención conocida como **codificación de color por bandas** *(band stripe color coding).* Este sistema usa los colores pareados para identificar cada par de conductores, donde un conductor es el color primario con una banda de color del secundario y el otro conductor del mismo par es el color secundario con una banda del primario.

Para un cable UTP de 4 pares, el color primario es siempre blanco y los colores secundarios son azul (par 1), naranja (par 2), verde (par 3) y marrón (par 4). Los cables entran en un conector modular (RJ-45) de 8 pines siguiendo un orden de secuencia que varía si se rige por la norma EIA-568A o EIA-568B como muestra la Figura 3.31.

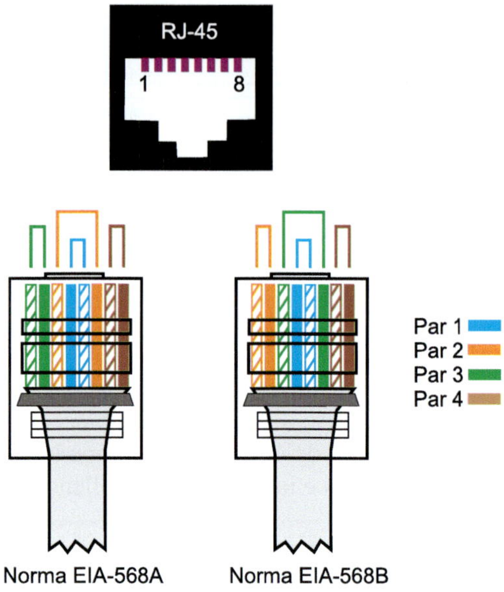

Figura 3.31. *Identificación del pin/par.*

Comparando ambas normas, puede observarse que la única diferencia es que los pares 2 y 3 (naranja y verde) están alternados. Técnicamente, las conexiones son las mismas, lo que permite intercambiar los cables, la diferencia son pequeños efectos eléctricos inapreciables. Los estándares EIA-568A y EIA-568B tienen una gran cantidad de usos, aunque el EIA-568A parece ser el más común en las redes actuales.

Los pines del conector RJ-45 están numerados del 1 al 8, donde el pin 1 es el del extremo izquierdo del conector, situando en la parte inferior la pestaña de anclaje. Los cables pueden construirse de dos formas:

- **Conexión directa** ***(straight-through):*** los dos extremos del cable deben montarse de la misma forma. Se utiliza para conectar los sistemas informáticos con los encaminadores o equipos de comunicaciones.
- **Conexión cruzada** ***(crossover):*** un extremo del cable debe montarse de la forma EIA-568A y el otro, según el estándar EIA-568B. Esto hace que los pares de transmisión y recepción (2 y 3) queden cruzados, lo que permite que se produzca la comunicación. Se utiliza para conectar dos sistemas informáticos directamente, sin el uso de encaminadores.

La Figura 3.32 ilustra ambos tipos de conexiones, así como la funcionalidad de cada uno de los pines del cable.

Para construir los cables de red, comprobar su estado, etc., se emplean unas herramientas específicas. Las principales herramientas utilizadas en el manejo de cables de red de área local son las siguientes:

- **Cortacables y pelacables:** se utilizan para el seccionado de un cable y para la separación del aislante que

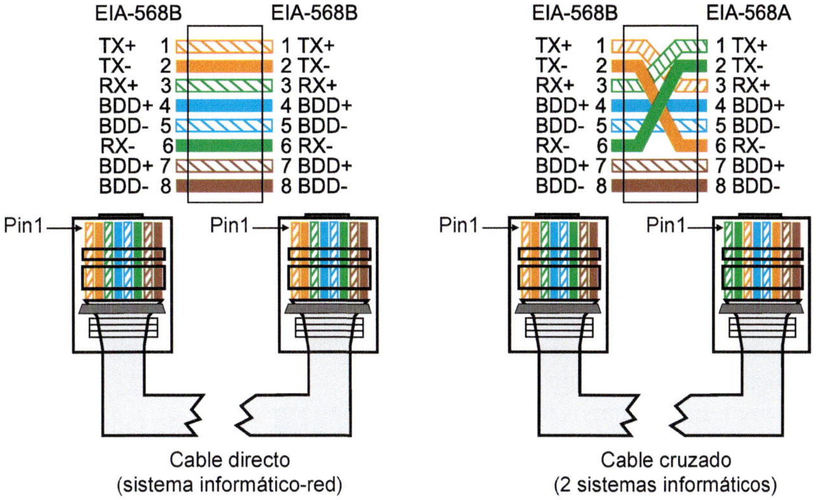

Figura 3.32. *Tipos de conexiones.*

lo recubre y dejar al descubierto el material conductor. La Figura 3.33 muestra una de estas herramientas.

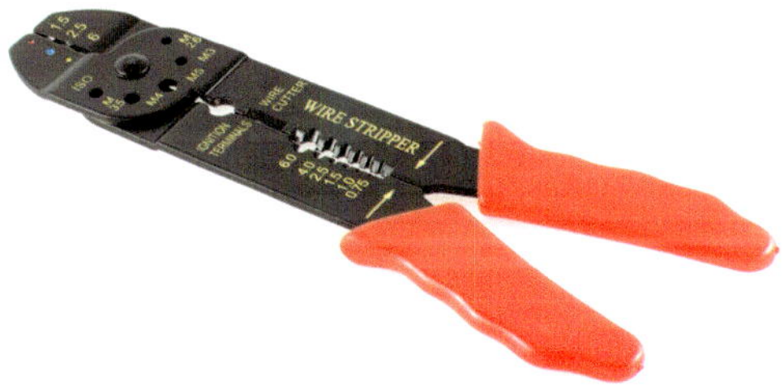

Figura 3.33. *Cortacables y pelacables.*

- **Crimpadoras o herramientas de presión:** se emplean para la fijación de un cable a su conector. La mayoría de las crimpadoras disponen de diferentes troqueles que permiten la terminación de diferentes tipos de conectores. Por ejemplo, la Figura 3.34 muestra una crimpadora para clavijas RJ-45 (8P) y RJ-11 (4P). Existen, también, crimpadoras para las clavijas BNC de los cables coaxiales.

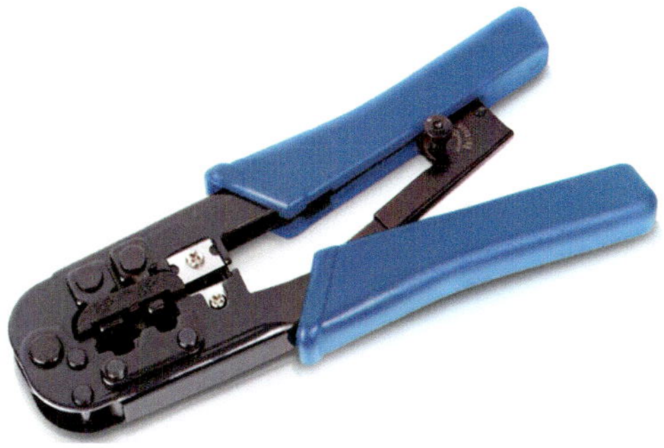

Figura 3.34. *Crimpadora.*

- **Comprobadores de cables:** se utilizan para verificar el estado de un cable. Se componen de dos dispositivos: un emisor y un receptor. Cada extremo del cable se conecta a uno de los dispositivos y determina si los conectores están bien montados y si los pares están cruzados. En la Figura 3.35, se muestra un comprobador para cables con clavija RJ-45 y RJ-11.

Figura 3.35. *Comprobador de cables.*

3.6.2. Direccionamiento y subredes

Para que los equipos puedan comunicarse a través de internet, deben identificarse. La **dirección IP** proporciona esta identificación, puesto que cada equipo conectado a la red tiene una dirección IP exclusiva.

El organismo a cargo de asignar las direcciones IP para los equipos conectados a internet es el **ICANN** (Internet Corporation for Assigned Names and Numbers) que remplaza el **IANA** (Internet Assigned Numbers Agency) desde 1998.

Recuerda:

No debe confundirse la dirección IP con la dirección MAC o NIC *(network interface card),* que es un número fijo asignado por el fabricante de la tarjeta de red, mientras que la IP puede cambiarse.

La dirección IP está formada por dos campos: **identificador de la red** e **identificador del equipo.** El identificador de red es la parte única en todo internet y distingue al propietario de la red, mientras que el identificador del equipo reconoce a un equipo concreto de esa red. Estos campos forman una secuencia de 32 b que, para mayor comodidad, suelen representarse como una secuencia de cuatro números enteros entre 0 y 255 separados por puntos, en el formato xxx.xxx.xxx.xxx. Por ejemplo, 194.153.205.136 es una dirección IP.

Estos 32 b permiten 4 294 967 296 (2^{32}) direcciones de red diferentes, de las cuales más de las dos terceras partes ya están asignadas, lo cual limita el crecimiento de internet. Esta limitación provocó que se propusieran direcciones de 128 b denominadas ***IPv6*** y llamando a las anteriores ***IPv4***.

Las direcciones IPv6 se representan con 32 dígitos hexadecimales, reunidos en ocho grupos de cuatro dígitos hexadecimales cada uno y separado por dos puntos. Un ejemplo de dirección IPv6 es:

3B0A : 1D9A : 91FE : A1FE : 703D : FAE3 : 8A56: 9DFA

Los tres primeros grupos que están más a la izquierda (48 b) contienen el **prefijo del sitio.** Es asignado por el Registro Regional de Internet o **RIR** (Regional Internet Registry), organismo delegado de una región del ICANN. El cuarto grupo (16 b) lo ocupa la **identificación de subred,** que el administrador de la red asigna al sitio. Este identificador es interno del sitio. Por último, los cuatro grupos situados más a la derecha (64 b) contienen la **identificación de interfaz.** Este identificador suele generarse automáticamente a partir de la dirección MAC.

Si alguno de los grupos es nulo, es decir, tiene valor 0000, puede comprimirse tal y como muestra la Figura 3.36. Este formato se llama ***forma comprimida.*** Los campos consecutivos de 0 pueden omitirse con (::), independientemente de la cantidad de campos que se abrevie. Este mecanismo solo puede realizarse una vez, debido a que luego no podrían reestructurarse la cantidad de campos exactamente como eran.

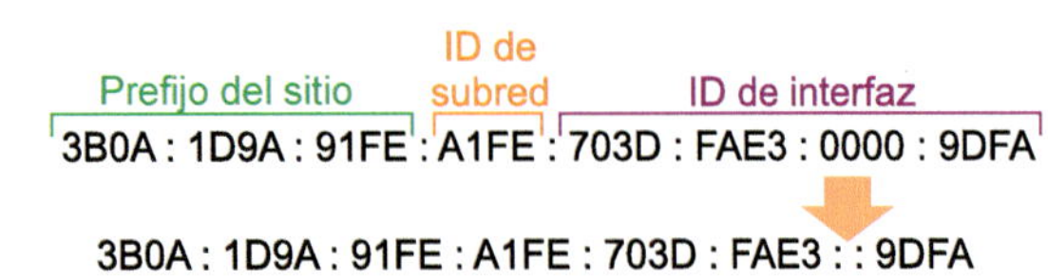

Figura 3.36. *Dirección IPv6 en forma comprimida.*

En entornos donde coexisten direcciones IPv4 e IPv6, se utiliza la **forma mixta** para representar las direcciones. Esta forma de representación tiene el siguiente formato.

X : X : X : X : X : X : D . D . D . D

Siendo X un número hexadecimal entre 0 y FFFF y D un número decimal entre 0 y 255.

Por ejemplo, la dirección IPv4 194.153.205.136 puede ser convertida a una dirección IPv6 como 0000:0000:0000 :0000:0000:0000:194.153.205.136.

Clases de redes

Las direcciones IPv4 se dividen en **clases,** de acuerdo con la cantidad de bytes que representan a la red (Figura 3.37):

- **Clase A:** en las direcciones de esta clase, el primer byte identifica a la red. El bit más representativo (el primer bit a la izquierda) es 0, lo que significa que hay 2^7 (128) posibles redes. Sin embargo, las direcciones 0.x.x.x y 127.x.x.x no se utilizan, pues están reservadas para funciones de test. Los tres bytes de la derecha identifican a los equipos de la red *(hosts).* Por lo tanto, estas redes pueden contener una cantidad de $2^{24} - 2$ = 16 777 214 equipos.
- **Clase B:** en una dirección IP de clase B, los primeros dos bytes representan la red. Los primeros dos bits son fijos (1 y 0); esto significa que existen 2^{14} (16 384) posibles redes. Los dos bytes de la derecha identifican a los equipos de la red. Entonces, estas redes pueden contener hasta 65 534 equipos ($2^{16} - 2$). Se asignan a redes de tamaño medio.
- **Clase C:** se asignan a redes pequeñas, donde los primeros tres bytes identifican a la red. Los primeros tres bits son fijos (1, 1 y 0), por tanto, hay 2^{21} (2 097 152) posibles redes. El byte de la derecha identifica a los equipos de la red, así que la red puede contener hasta 254 equipos ($2^8 - 2$).
- **Clase D:** estas direcciones están reservadas para *multicasting,* que se usa para direccionar grupos de *hosts* en un área limitada. Esto permite que un equipo envíe un mensaje a múltiples receptores.
- **Clase E:** estas direcciones están reservadas.

Recuerda:

No está permitido utilizar como número de *host* las combinaciones formadas por todos los bits a 0 o a 1. Todos a 0, se refiere a la red en sí misma y, todos a 1, se trata de un mensaje dirigido a todos los elementos de la red *(broadcast).*

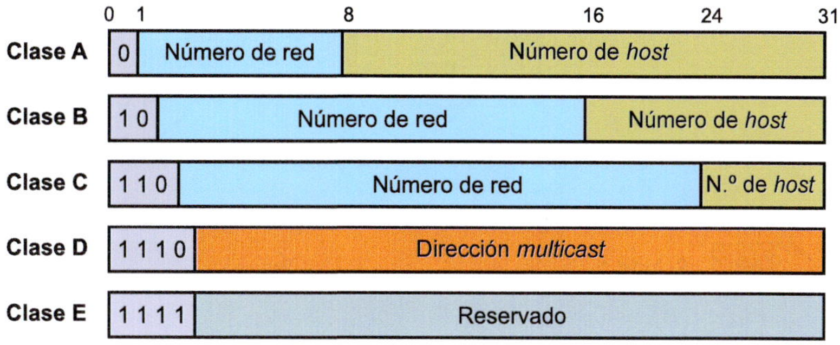

Figura 3.37. *Clases de direcciones IPv4.*

Subredes y máscaras de red

Mediante el uso de dispositivos de interconexión, puede dividirse una red de las clases A, B y C en **segmentos** más pequeños para incrementar la eficacia de la red y ayudar a su mantenimiento. Los segmentos de red separados por encaminadores reciben el nombre de ***subredes.*** Por ejemplo, la Figura 3.38 muestra una red dividida en dos subredes.

Cuando se crea una subred, es necesario identificarla. Se ha estudiado que una dirección IPv4 está compuesta por dos partes: la primera, que identifica a la red, y la segunda, que identifica a un nodo o *host* dentro de dicha red. Las subredes están compuestas por varios nodos de una parte de la red, por tanto, si se toman algunos bits más significativos del identificador del número de *host* y se usan como identificación, se obtiene el **identificador de subred.** El número de bits que deben tomarse del número de identificación de *host* lo determina la **máscara de red** o también llamada *máscara de subred.*

La máscara de red se presenta bajo la forma de 4 B separados por puntos (igual que las direcciones IPv4) que determinan que parte de la dirección IPv4 identifican a la subred y qué parte al *host* dentro de la subred. Los bits de la máscara de red que estén a 1 determinan qué parte de la dirección IPv4 identifica a la subred, mientras que los bits a 0 determinan el número de *host.*

Por ejemplo, si una organización tiene una red clase A y un *host* tiene asignada la dirección 34.56.123.12, el identificador de red vinculado es 34.0.0.0. Al ser una red de clase A, el identificador de red viene definido por el primer byte y el resto de los bytes identifican al *host*. Se podría usar el segundo byte de la dirección IPv4 para identificar una subred interna de la organización (por ejemplo, un departamento) y los dos bytes restantes identificar un *host* concreto (por ejemplo, a una persona) dentro de esa subred. Por tanto, la red podría dividirse hasta 254 subredes posibles (desde la 34.1.0.0 hasta la 34.254.0.0) y cada subred podría dar servicio hasta a 65 534 equipos diferentes.

Para averiguar el identificador de red vinculado con la dirección IPv4 34.56.123.12, simplemente debe aplicarse una máscara cuyo primer byte esté solamente compuesto por números uno (o sea 255 en decimal) y los siguientes bytes compuestos por ceros. Por tanto, la máscara es 255.0.0.0. Por el contrario, para averiguar el identificador de subred, se tiene que aplicar a la dirección IPv4 la máscara de red 255.255.0.0. De este modo, mediante una operación lógica AND entre la dirección IPv4 y la máscara apropiada, se obtiene el identificador de red o de subred.

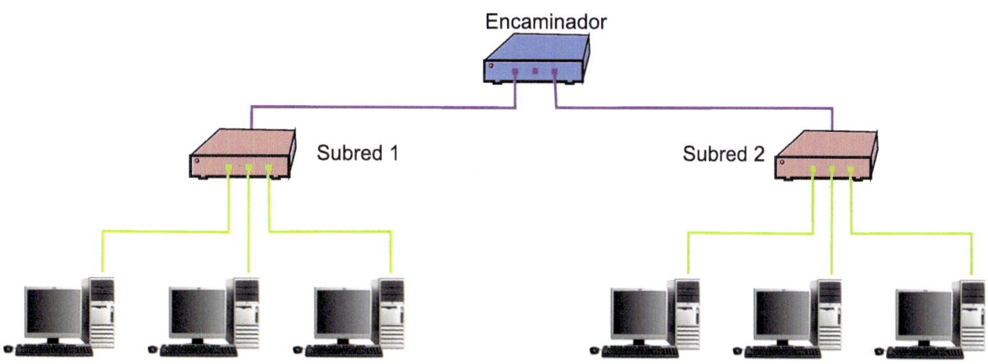

Figura 3.38. *División de una red en subredes.*

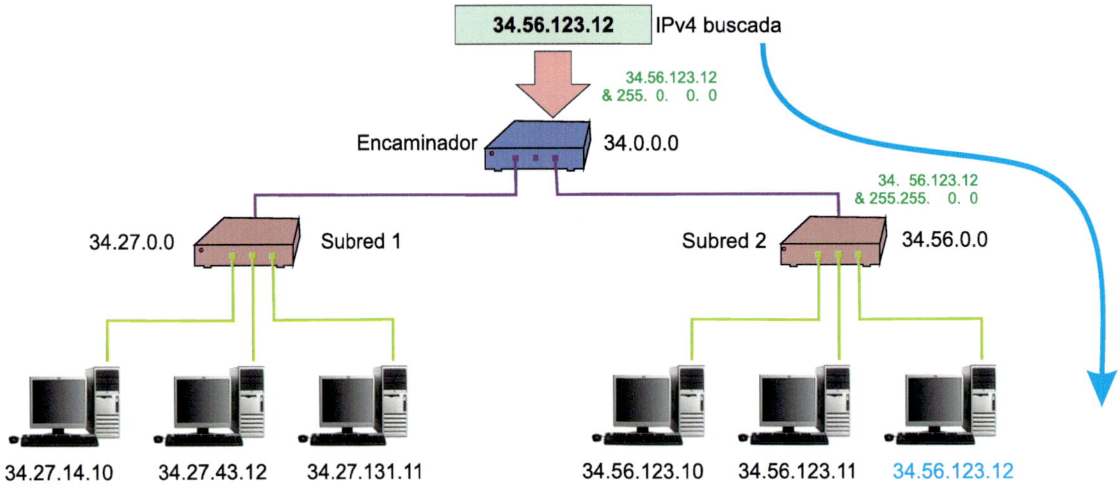

Figura 3.39. *Ejemplo del uso de la máscara de red.*

3.6.3. Configuración de la red

Una vez que la red está cableada y todos los equipos de la red tienen instalado un adaptador de red apropiado, se procede a su configuración. La configuración depende del sistema operativo instalado en el equipo y la función que desempeñará en la red: terminal, servidor o estación de trabajo. A modo de ejemplo, a continuación, se ilustra el proceso de configuración bajo entorno Windows, tanto para una red cableada como inalámbrica.

- **Red cableada:** la configuración del adaptador de red en las últimas versiones de Windows es automática. Solamente es necesario instalar los protocolos. En primer lugar, se pulsa el botón derecho del ratón sobre *Mis sitios de red,* en *Propiedades*. Se establece una nueva conexión y se configura la red de Microsoft y el protocolo TCP/IP. En función de los servicios suministrados por el servidor, se configura de una u otra manera. En el caso de estar conectado a internet a través de un proveedor externo, deberá configurarse el adaptador con los parámetros suministrados (dirección IP y servidor DNS).

  La Figura 3.40 muestra los datos suministrados por el proveedor. En este caso, el proveedor suministra una dirección IP fija, pero, en ocasiones, puede obtenerse de forma automática a través de un servidor DHCP.

- **Red inalámbrica:** una vez instalado el adaptador de red inalámbrico, el sistema informático reconoce el nuevo dispositivo y el sistema operativo busca e instala los controladores adecuados. Como ejemplo, la Figura 3.41 muestra la ventana del sistema operativo Windows donde se configuran las propiedades de un adaptador de red inalámbrico instalado en un *slot* PCI.

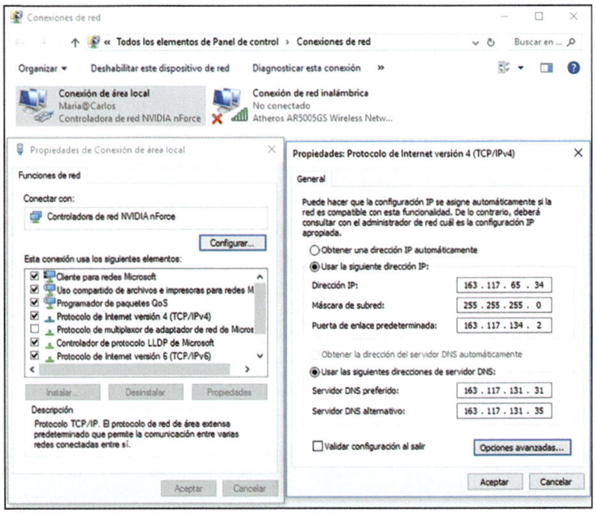

Figura 3.40. *Datos de conexión del protocolo TCP/IP de un adaptador de red.*

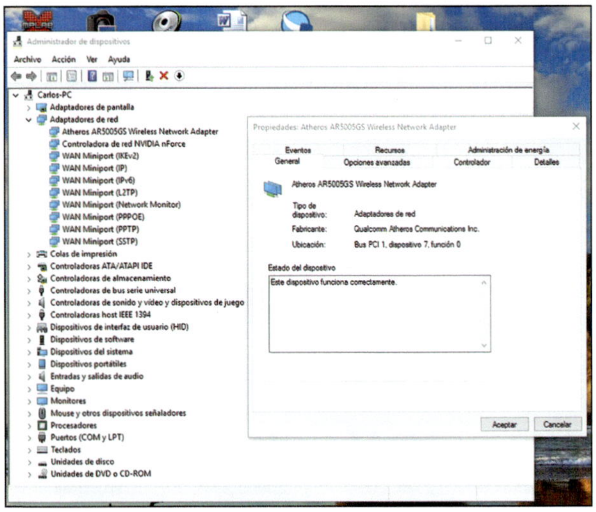

Figura 3.41. *Propiedades del adaptador de red inalámbrico en Windows.*

Finalizada la instalación del adaptador de red, pueden verse las redes inalámbricas disponibles pinchando sobre el icono de redes inalámbricas de la *barra de tareas*. En primer lugar, el sistema busca las redes inalámbricas que hay a su alcance y después muestra todas aquellas a las que podría conectarse. En el listado de redes disponibles, puede verse información sobre la cobertura de la red, si la red es segura o no y si el equipo está o no conectado a alguna de ella. Cuando desea conectarse a una red, es suficiente con hacer doble clic sobre la red en cuestión. Al hacerlo, el equipo solicita acceso a la red y, si la red está protegida mediante contraseña, se pide introducirla. En el caso de la Figura 3.42, se ha seleccionado una red segura cuyo SSID es Maria@Carlos. Como puede observarse, el nivel de cobertura de la red se representa con un gráfico.

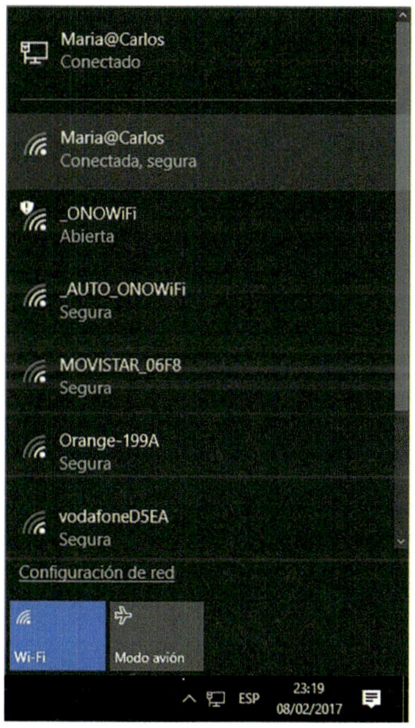

Figura 3.42. *Conexión a una red inalámbrica con Windows 10.*

Para desconectarse de una red, se procede de la misma manera, haciendo doble clic sobre la red en cuestión. Al hacerlo, el sistema solicita confirmar la desconexión antes de llevarla a cabo. Al conectar un equipo a una red inalámbrica, la añade a una lista de **redes preferidas** (representado, normalmente, con el icono de un pentágono amarillo). Las redes preferidas pueden configurarse para que el equipo se conecte a ellas de forma automática cuando estén a su alcance o de forma manual.

- **Puntos de acceso:** la configuración de los puntos de acceso y los encaminadores inalámbricos *(access point router)* suele realizarse conectándolos a un sistema informático. Dependiendo del modelo y fabricante, esta conexión puede realizarse por el puerto serie, cable Ethernet, etcétera.

Una vez conectado el dispositivo al sistema informático de la forma descrita por el fabricante en su manual, se abre una interfaz de comandos que permite configurar (como mínimo) los siguientes parámetros:

— **Nombre del punto de acceso (SSID):** cadena de caracteres ASCII que lo identifica.

— **Contraseña de acceso:** por motivos de seguridad, lo habitual es que el administrador de la red asigne una contraseña a estos dispositivos. De ese modo, cada vez que quiera accederse a la interfaz de comandos del dispositivo, se solicitará una contraseña. Al instalar por primera vez el dispositivo, cuando no está configurado, esta contraseña no se solicita o se pide una genérica que especifica el fabricante en su manual.

— **Tipo de estándar y canal:** selecciona la versión de la norma 802.11 en la que va a funcionar, así como el canal. Deben elegirse los más apropiados para evitar posibles problemas de interferencias.

— **Direcciones IP, máscaras de red y habilitación de las interfaces:** que van a utilizarse en función de la topología elegida.

— **Protocolo de encaminamiento:** incluyendo todas las redes conectadas directamente al dispositivo.

— **Tipo de seguridad y clave de acceso a la red:** selecciona el tipo de cifrado y el tipo de autenticación que va a usarse en la transmisión de datos. También se especifica la clave que se solicitará para acceder a la red.

A modo de ejemplo, la Figura 3.43 muestra una pantalla típica de configuración de un punto de acceso del fabricante SMC®. En este caso concreto, el dispositivo se configura a través de un navegador web escribiendo su IP. El entorno de configuración es más o menos amigable dependiendo del modelo y fabricante.

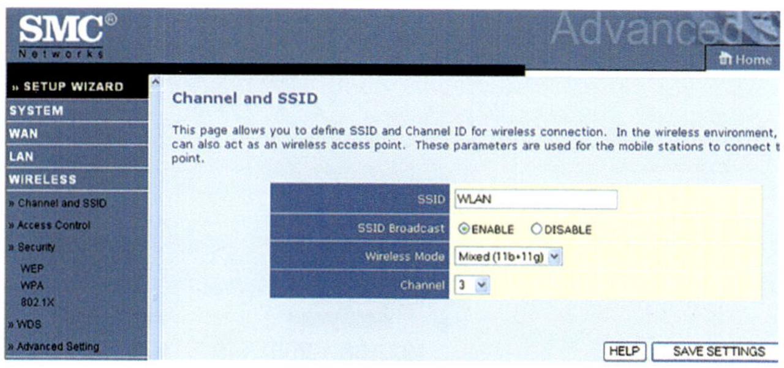

Figura 3.43. *Configuración de un punto de acceso.*

Finalizada la configuración, se comprueba su funcionamiento. Una forma de hacerlo es abriendo una ventana de *Símbolo de sistema* (línea de comandos) y ejecutar alguno de los siguientes comandos:

ping localhost
ping IP de otro equipo
tracert dirección IP
ipconfig /all

El comando ***ping*** comprueba el estado de la conexión del *host* local con uno o varios equipos remotos de una red TCP/IP, mientras que el comando ***tracert*** permite seguir el recorrido de los paquetes. Esta herramienta en UNIX, MacOS y GNU/Linux se llama ***traceroute***. Por último, el comando ***ipconfig*** proporciona todos los datos actuales de configuración de la red. En UNIX, esta herramienta se llama ***ifconfig.***

3.6.4. Verificación y certificación de redes

Después de la instalación de una red, es necesaria su **verificación** y, en muchas ocasiones, su **certificación,** por los siguientes motivos:

- Los estándares lo requieren.
- Los clientes lo demandan.
- Ocurren errores en la instalación.
- Demostración de que la instalación es operativa.

El comando *ping,* a pesar de su sencillez, es muy útil para la verificación de redes durante su configuración y para la detección de fallos en la misma. Por ejemplo, la Figura 3.44 muestra el diagrama de la red privada clase C de una organización con IPv4 192.168.1.0 y que se conecta a internet a través de una pasarela o puerta de enlace con IPv4 192.168.1.1. La verificación puede realizarse desde cualquier sistema informático conectado a la red, en este caso desde el ordenador de sobremesa con IPv4 192.168.1.200. Los puntos que han de verificarse en la red son:

- **Verificación del protocolo TCP/IP:** se realiza con la ejecución de *ping localhost* (o *ping* 127.0.0.1). Esto permite verificar si el protocolo TCP/IP está correctamente instalado y en funcionamiento. Es enviado y respondido internamente por el propio equipo.
- **Verificación del adaptador de red:** se realiza haciendo *ping* al propio equipo (en este caso, *ping* 192.168.1.200). El comando es enviado a través de la red y recibido por el propio equipo, el cual envía la respuesta a la red y la recoge de ella. Esto permite verificar si la tarjeta de red está funcionando adecuadamente.
- **Verificación de la red local:** se realiza haciendo *ping* a un equipo próximo conectado a la red (en este caso *ping* 192.168.1.201). Esto permite verificar el cableado del equipo hacia la red. Si se ejecuta *ping* 192.168.1.1 (IPv4 de la puerta de enlace), puede verificarse si el cableado general de la red funciona correctamente.
- **Verificación de la conexión a internet:** realizando *ping* a otro equipo conectado a internet se verifica si la conexión es correcta. Por ejemplo, ejecutando *ping* 74.125.196.105 (IPv4 de Google), puede verificarse que la conexión a internet funciona.
- **Verificación de los servidores DNS:** puede comprobarse ejecutando *ping google.es* o cualquier otra dirección de internet (URL) conocida. Esto verifica si están correctamente configuradas las IP de los servidores DNS, puesto que el servidor debe responder con la IP de la dirección de internet.

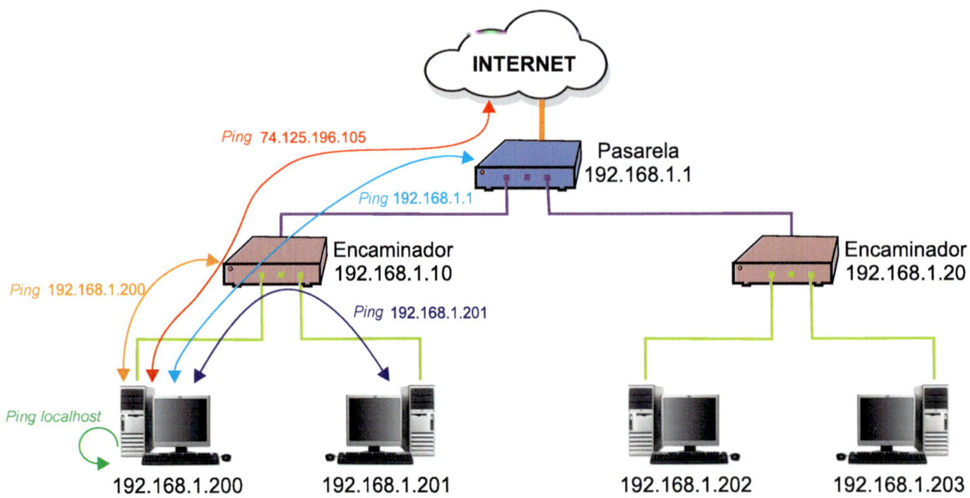

Figura 3.44. *Ejemplo de verificación de una red.*

La **certificación** es el elemento creado por la Administración de un país o países para comprobar que un producto, proceso o servicio cumple una determinada norma. Esta comprobación la realiza una entidad independiente de las partes interesadas.

En España, las certificaciones las emite una serie de organismos de certificación que previamente han demostrado su capacidad para hacerlo ante la Administración del Estado. El organismo más conocido que puede emitir certificaciones es AENOR, aunque existen muchos otros. En el caso de las redes telemáticas, para asegurar la calidad de la instalación, debe llevarse a cabo la certificación del cableado de acuerdo con los procedimientos descritos en la norma EN-50346 y la medida de los parámetros especificados en la norma EN-50173.

La certificación se realiza con un aparato de medida homologado y calibrado, debiendo presentarse el modelo de equipo y su fecha de última calibración. Un certificador de cableado de redes de datos realiza una serie de testeos con el objetivo de verificar si se adapta o no la infraestructura de red a una determinada categoría o estándar. La norma ANSI/TIA/EIA-568B, a través de una serie de documentos, describe las características mecánicas y eléctricas del cableado, clasificándolos en categorías (Tabla 3.2).

La unidad de medida empleada en acústica y telecomunicaciones para expresar la relación entre dos potencias, acústicas o eléctricas, se denomina *decibelio* (dB). El decibelio es una unidad adimensional y relativa (no absoluta) que se utiliza para facilitar el cálculo y poder realizar gráficas en escalas reducidas. El dB relaciona la potencia de entrada (P_E) y la potencia de salida (P_S), a través de la fórmula:

$$N[\text{dB}] = 10 \log \frac{P_S}{P_E}$$

El decibelio (dB) mide la ganancia o la atenuación según sea el signo, positivo o negativo respectivamente. Por ejemplo, cuando el margen medido en decibelios entre dos señales cae en tres unidades (−3 dB), la pérdida de potencia de la señal es del 50 %.

Equipos y procedimientos

La certificación de una red consiste en realizar un test según estándares y con equipos homologados para dichas tareas, como el mostrado en la Figura 3.45. Debe testearse el enlace permanente, esto es, el cableado horizontal y el cableado vertical, sin tenerse en cuenta los latiguillos.

Se certifica el cableado permanente porque forma parte de la infraestructura del edificio. Los equipos de red, así como los latiguillos, son cambiados muchas veces durante la vida de la infraestructura. Con este test, se proporciona la garantía de que el canal de transmisión (enlace permanente más cables de parcheo) cumplen los requerimientos de red. Como muestra la Figura 3.46, el equipo de certificación de redes se conecta en el panel de parcheo y en la roseta.

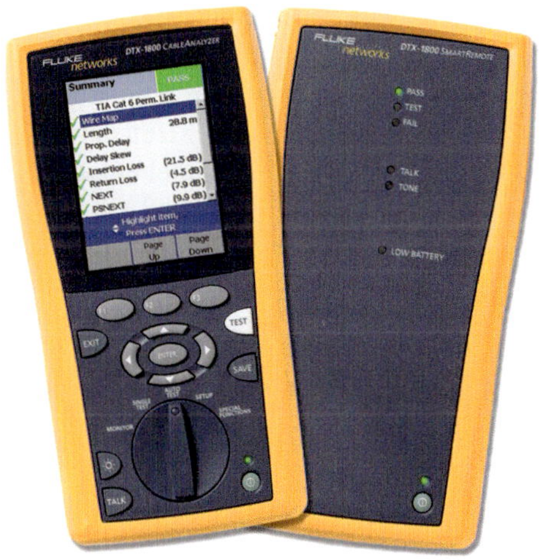

Figura 3.45. *Equipo de certificación de redes.*

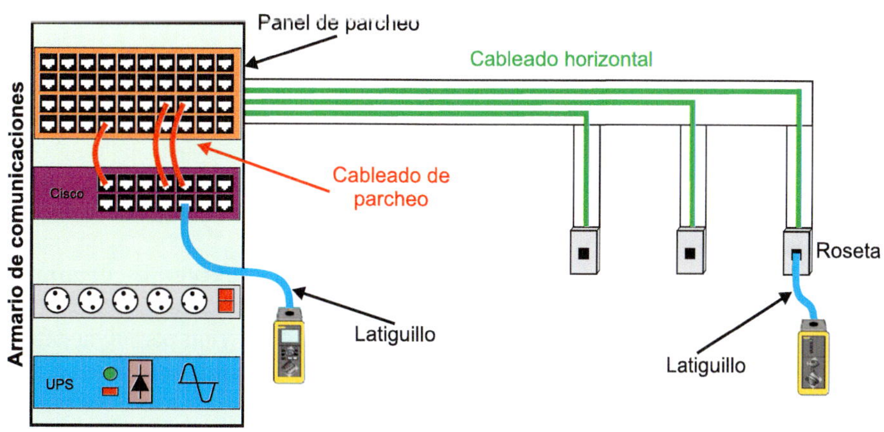

Figura 3.46. *Procedimiento de testo del enlace permanente.*

Se testea el canal de comunicaciones porque indica el funcionamiento real del cableado que será usado en las aplicaciones de red. En este testeo, se incluye el funcionamiento de los cables de parcheo, que, a menudo, son la parte más débil del enlace.

Parámetros y documentación

Los equipos de certificación de redes analizan una serie de parámetros para certificar la red. Los parámetros analizados por estos equipos en redes con cable multifilar son:

- **Mapa de cableado:** verifica la continuidad eléctrica de cada par y que no existan pares invertidos, cruzados o divididos.
- **Resistencia de cada par:** que se compara con el valor patrón del fabricante. Verifica la incompatibilidad entre cables, conexiones defectuosas, cortocircuitos, etcétera.
- **Longitud de cada par:** que debe está dentro de los límites indicados por la norma. El cálculo se basa en el tiempo de propagación de la señal por el cable. Para evitar efectos de inducción mutua, cada par tiene una longitud diferente (el trenzado es diferente en cada par). Según la norma, el enlace permanente más largo no puede exceder de 90 m y el canal más largo no puede exceder de 100 m.
- **Tiempo de propagación *(delay skew)*:** mide la diferencia de tiempo en nanosegundos entre la velocidad de transmisión del par más rápido y el par más lento. La Figura 3.47 muestra la diferencia de propagación de un cable.

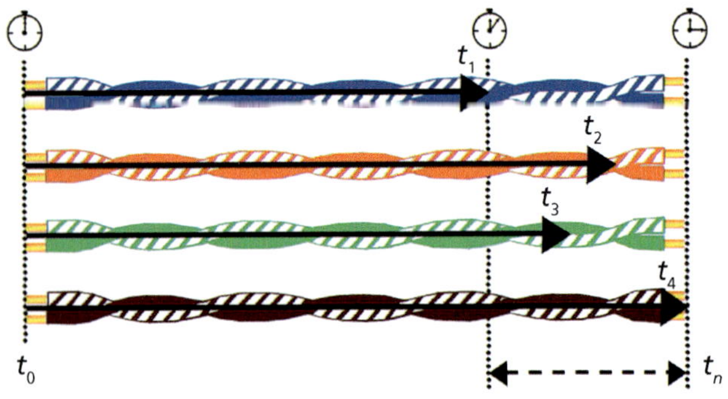

Figura 3.47. *Diferencia de propagación en un cable.*

- **Retardo:** la velocidad nominal de propagación (NVP) es la velocidad de una señal por el cable relativa a la velocidad de la luz. En el vacío, las señales viajan a la velocidad de la luz. Por el contrario, en un cable, las señales viajan a una velocidad menor a la de la luz. La velocidad de una señal en un cable es, por lo general, entre el 60 y el 80 % de la velocidad de la luz. Si la NVP de un cable es demasiado lenta o el cable es demasiado largo, las señales se demoran y el sistema no puede detectar las colisiones con suficiente antelación para prevenir graves problemas en la red.
- **Pérdida de inserción *(insertion loss)*:** es la medida de la cantidad de energía que se pierde cuando las señales circulan por el cable (atenuación). Es producida por la resistencia del cable y las fugas a través material aislante. Se expresa decibelios (dB). Los valores más bajos de atenuación se corresponden a un mejor rendimiento del cable. La pérdida de inserción aumenta de forma lineal a medida que aumenta la longitud del enlace. Como representa la Figura 3.48, se mide inyectando una señal de amplitud conocida en un extremo y midiendo la amplitud recibida en el otro extremo.

Figura 3.48. *Cálculo de la pérdida de inserción.*

- **Pérdida de retorno *(return loss)*:** es la diferencia entre la potencia de la señal transmitida y las reflexiones causadas por variaciones en impedancia del cable. Un valor alto significa que las impedancias son casi iguales, lo que da como resultado pocas reflexiones. Los cables con valores altos de pérdida retorno son más eficientes para transmitir señales LAN porque se pierde muy poco la señal en reflexiones.

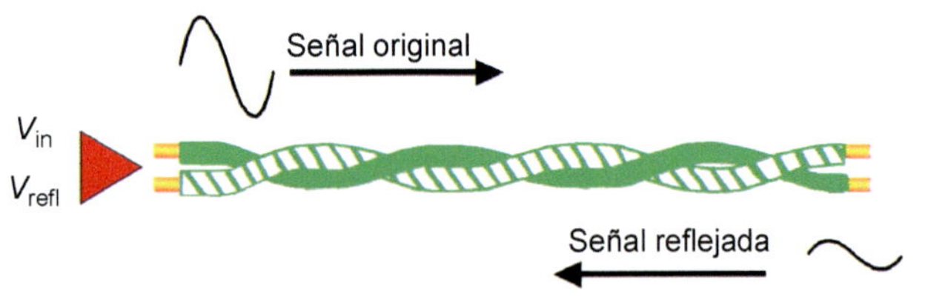

Figura 3.49. *Las reflexiones empeoran el cableado.*

- **Diafonía extremo cercano o NEXT *(near end crosstalk)*:** mide la diafonía existente entre un par transmisor y un par adyacente dentro del mismo cable. La medida se realiza en ambos extremos, para todas las combinaciones posibles, arrojando 12 resultados. Se produce diafonía o *crosstalk* cuando parte de las señales presentes en un extremo del cable, llamado *perturbador*, aparece en el otro, considerado *perturbado*. El equipo de certificación mide la interferencia aplicando una señal de prueba a un par de cables y midiendo la amplitud de las señales de interferencia que se reciben en el otro par de cables. El valor de la interferencia se calcula como la diferencia de amplitud entre la señal de prueba y la señal de interferencia al medirse desde el mismo extremo del cable. Se expresa en decibelios. Los valores más altos de NEXT corresponden a menos interferencia y un mejor rendimiento del cable. Los problemas suelen deberse a cables defectuosos, demasiados conectores, destrenzado en las terminaciones, pares divididos, conectores de baja calidad, etcétera.

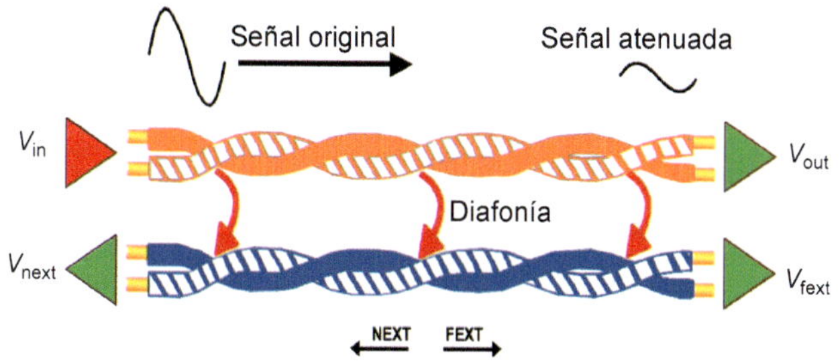

Figura 3.50. *Efecto de diafonía al par adyacente.*

- **Diafonía acumulativa o PS NEXT *(power sum NEXT)*:** mide el efecto acumulativo de NEXT de todos los pares de hilos del cable. PS NEXT se computa para cada par de hilos en función de los efectos de NEXT de los otros tres pares.

Por último, los parámetros **ACR-N** *(attenuation/crosstalk ratio near)*, **PS ACR-N** *(power sum attenuation/crosstalk ratio near)*, **ACR-F** *(attenuation/crosstalk ratio far end)* y **PS ACR-F** *(power sum attenuation/crosstalk ratio far end)* son valores calculados a partir de los valores medidos por el equipo.

Según los resultados obtenidos con el equipo de certificación, el enlace permanente se clasifica en una de las categorías estudiadas en la Tabla 3.2.

La Figura 3.51 muestra un ejemplo de un test de un equipo certificador. Como puede verse en la figura, se produce un error en el parámetro NEXT porque existe una diferencia de 0,2 dB. La norma para UTP Cat 5E marca que el NEXT debe superar o igualar el valor de 30,1 dB. En este caso, podría asegurarse que la pequeña diferencia del parámetro NEXT se debe al destrenzado de los hilos, lo que provoca diafonía entre ellos.

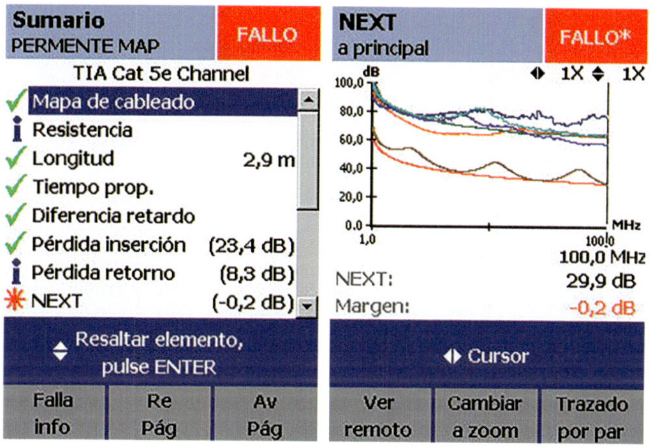

Figura 3.51. *Testeo de una red Cat 5E.*

Un resultado marcado con un asterisco significa que las mediciones están dentro del rango de incertidumbre de medida del equipo (Figura 3.52). Estos resultados se consideran marginales. Un resultado PASA* se considera de aprobación y un resultado FALLO* se considera de fallo.

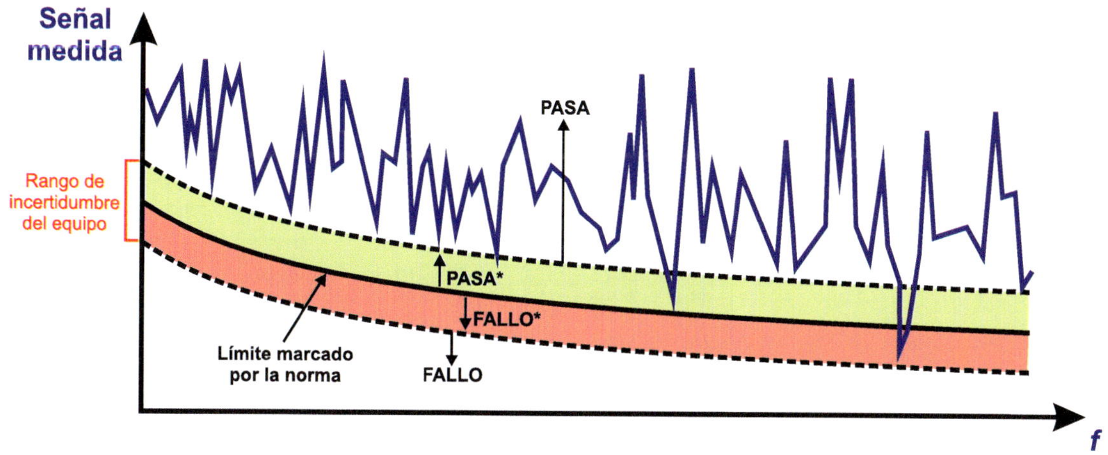

Figura 3.52. *Resultados PASA* y FALLO*.*

El informe de certificación, normalmente, puede entregarse en formato electrónico. Cada enlace certificado estará etiquetado con el número de toma (número de armario–caja–dígito o letra de la toma). La certificación de la infraestructura estará condicionada, por tanto, al cumplimiento de la categoría correspondiente por parte de todos los enlaces. La Figura 3.53 muestra un ejemplo de un informe de certificación. Para finalizar, deberán realizarse todas las pruebas, comprobaciones y depuraciones necesarias de funcionamiento de la infraestructura de cableado en su totalidad, antes de la puesta en servicio a nivel de usuario.

PROYECTO

ID. Cable: S 1H-083
LUGAR:
Fecha / Hora: 21/02/2019 11:23:30am
OPERADOR:
Versión de Software: 2.3600
NVP: 66,2% Fecha de calibración: 12/06/2018

Sumario de Pruebas: **PASA**
Paso Libre: 5.1 dB (NEXT del Remoto 12-36)
Límite de Prueba: IS011901 Channel Clase E
Tipo de Cable, Cat 6A UTP
DTX-1800 N/S: 8662005 DTX-CHA001
DTX-1000R N/S:8662006 DTX-CHA001
Versión de Límites: 1.5000

Mapa de Cableado: **PASA** (T568B) Result.

TERM: RJ-45: 1 2 3 4 5 6 7 8
| | | | | | | |
TERM: RJ-45: 1 2 3 4 5 6 7 8

Par	Longitud (m)	Lim.	Tiempo de propagación ns	Lim.	Diferencia retardo ns	Lim.	Resistencia Ohm.	Lim.	Impedancia Ohm.	Lim.	Pérdida de inserción Result. (dB)	Frec. (MHz)	Lim. (dB)
12	112.0		548	555	27	50	15.1	25.0			5.1	248.5	35.8
16	107.1		524	555	3	50	14.6	25.0			5.3	249.0	35.9
45	106.5		521	555	0	50	14.6	25.0			6.0	250.0	35.9
78	132.9		552	555	21	50	15.4	25.0			5.2	246.5	35.7

Par	Peor margen Margen. (dB)	Frec. (MHz)	Lim. (dB)	Peor valor Margen. (dB)	Frec. (MHz)	Lim. (dB)	Peor margen Margen. (dB)	Frec. (MHz)	Lim. (dB)	Peor valor Margen. (dB)	Frec. (MHz)	Lim. (dB)
RL												
12	10.0	215.5	8.7	10.0	215.5	8.7	9.0	3.0	19.0	14.4	155.5	10.1
36	9.3	53.3	14.7	12.9	216.5	8.6	6.5	6.7	13.7	9.4	247.0	8.1
45	8.6	69.5	13.5	11.2	236.0	8.3	6.8	5.9	18.0	9.2	191.0	7.7
78	9.3	102.5	11.9	10.2	146.0	10.4	9.2	3.0	19.0	10.9	182.0	9.4
PS NEXT												
12	7.5	7.5	56.1	10.4	192.0	32.2	7.4	79.5	38.8	11.4	228.0	38.8
36	7.7	30.9	45.8	9.7	224.0	31.0	6.5	79.5	38.8	10.4	238.5	38.8
45	9.1	30.9	45.8	10.8	224.0	31.0	8.4	7.5	56.1	10.6	224.0	56.1
78	8.3	7.6	55.9	12.2	192.0	32.2	8.9	5.0	59.0	12.5	246.5	59.0
PS ACR-N												
12	7.5	7.5	56.1	17.1	236.0	-4.2	7.3	3.1	58.0	18.4	248.5	-5.6
36	7.7	30.9	45.8	14.8	224.0	-2.8	8.0	4.1	56.1	15.8	38.5	-4.5
45	9.1	30.9	45.8	16.3	224.0	-2.6	8.5	4.3	55.8	17.2	245.5	-5.3
78	8.3	7.6	55.9	19.4	234.0	-4.0	8.1	3.9	56.6	17.7	246.5	-5.4
NEXT												
12-36	7.5	4.9	61.7	11.1	222.5	34.0	5.1	79.3	41.6	9.9	228.5	33.8
12-45	12.4	237.0	7.6	12.4	237.0	33.3	11.7	3.8	60.3	13.3	247.3	33.2
12-78	33.5	5.8	58.5	10.1	192.0	35.1	8.2	66.8	42.9	11.4	157.0	36.6
36-45	6.6	30.9	48.5	9.0	224.0	33.9	6.2	22.8	50.7	9.9	224.0	33.9
36-78	9.0	122.0	48.5	9.0	122.0	38.5	6.6	5.0	61.5	13.8	246.5	33.2
45-78	13.4	9.4	57.0	14.6	188.0	35.2	11.7	83.5	41.3	12.8	247.5	33.2
ACR-N												
12-36	7.6	4.8	57.3	16.1	222.5	0.3	7.7	79.3	22.5	15.6	238.5	-1.5
12-45	14.7	4.3	58.3	18.3	237.0	-1.4	12.4	5.8	55.5	19.3	246.0	-2.4
12-78	6.0	3.3	60.5	16.9	234.0	-1.0	7.1	3.3	60.5	21.9	248.5	-2.7
36-45	8.2	20.9	36.8	14.5	224.0	0.1	7.1	7.5	52.9	15.4	244.0	0.1
36-78	11.1	9.8	50.3	21.0	246.0	-2.4	9.2	5.0	56.8	18.9	246.5	-2.4
45-78	14.1	9.4	50.7	24.4	144.5	-2.2	9.9	4.1	58.6	18.2	145.5	-2.3
ACR-F												
12-36	17.5	126.0	21.2	17.9	204.5	17.0	16.7	210.3	16.8	16.7	210.0	16.8
12-45	18.0	249.0	15.3	18.0	249.0	15.3	18.8	245.0	15.5	18.6	245.0	15.5
12-78	12.6	144.6	50.0	12.8	142.0	15.6	11.7	249.0	15.3	11.7	249.0	15.3
36-12	16.6	212.0	16.7	16.6	312.0	16.7	17.5	126.0	21.2	18.1	104.5	17.0
36-45	11.4	236.0	15.8	11.5	243.0	15.5	12.5	159.0	19.2	12.9	241.0	15.6
36-78	14.9	179.5	18.2	14.9	179.5	18.2	16.4	162.0	18.1	17.6	223.5	16.3
45-78	18.4	243.0	15.5	18.4	243.0	15.5	17.1	248.5	15.4	17.1	248.5	15.4

Figura 3.53. *Informe de certificación de una instalación de red.*

MAPA CONCEPTUAL

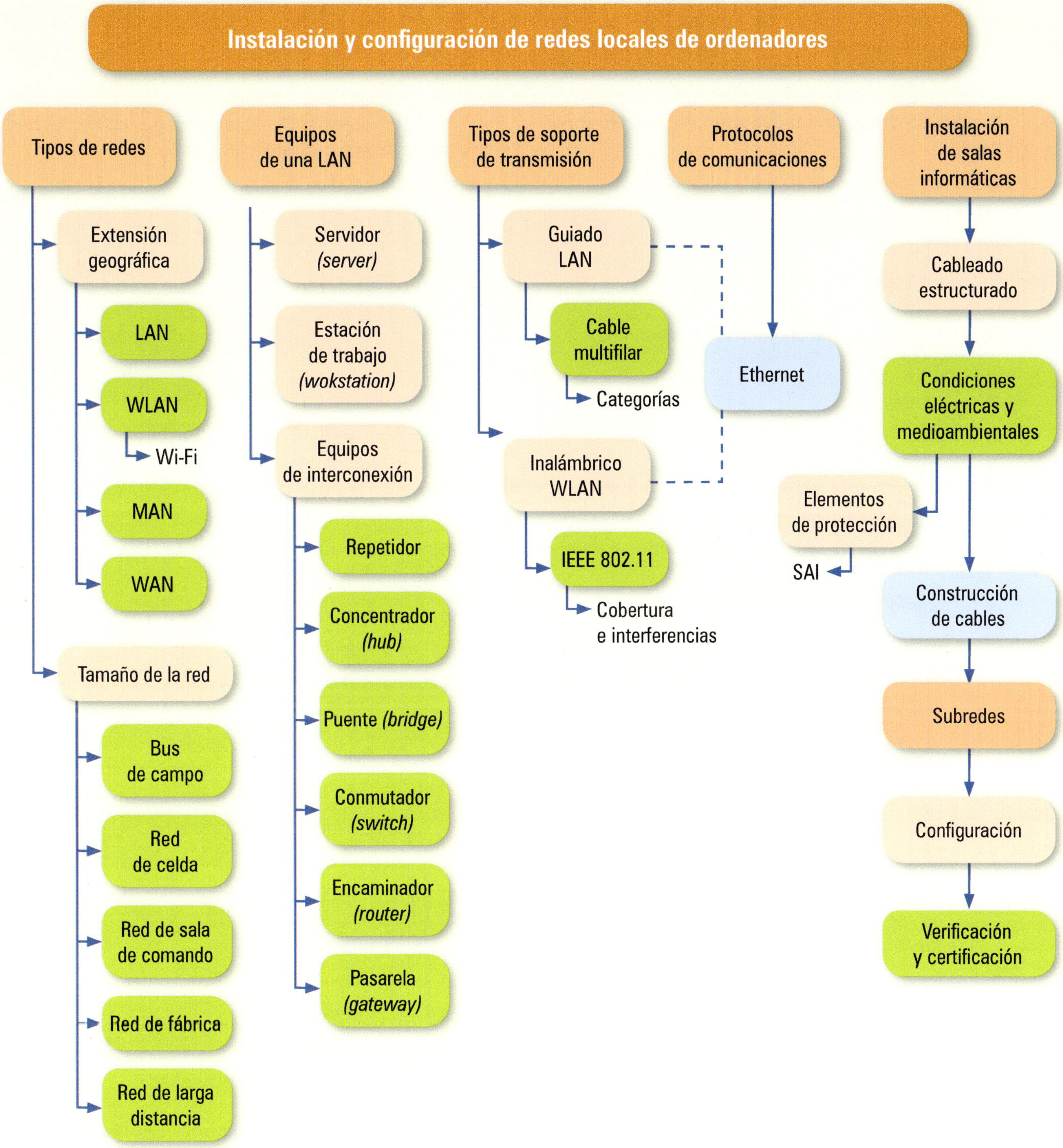

Actividades de comprobación

3.1. El nivel de cobertura de una red WLAN depende de...

a) ... el número de usuarios conectados.
b) ... las aplicaciones instaladas.
c) ... el número de puntos de acceso.
d) ... la densidad del aire.

3.2. Las redes que cubren un edificio se denominan...

a) ... WAN.
b) ... WLAN.
c) ... MAN.
d) ... LAN.

3.3. La medida de la cantidad de energía que se pierde cuando las señales circulan por un cable se denomina...

a) ... retardo.
b) ... tiempo de propagación.
c) ... pérdida de inserción.
d) ... pérdida de retorno.

3.4. Los SAI protegen de...

a) ... fluctuaciones e interrupciones de corriente.
b) ... ruidos y distorsiones.
c) ... accesos no autorizados.
d) ... peligros de electrocución.

3.5. Las redes WLAN pueden trabajar en varios canales que...

a) ... se solapan.
b) ... son incompatibles.
c) Las respuestas a) y b) son incorrectas.
d) Las respuestas a) y b) son correctas.

3.6. Los puntos de acceso...

a) ... se configuran automáticamente.
b) ... se configuran desde un sistema informático.
c) Las respuestas a) y b) son correctas.
d) ... tienen siempre el mismo SSID.

3.7. Si desean conectarse dos redes con diferente protocolo, ¿qué dispositivo se usa?

a) Pasarela.
b) Encaminador.
c) Puente.
d) Repetidor.

3.8. Un cableado estructurado se divide básicamente en...

a) ... un cableado horizontal y otro de campus.
b) ... un armario de comunicaciones y canaletas.
c) ... el cuadro de parcheo y latiguillos.
d) ... un cableado vertical y otro horizontal.

3.9. ¿Qué verifica un analizador de LAN?

a) El crimpado de los cables.
b) La conectividad e integridad de la red.
c) Los cortocircuitos en los cables.
d) La calidad de la instalación.

3.10. Un adaptador de red...

a) ... permite comunicar un equipo con otro formando una red.
b) ... adapta los protocolos de la red.
c) ... se aloja en el armario de comunicaciones.
d) ... pertenece al cableado vertical.

3.11. Un encaminador permite...

a) ... simultanear varias comunicaciones.
b) ... segmentar la red.
c) ... convertir el protocolo.
d) ... aumentar la distancia de la red.

3.12. Si desean ampliarse la cobertura de la red inalámbrica, ¿qué dispositivo se usa?

a) Un repetidor.
b) Un puente.
c) Un *hub*.
d) Un *router*.

ACTIVIDADES FINALES

Actividades de ampliación

3.13. Dibuja el esquema unifilar eléctrico del cuarto de comunicaciones de la red a la que te conectas. Compáralo con el esquema de la Figura 3.9 y comenta las posibles diferencias.

3.14. Investiga, consultando páginas web de fabricantes en internet, cuáles son las características y los precios de los SAI. Redacta un pequeño informe sobre la investigación. El objetivo es conocer los diferentes tipos de SAI que hay en el mercado, sus características y precio.

3.15. Verifica la conectividad lógica de un equipo de la red usando el comando *ping*. Interpreta los datos que aparecen en la ruta de conexión.

3.16. Una organización quiere instalar una red de área local cumpliendo con el estándar Ethernet. El edificio donde está ubicada tiene dos plantas y el número de equipos que ha de interconectarse por planta es de 24 y 35 respectivamente. Investiga y explica qué elementos se tendrán que adquirir como mínimo.

3.17. Determina la dirección MAC y la dirección IP de un sistema informático. Indica si la IP es fija o dinámica.

3.18. Quiere instalarse una red de datos en una oficina compuesta por ocho sistemas informáticos y la cantidad de datos que van a intercambiar los equipos es muy grande. Indica las ventajas y los inconvenientes del empleo de las diferentes tecnologías.

3.19. Una organización desea conectar los siguientes dispositivos: un ordenador de sobremesa con 100BASE-TX, un ordenador portátil con un adaptador de red IEEE 802.11g y una impresora con un adaptador inalámbrico IEEE 802.11a. Describe cómo se interconectarían y qué equipos de interconexión son necesarios.

3.20. Averigua, consultando páginas web de fabricantes en internet (como, por ejemplo, Cisco, 3Com, etc.), cuáles son las características y los precios de mercado de los distintos equipos de interconexión. Escribe un pequeño informe sobre la investigación. El objetivo es dar una idea de cuánto puede costar montar una infraestructura de red y mantenerse actualizado.

3.21. Desarrolla un estudio de cobertura de redes inalámbricas en casa o en una organización con la aplicación gratuita Ekahau HeatMapper. Se trata de una herramienta que proporciona un mapa de cobertura y nivel de la señal. Además, localiza todos los puntos de acceso y sus configuraciones.

3.22. Establece el número de puntos de accesos necesarios e indica qué canales usarías para instalar una WLAN con tecnología 802.11g y dar servicio a 200 usuarios con un ancho de banda de 2 Mbps cada uno.

3.23. Elabora el plano de la instalación, incluyendo todos los elementos, de la red a la que estás conectado utilizando la simbología normalizada.

3.24. Una empresa dispone de una red de clase C y necesita crear dos subredes con capacidad de conectar, al menos, 40 equipos en cada una de ellas. Escribe el identificador de red y el identificador de subred, sabiendo que se emplean direcciones IPv4.

3.25. Comprueba el cableado horizontal del aula para familiarizarte con el uso de comprobadores de cables.

Confección de los latiguillos de red

El objetivo de esta actividad es aprender a confeccionar los latiguillos de red utilizados en las redes Ethernet. Para llevarla a cabo, es necesario disponer de cable UTP y de conectores RJ-45, así como de una crimpadora, un pelacables y un comprobador para verificar el estado del cable. La rapidez con la que se realiza este proceso depende mucho de la habilidad y de la experiencia del técnico.

1. Elige el tipo de conexión del latiguillo, es decir, si el cable es directo o cruzado.
2. Corta el cable a la longitud adecuada. Puedes usar un cortacable o la herramienta de corte que incorpora la crimpadora.
3. Quita parte del aislante que recubre a los pares trenzados con ayuda de un pelacables. La herramienta de corte de algunas crimpadoras, además de cortar el cable, lo pelan a la longitud adecuada.
4. Desenrolla los pares trenzados, colócalos en el orden adecuado dependiendo del tipo de cable e iguálalos para que todos tengan la misma longitud.
5. Inserta los cables de los pares trenzados en la clavija RJ-45, con la precaución de que no queden los pares fuera del conector y que cada uno quede alojado en su pin correspondiente.
6. Introduce la clavija RJ-45 en la crimpadora y haz fuerza en el mango para realizar la conexión de los pares a la clavija. Cuando la presión ejercida es suficiente para fijar la unión, la crimpadora libera la clavija.
7. Realiza la misma operación en el otro extremo del cable, comprobando que el orden de los pares es el correcto.
8. Verifica el estado del latiguillo con el comprobador de cables; este dispone de una serie de indicadores luminosos para mostrar el estado de cada una de las conexiones.

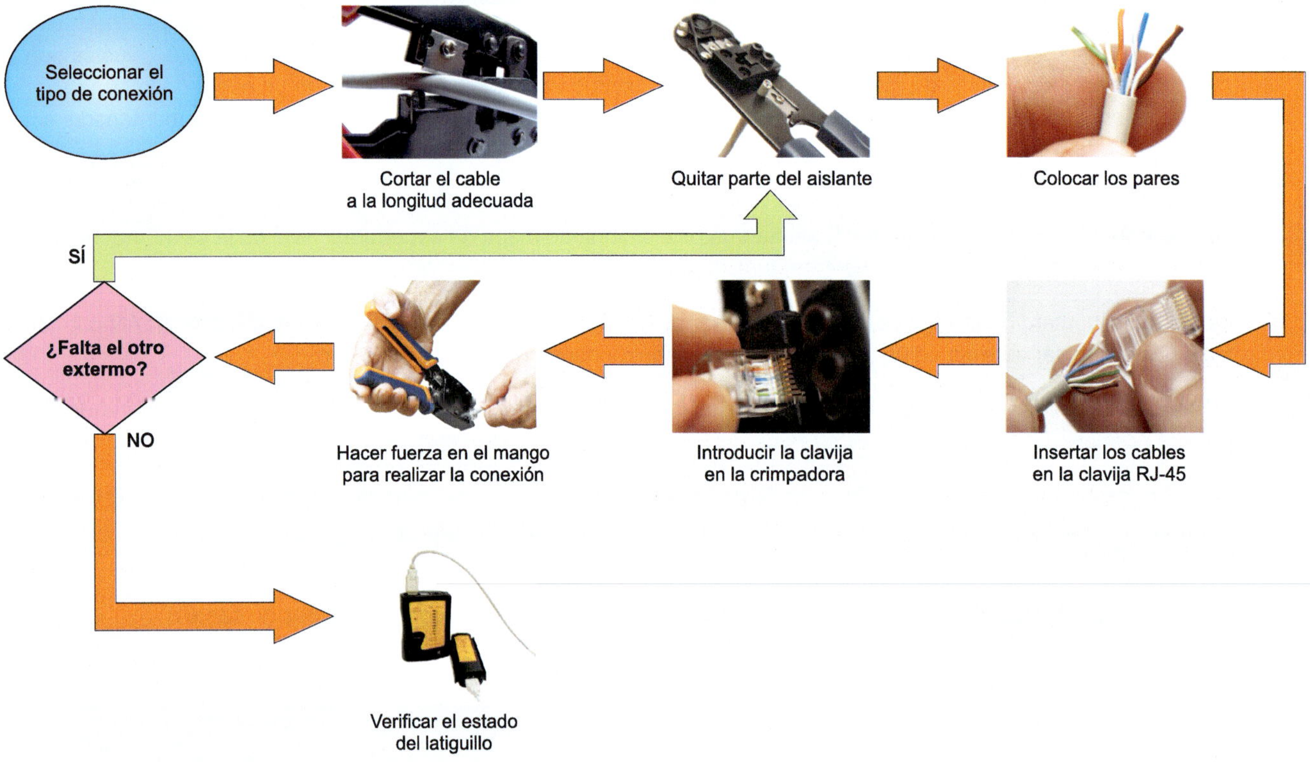

Figura 3.54. *Resumen de cómo hacer los latiguillos de red.*

4

Programación y configuración de los diferentes buses de comunicación en una planta industrial

La puesta en marcha de la fábrica inteligente lleva a la cuarta revolución industrial, también llamada *Industria 4.0*, cuya finalidad es adecuar sus sistemas de producción a las necesidades del mercado y unir el mundo virtual, internet y la nube con el mundo real de la producción. En este marco, las comunicaciones industriales desempeñan un papel importante, para proporcionar el intercambio fluido de información.

Contenidos

Objetivos

- Identificar los diferentes buses industriales.
- Configurar los equipos de una red industrial para la comunicación entre dispositivos.
- Programar una red industrial para el intercambio de datos.
- Disponer los dispositivos de interconexión de diferentes redes.
- Conocer las técnicas de control remoto.
- Representar los sistemas de comunicación industrial mediante bloques funcionales.
- Seleccionar los equipos a partir de la documentación técnica de los fabricantes.

4.1. Clasificación de las redes industriales según el ámbito de aplicación

El modelo CIM se basa en utilizar tecnologías informatizadas en todas las etapas de producción. Este modelo divide las tareas de control en cinco niveles funcionales, de acuerdo con el tráfico y el tipo de información que se intercambia. Por tanto, la red de comunicación en cada nivel requiere unas características concretas.

Dentro de la jerarquización de las redes de comunicación en la industria, pueden definirse dos grupos de redes: redes de información y redes de campo. Las redes de información cubren los niveles altos de la jerarquía CIM y las redes de campo los niveles bajos. La Figura 4.1 muestra cómo se distribuyen los tipos de redes en el modelo CIM.

Las **redes de información** están orientadas al transporte de grandes paquetes de datos, que surgen de forma esporádica (baja carga) y necesitan un gran ancho de banda. Por el contrario, las **redes de campo,** o redes industriales, se utilizan para conectar los distintos procesos con el objetivo de garantizar la explotación de la instalación. Las redes de campo requieren baja demora (tiempo real) y el tráfico está formado de muchos pequeños paquetes.

4.1.1. Redes de empresa y planta

Estas redes comunican las áreas donde se realizan las operaciones de gestión, políticas de producción, operaciones de planificación de la producción, diseño de productos, elaboración de programas, control de materiales y recursos y se generan órdenes de ejecución hacia el nivel de célula como secuencias de tareas, coordinación de recursos, etc. Estas redes se basan en tecnología IP como Ethernet, Wi-Fi y WiMAX. En estas redes, se utilizan, entre otras, las siguientes aplicaciones informáticas:

- **Programas ERP *(enterprise resource planning).*** Los programas de planificación de recursos empresariales son los sistemas de información gerenciales que manejan la producción, logística, distribución, inventario, envíos, facturas y contabilidad de la compañía de forma modular (Figura 4.2).
- **Programas MES *(manufacturing execution systems).*** Los programas MES pueden ser integrados en los sistemas ERP y controlan las operaciones de producción como recepción de mercancías, transporte, control de calidad, mantenimiento, programación y otras tareas relacionadas. MES es la capa del sistema entre el ERP y los sistemas o dispositivos de control de la planta, como los PLC, que controlan las máquinas individuales o líneas de producción.
- **Programas CAD/CAM/CAE.** Estas herramientas informáticas facilitan las diversas fases de diseño de un producto como modelado, prototipado, pruebas, etc. Si el proceso de diseño es la fabricación de piezas, se habla de CAM *(computer aided manufacturing).* Cuando las herramientas informáticas se utilizan para ayudar (o sustituir) a las tareas de análisis de algunos procesos de ingeniería, se habla de CAE *(computer aided engineering).* Algunos ejemplos de CAE son las herramientas de cálculo de estructuras,

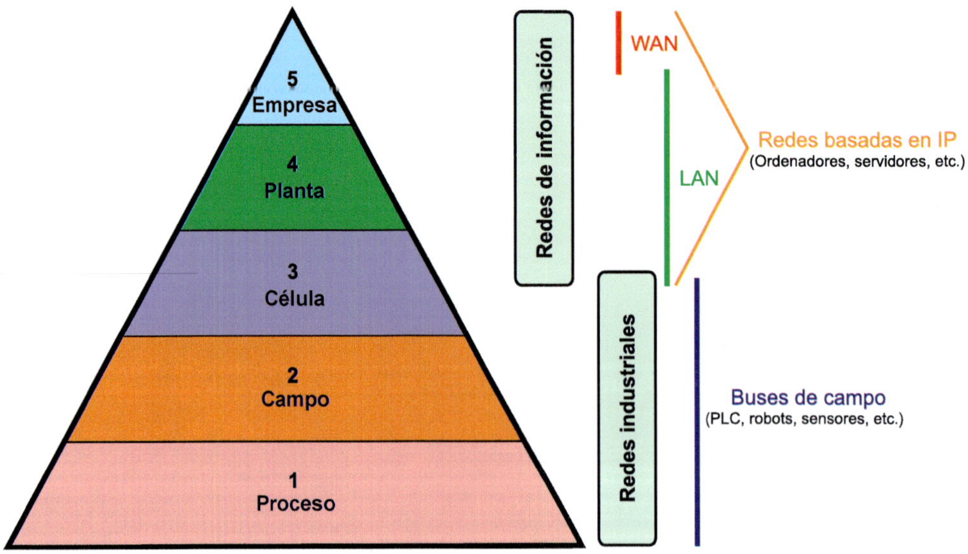

Figura 4.1. *Distribución de las redes en el modelo CIM.*

de resistencia aerodinámica o hidrodinámica, etc. Normalmente, antes de analizar o fabricar un objeto, es necesario un diseño o modelo con un programa CAD *(computer aided design)*. Por lo que un sistema CAD es casi siempre necesario para realizar CAM o CAE. Por ello, que muchas veces se habla de CAD/CAM o CAD/CAE, aunque en ocasiones se habla de sistemas CAD para referirse a los tres conceptos.

- **Herramientas de aplicación general que permiten el trabajo en grupo *(groupware)*.** Estas herramientas permiten integrar el trabajo del personal de todas las áreas de la empresa en un único proyecto, con muchos usuarios conectados a través de una red de datos (internet o intranet).

Figura 4.2. *Los programas ERP facilitan las operaciones internas de una empresa.*

4.1.2. Redes de célula

Estas redes comunican las áreas donde se realizan las operaciones de coordinación de máquinas y operaciones, el sistema de control que secuencia y controla una tarea específica y gestiona los recursos y materiales dentro de la propia célula.

Como las redes de empresa y planta no han sido diseñadas, al menos inicialmente, para garantizar el intercambio de datos en tiempo real y con fiabilidad en el ambiente hostil industrial (perturbaciones, temperaturas extremas, polvo y suciedad, etc.), surgen las conocidas como *redes industriales Ethernet,* cuya capa de enlace está basada en la técnica Ethernet y cuyos protocolos básicos de comunicación se fundamentan en TCP/IP.

En lo que respecta a los protocolos de la capa de aplicación que debe utilizarse en las redes industriales Ethernet en combinación con los protocolos de las capas inferiores, no existe actualmente una solución única normalizada y están propuestas diferentes soluciones como MAP *(manufacturing automation protocol),* Modbus TCP, EtherNet/IP™, ProfiNet®, EtherCat®, ProfiBus® FMS, Powerlink, ControlNet™ , etcétera.

4.1.3. Redes de campo o de control

Estas redes, también llamadas *buses de campo (field buses),* comunican entre sí sistemas de control industrial o con dispositivos de campo. Se llaman *buses de campo* haciendo referencia a la topología bus (o de línea troncal), originalmente utilizada en las primeras redes de campo.

Las redes de campo sustituyen la señal analógica de 4 a 20 mA por señales digitales, proporcionando mayor exactitud y confiabilidad de los datos. Además, permiten un control distribuido y la interoperabilidad entre dispositivos. La interoperabilidad es posible gracias a que la mayoría de los buses industriales son estándares abiertos y administrados por asociaciones internacionales integradas por empresas fabricantes.

Estas redes resuelven los problemas de comunicación en los niveles inferiores de la pirámide CIM. Se clasifican en redes de controladores y redes de sensores-actuadores.

- **Redes de controladores:** comunican entre sí varios dispositivos de control como PLC o CNC. En general, son redes del tipo maestro-esclavo *(master-slave)* o productor-consumidor *(producer-consumer)* con varios nodos principales. Cada nodo produce información que consumen todos los demás. Estas redes no solo permiten el intercambio estructurado de información, sino también llevar a cabo las tareas de diagnóstico, programación, carga, descarga y ejecución y depuración de los programas ejecutados en ellos. Algunas de las soluciones son: ProfiBus® FMS, ProfiNet®, EtherNet/IP™, ControlNet™, etcétera.
- **Redes de control de proceso o de sensores-actuadores:** comunican los sistemas electrónicos de control con los dispositivos de campo conectados al proceso. En estas redes, se encuentran los buses de campo diseñados con el objetivo específico de intercomunicar los dispositivos que interactúan con el proceso, tales como sensores y actuadores. Funcionan en aplicaciones de tiempo real estricto en una pequeña zona de la planta (típicamente una máquina o célula). Los fabricantes suelen denominarlas *redes de periferia distribuida (distributed periphery).* En función de su capacidad, estas redes se clasifican en:
  — **Redes de sensores-actuadores de capacidad limitada:** diseñadas para integrar, principalmente,

dispositivos todo/nada como finales de carrera, fotocélulas, relés, etc. Son para dispositivos agrupados en una pequeña zona de planta (típicamente un máquina) y funcionando en aplicaciones de tiempo real. Estas redes acceden a la capa física y de enlace del modelo OSI, es decir, señales físicas y patrones de bits de las tramas. El bus más extendido es AS-i *(actuator sensor interface)*. Aunque hay otros como SDS *(smart distributed system)*, desarrollado por Honeywell para la integración de sensores y actuadores, y CAN *(controller area network)*, diseñado originalmente para su aplicación en vehículos.

— **Redes de sensores-actuadores de elevada capacidad:** tienen una capa de enlace adaptada para el envío de grandes bloques de datos. Permiten configurar, calibrar e incluso programar dispositivos de campo *(field devices)* más complejos que los todo/nada como codificadores absolutos, sensores de temperatura, presión o caudal, variadores de velocidad, servoválvulas, etc. Los buses más usados son DeviceNet™, ProfiBus® DP/PA, InterBus y FieldBus Foundation™.

La Figura 4.3 muestra un mapa de posicionamiento relativo de varias redes clasificadas por funcionalidad, complejidad del protocolo, tamaño de los datos y costo.

Observando la Figura 4.3, se aprecia solapamiento entre los niveles de funcionalidad. Debido a ello, en ocasiones, el posicionamiento de los buses de campo es un poco difuso.

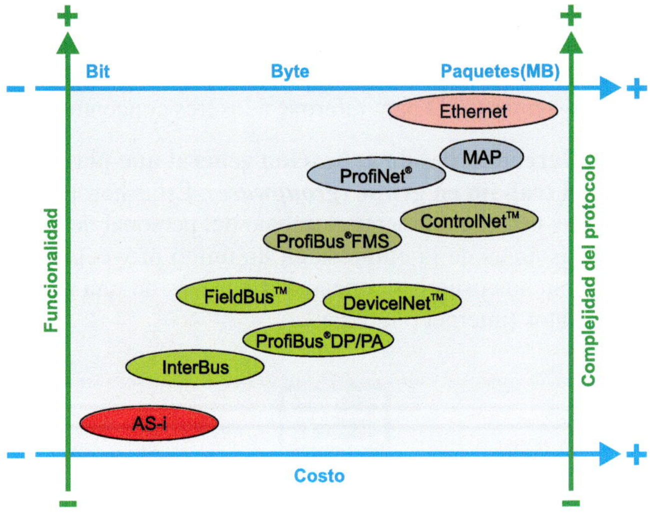

Figura 4.3. *Mapa de posicionamiento relativo de algunas redes.*

Por último, la Tabla 4.1 compara cualitativamente las características de algunos buses de campo y la Figura 4.4 muestra un esquema completo de interconexión de redes industriales.

Tabla 4.1. Comparativa de algunos buses de campo

	AS-i	FieldBus Foundation™	ProfiBus® DP	ProfiBus® PA	ProfiBus® FMS	DeviceNet™	ControlNet™
Estándar	IEC 62026-2	IEC 61158	IEC 61158	IEC 61158-2	IEC 61158	IEC 62026-3	IEC 61158
Topología	Línea troncal. Árbol. Estrella.	Línea troncal. Estrella.	Línea troncal. Estrella. Anillo.	Línea troncal. Árbol. Estrella.	Línea troncal. Árbol.	Línea troncal con derivaciones.	Línea troncal. Árbol. Estrella. Anillo.
Longitud máxima	100 m	1,9 km	9,6 km	1,9 km	150 km	500 m	3 km. 20 km con repetidores.
Velocidad	167 kbps	31,25 kbps	12 Mbps	31,25 kbps	12 Mbps	500 kbps	5 Mbps
Medio	Dos hilos sin trenzar.	Par trenzado.	Par trenzado.	Par trenzado. Fibra óptica.	Par trenzado. Fibra óptica.	Par trenzado: *thick* y *thin*. Dos hilos sin trenzar: *flat*.	Cable coaxial. Fibra óptica.
Tiempo de respuesta	154 µs-4,7 ms	36 ms	1-5 ms	<60 ms	<60 ms	5-15 ms	2-100 ms

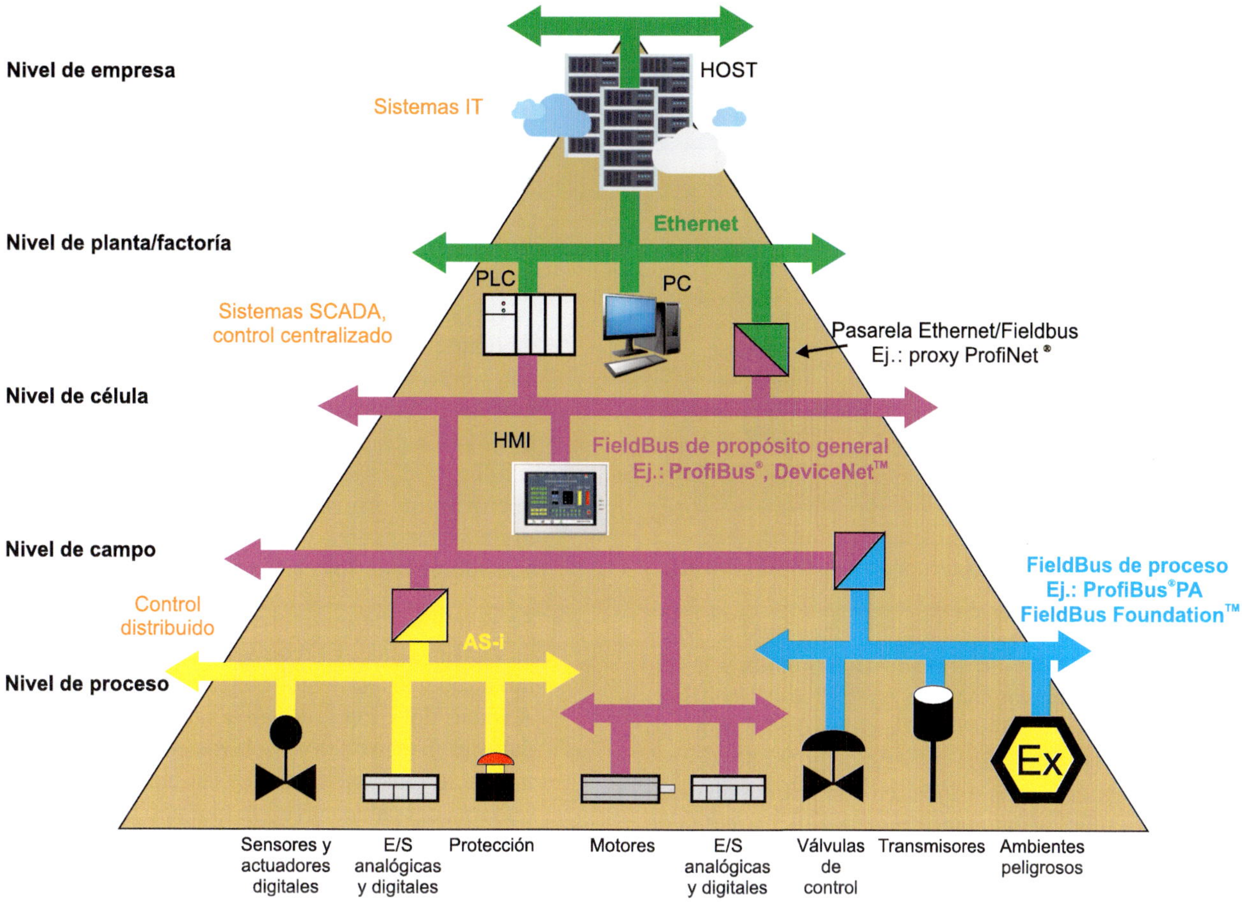

Figura 4.4. *Interconexión de redes industriales.*

Recuerda:

En las redes de empresa y planta, existe una implementación homogénea basada en Ethernet. Sin embargo, en las comunicaciones a nivel de célula, de campo y de sensores-actuadores, no existe una norma que haya alcanzado un alto grado de difusión y homogeneidad.

Todas las redes de la Tabla 4.1, a excepción de las redes DeviceNet™ y ControlNet™, utilizan un protocolo a nivel de aplicación del modelo OSI de definición propia. En el caso de las redes DeviceNet™ y ControlNet™, poseen una definición común a través de un protocolo denominado *CIP (common industrial protocol)*. La implementación de CIP en las capas superiores proporciona transparencia de comunicación entre ellas. De este modo, únicamente hay que traducir un mensaje en los niveles más bajos del modelo OSI, conservando su estructura para las capas de aplicación.

4.2. Buses de campo a nivel sensor-actuador (AS-i)

AS-i (actuador-sensor interfaz) es un bus de comunicaciones abierto, creado en 1990 para reducir el cableado que interconecta sensores y actuadores binarios (todo/nada). Aunque inicialmente se creó para señales digitales, actualmente también puede transmitir señales analógicas.

El bus AS-i es una red del tipo maestro-esclavo y se ubica en la parte más baja de la pirámide de automatización (proceso). El maestro llama secuencialmente a todos los esclavos y cada esclavo responde inmediatamente con 4 b de datos. La Figura 4.5 ilustra un ejemplo de esquema de distribución de una red AS-i en árbol. Los maestros pueden ser PLC u ordenadores situados en los niveles bajos de control o pasarelas que comuniquen la red AS-i con otras redes de nivel superior, como ProfiBus® o DeviceNet™. Las normas que rigen este estándar son la EN 50295 en Europa y la IEC 62026-2 a escala internacional.

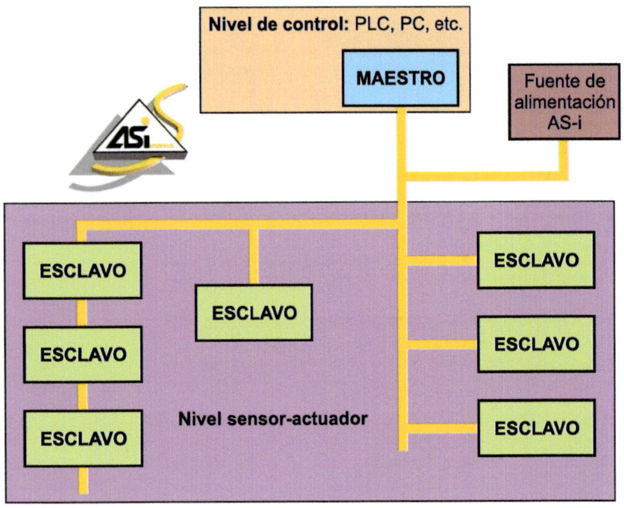

Figura 4.5. *Ejemplo de esquema de distribución de una red AS-i en árbol.*

La característica más destacada de esta sencilla red es que, por el mismo cable, se transmiten los datos y la alimentación de los esclavos (hasta 8 A). Este cable (bifiliar) está formado por dos conductores de cobre de 1,5 mm^2, no trenzado ni apantallado, y una cubierta de goma de recuperación. La conexión de los dispositivos se realiza mediante la perforación del aislamiento (Figura 4.6). La goma de recuperación permite al cable recuperar su estado original al desconectar los dispositivos. El cable es plano y de color amarillo, dispone de una protección mecánica mediante un escalón para impedir que se coloque con la polaridad cambiada.

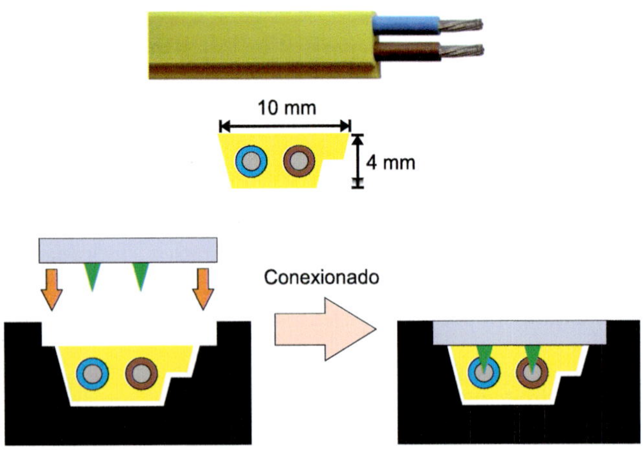

Figura 4.6. *Cable AS-i y conexionado.*

La fuente de alimentación AS-i proporciona 30 V_{DC} y hasta 8 A para alimentar a los dispositivos esclavos. Adicionalmente, pueden conectarse otras fuentes de alimentación (24 V_{DC} mediante cable negro y 230 V_{AC} mediante cable rojo) para proporcionar más corriente si es necesario.

A continuación, se resumen las características principales de la comunicación AS-i:

- Es una red optimizada para la conexión de sensores y actuadores binarios y analógicos.
- Se basa en la técnica de sondeo cíclico *(polling)* con un maestro y varios esclavos. Un maestro puede controlar hasta 31 esclavos en la especificación original, aunque este número puede llegar a 62 para la versión 2.1 del protocolo y también es ampliable mediante repetidores. Cada esclavo puede direccionar 4 entradas y 4 salidas digitales (y en el caso de más de 31 esclavos solo 3 salidas). Esto permite hasta 124 (4 entradas × 31 esclavos) sensores y 124 (4 salidas × 31 esclavos) actuadores binarios en la especificación original, y hasta 248 (4 entradas × 62 esclavos) sensores y 186 (3 salidas × 62 esclavos) actuadores binarios en la versión 2.1.
- Se compone de un cableado sencillo, económico y de fácil montaje. El montaje se realiza por desplazamiento del aislamiento (conectores autoperforantes). A través del cable, se realiza tanto el intercambio de datos el maestro y los esclavos como también la alimentación de los sensores y actuadores. La longitud máxima del cable es 100 m uniendo todos los tramos o hasta 300 m con repetidores.
- Tiene una gran flexibilidad porque admite cualquier topología de red (incluyendo topologías mixtas), con un ciclo de bus máximo de 5 ms en la especificación original y de 10 ms en la versión 2.1.
- Cumple la normativa IP20 para aplicaciones en cuadro, grado de protección IP65/67 para ambientes industriales agresivos y temperaturas de funcionamiento entre –25 °C y +85 °C.
- Alimentación a 30 V_{DC} y hasta 8 A por bus. La corriente de consumo típica de cada esclavo es de 200 mA.

4.2.1. Acceso al medio

En una red AS-i, el maestro envía una petición de datos con la dirección de un esclavo. El esclavo, identificado con esa dirección, responde dentro del tiempo previsto. En el caso de que el maestro no reciba respuesta o la respuesta sea inválida, el maestro puede repetir la petición. La Figura 4.7 ilustra el formato de una comunicación AS-i.

En una comunicación AS-i, la petición del maestro siempre dura 14 tiempos de bit y la respuesta del esclavo 7. El tiempo de bit es de 6 μs. Tras hacer una petición, el maestro se realiza una pausa para que el esclavo pueda responder. Esta

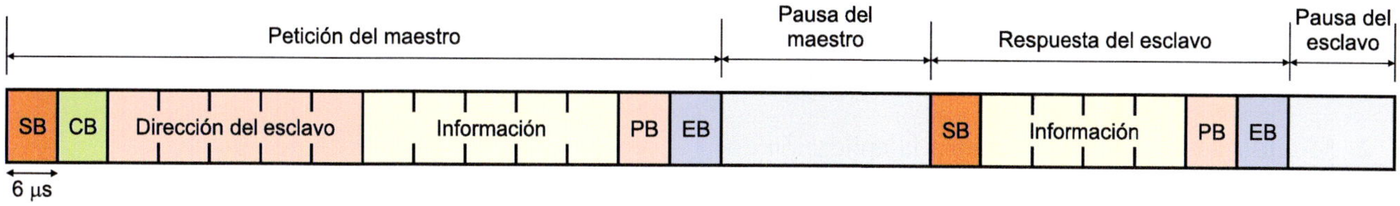

Figura 4.7. *Formato de la comunicación AS-i.*

pausa dura un mínimo de 2 tiempos de bit y un máximo de 10. Si el maestro no recibe respuesta antes de los 10 tiempos de bit, puede asumir que no habrá respuesta e iniciar la siguiente petición. Después de la respuesta del esclavo, se hace otra pausa de duración entre 1,5 y 2 tiempos de bit. Tras esta pausa, el maestro puede realizar otra petición.

La trama de petición del maestro consiste de los siguientes campos:

- **SB *(start bit)*:** indica el inicio de una petición del maestro en la red. Su valor es siempre 0.
- **CB *(control bit)*:** identifica el tipo de solicitud. Para solicitar datos o parámetros, este bit se pone a 0 y, para el envío de comandos, se pone a 1.
- **Dirección de esclavo:** especifica la dirección del esclavo al que se dirige el mensaje (5 b).
- **Información:** contiene la petición realizada (5 b).
- **PB *(parity bit)*:** utiliza para la detección de errores paridad par.
- **EB *(end bit)*:** identifica el fin de la trama de petición del maestro. Siempre tiene el valor 1.

La trama de respuesta del esclavo consiste de los siguientes campos:

- **SB *(start bit)*:** indica el inicio de una respuesta del esclavo. Siempre tiene el valor 0.
- **Información:** contiene la información solicitada por el maestro (4 b).
- **PB *(parity bit)*:** utiliza para la detección de errores paridad par.
- **EB *(end bit)*:** identifica el fin de la trama de la respuesta del esclavo. Siempre tiene el valor 1.

La versión 2.1 del estándar AS-i tiene la posibilidad de direccionar el doble de esclavos, hasta 62. Para que esto sea posible, un bit de campo de información es utilizado como bit de selección *(select bit)*. De modo que los esclavos conectados al bus son divididos en dos grupos (A y B) de 31 esclavos como máximo cada grupo. Entonces, un esclavo, además de tener una dirección, tiene la distinción tipo A o B. Se realizó de esta forma para no perder la compatibilidad con los esclavos de la versión anterior.

Los esclavos de la versión anterior pueden ser direccionados normalmente, pero cada uno ocupa dos direcciones. Para ellos, no hay una distinción entre esclavo A o B, y no reconocen el bit de selección como un bit normal de información. Los maestros, conforme a la nueva versión, tienen los medios de identificar el tipo de esclavo y enviar las solicitudes propiamente.

4.2.2. Tratamiento de errores

Una detección fiable de los errores es de gran importancia para garantizar una comunicación sin fallos a través de AS-i, dado que el cable no es blindado. Debido a que los mensajes AS-i en las comunicaciones son cortos, la detección de errores es diferente a la aplicada en otras redes de campo. La petición del maestro necesita el envío de 14 b y la respuesta del esclavo 7 b. Para no reducir la velocidad de transmisión, aumentando el número de bits de los mensajes, para la detección de fallos, se verifican las siguientes posibles causas de errores:

- Error de inicio de bit.
- Error de alternancia.
- Error de pausa.
- Error de información.
- Error de paridad.
- Error de fin de bit.
- Error de tamaño de la trama.

Cada petición del maestro y cada respuesta del esclavo son sometidas a una verificación de estos siete tipos de errores. Si alguno de ellos es detectado, la petición o respuesta es considerada inválida.

4.2.3. Montaje de un módulo AS-i

Conectar un módulo a la red AS-i es muy sencillo gracias a la técnica descrita. Los módulos constan de dos partes:

1. **Módulo de acoplamiento:** proporciona una interfaz electromecánica con el cable AS-i. La parte inferior es adecuada para su acoplamiento a un carril DIN

normalizado de 35 mm, mientras que, en la parte superior, se sitúan las cuchillas de penetración para el cable AS-i.

2. **Módulo de usuario:** proporciona la aplicación específica para la que esté destinado. Existen módulos de usuario que son simples recubrimientos del cable para la realización de bifurcaciones, hasta otros que integran un chip AS-i para la conexión de sensores y actuadores. En estos casos, el módulo de usuario también tiene led de diagnóstico y un conector circular para la programación de la dirección.

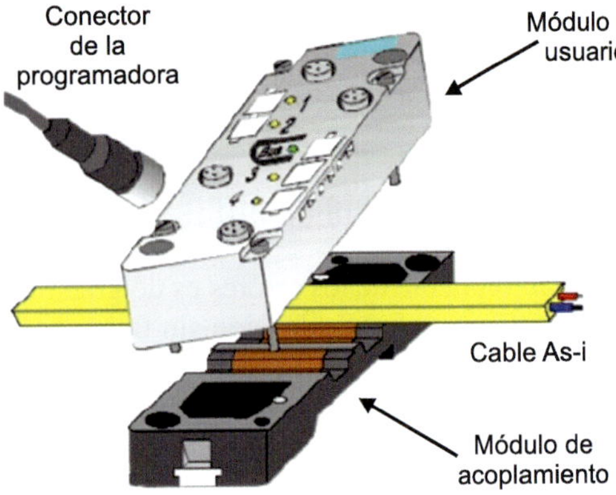

Figura 4.8. *Montaje de un módulo AS-i.*

La Figura 4.8 ilustra el montaje de un módulo AS-i. En primer lugar, se inserta el cable de AS-i en el hueco guía del módulo de acoplamiento, que gracias a su geometría evita la inversión de polaridad. Después, se coloca y atornilla el módulo de usuario. Al atornillar el módulo de usuario, se presiona el cable de AS-i contra las cuchillas de contacto. Estas cuchillas penetran en los aislamientos de plástico hasta llegar a los hilos de cobre internos y garantizar una conexión segura. Si el montaje se realiza correctamente, el grado de protección del módulo es IP67.

El revestimiento externo del cable AS-i tiene una propiedad de sellado o protección, es decir, se cierra el revestimiento cuando se desconecta el módulo. Es evidente que los revestimientos permanecen perforados, pero no se ve el corte realizado longitudinalmente por las cuchillas y no presenta riesgo de cortocircuito.

El maestro y los esclavos de una red AS-i deben tener asignada una dirección, esta dirección puede establecerse de tres formas diferentes:

1. Conexión directa de una programadora (Figura 4.9) en el esclavo. La programadora se conecta a los módulos AS-i mediante un conector circular M12.
2. Conexión de la programadora en el propio bus AS-i.
3. Programando un bloque de función especial en el propio autómata programable.

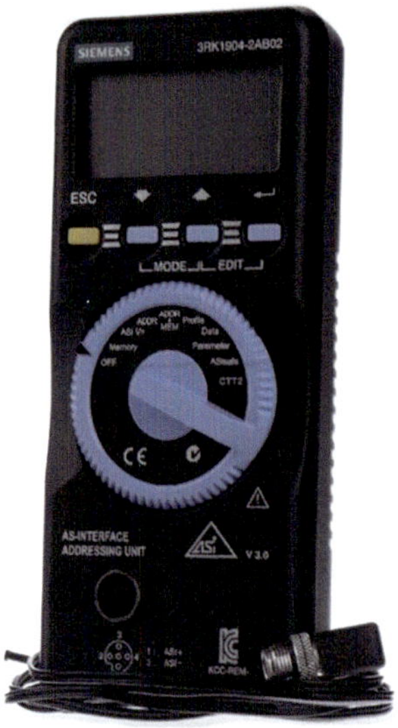

Figura 4.9. *Programadora de direcciones de los módulos AS-i.*

4.2.4. Módulos pasarela AS-i

En muchas instalaciones industriales, es necesario combinar una red AS-i con otros tipos de redes, como por ejemplo ProfiBus®, Ethernet, etc. Para ello, se comercializan módulos de usuario que incorporar los circuitos electrónicos adecuados para convertir la red AS-i en un simple nodo de comunicaciones. Este nodo de comunicaciones realiza las funciones de pasarela *(gateway)* entre la red AS-i y otra red de control o de datos jerárquicamente superior. Algunos ejemplos típicos de este tipo son las pasarelas AS-i/ ProfiBus®, AS-i/InterBus y AS-i/Ethernet.

4.3. Buses de campo y proceso (ProfiBus®)

ProfiBus® *(process field bus)* es un bus de campo abierto que se utiliza en las aplicaciones más bajas de la pirámide de automatización (proceso y campo). Las normas que rigen este estándar son: la EN 50170 en Europa y la IEC 61158 a escala internacional.

Nace de un proyecto de investigación de varias empresas y cinco institutos de investigación alemanes en 1987 y se convierte en estándar europeo en 1996. ProfiBus® es líder mundial en buses de campo con aproximadamente 260 fabricantes y con más de 1900 productos diferentes. Las actividades de mejora de este bus son promovidas por dos asociaciones: PI (ProfiBus Internacional) y PNO (organización de usuarios de ProfiBus). La PNO ha establecido una certificación cualificada de los sistemas mediante test de interoperabilidad. Los laboratorios de test están establecidos tanto en Europa como en los Estados Unidos. Cada producto certificado aparece en la guía de productos Profibus® con su número de certificado.

ProfiBus® puede utilizarse en aplicaciones críticas de alta velocidad con cantidades de datos pequeñas y medianas. Algunas características de este bus son:

- **Velocidad de transmisión:** desde los 9,6 kbps hasta los 12 Mbps.
- **Número máximo de dispositivos:** 127 (32 sin utilizar repetidores). Los repetidores dividen la red en segmentos y permiten ramificar la red y exceder su longitud máxima. Los dispositivos pueden ser maestros (estaciones activas) o esclavos (estaciones pasivas).
- **Longitud máxima de la red:** varía en función del medio físico utilizado, hasta 9,6 km con medio eléctrico (cable a dos hilos trenzado o apantallado) y hasta 150 km con fibra óptica.
- **Medio de acceso:** híbrido (maestro-esclavo y paso de testigo entre dispositivos maestros). En la Figura 4.10, se representa el esquema de comunicaciones de este medio de acceso híbrido.

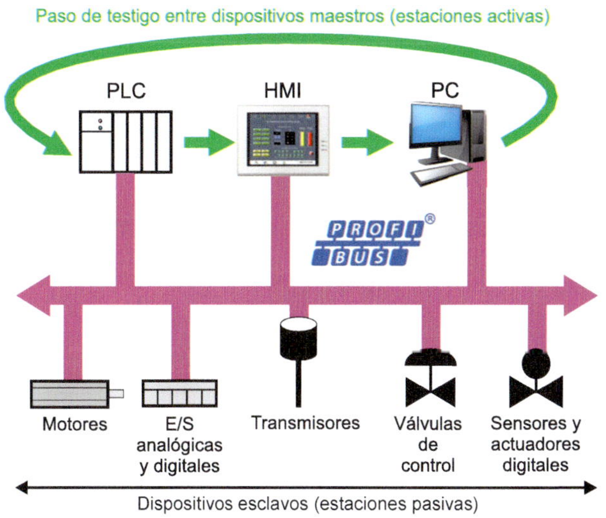

Figura 4.10. *Esquema de comunicaciones de ProfiBus®.*

ProfiBus® puede usarse tanto para transmisión de datos en tiempo real a alta velocidad como para tareas de comunicación extensas y complejas. Esta versatilidad viene dada por las tres versiones compatibles que componen la familia:

- **ProfiBus® DP (periferia descentralizada):** está diseñado para la comunicación rápida con unidades periféricas descentralizadas de entrada y salida en procesos de manufactura. Permite la transferencia de pequeñas cantidades de datos y es *plug and play*. En general, una red ProfiBus® DP consta de un maestro y varios esclavos. El maestro inicia un intercambio de datos de forma cíclica con los esclavos. ProfiBus® DP trabaja en los niveles 1 y 2 del modelo OSI y usa las especificaciones de la norma física RS-485.
- **ProfiBus® PA (automatización de procesos):** es la ampliación de ProfiBus® DP con una tecnología apta para ambientes peligrosos y con riesgo de explosión (zonas denominadas *ex*). Está definida en la norma IEC 1158-2, que permite la conexión de sensores y actuadores a una línea de bus común en áreas especialmente protegidas.
- **ProfiBus® FMS (especificación de mensajes de campo):** está diseñado para un gran número de aplicaciones y comunicaciones al nivel de célula, donde ordenadores y PLC se comunican entre sí. Se usa en comunicaciones de propósito general, supervisión, configuración, etc., donde la transmisión de datos es grande (programas y bloques de datos). El intercambio de datos es acíclico, con tiempos no críticos. Se implementa en el nivel 7 del modelo OSI y está basado en una estructura cliente-servidor. Hoy en día, esta versión está siendo desplazada por el uso creciente de Ethernet y TCP/IP.

En resumen, ProfiBus® FMS es para aplicaciones multimaestro y las aplicaciones ProfiBus® DP y PA son monomaestro. ProfiBus® FMS utiliza el método de acceso al medio de paso con testigo *(token bus)*, mientras que ProfiBus® DP y PA utilizan el método de acceso al medio por sondeo *(polling)*. Los dispositivos maestros son equipos inteligentes o estaciones activas y son los que controlan la red. Los maestros van interrogando a cada uno de sus esclavos. Los dispositivos esclavos son estaciones pasivas, como módulos de entrada y salida. Aunque también puede conectarse a la red como esclavo un PLC, que espera a ser interrogado por el maestro, ya que los esclavos no tienen la potestad de iniciar la comunicación. La Figura 4.11 muestra la estructura de una pirámide de automatización basada en las diferentes versiones de ProfiBus®.

El estándar ProfiBus® está orientado al modelo de referencia OSI *(open system interconnection)* acorde con el estándar internacional ISO 7498. De las siete capas del modelo de referencia OSI, ProfiBus® FMS implementa tres (niveles 1, 2 y 7) y ProfiBus® DP y PA implementan dos (niveles 1 y 2).

El nivel 2 de ProfiBus®, denominado *FDL (fieldbus data link)* implementa el control de acceso al bus y la seguridad en los datos. El nivel 7 de ProfiBus® FMS se compone de

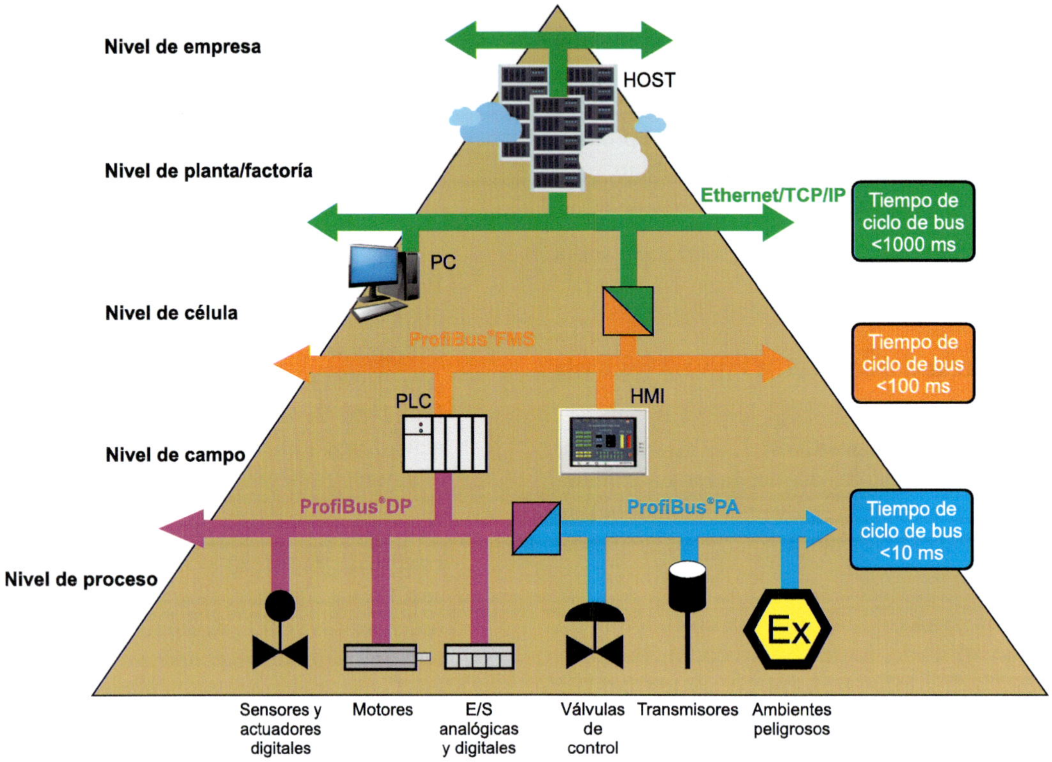

Figura 4.11. *Estructura de una pirámide de automatización basada en las diferentes versiones de ProfiBus®.*

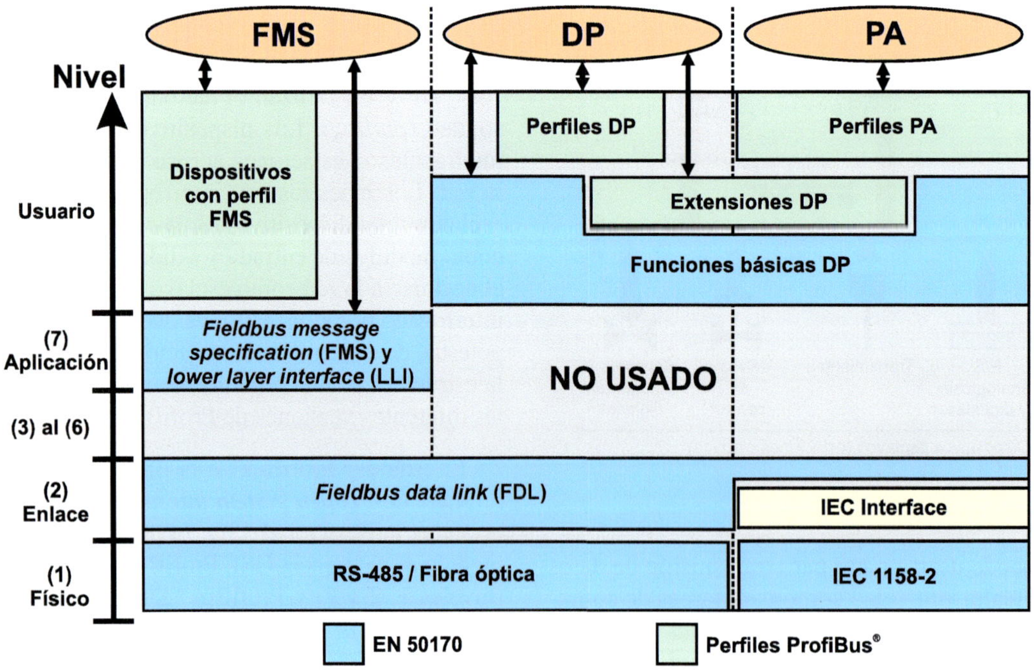

Figura 4.12. *Arquitectura del protocolo ProfiBus®.*

FMS *(fieldbus message specification)* y LLI *(lower layer interface)*. FMS contiene el protocolo de aplicación y proporciona al usuario una amplia selección de potentes servicios de comunicación. LLI implementa las distintas relaciones de comunicación y proporciona a FMS, con independencia del dispositivo, un acceso al nivel 2.

En la Figura 4.12, se observa la arquitectura del protocolo ProfiBus®, así como las capas que implementa cada versión. En la arquitectura, se ha añadido un nuevo nivel, nivel de usuario, donde se especifican las funciones de aplicación que están disponibles para el usuario, así como el comportamiento del sistema y de los distintos tipos de dispositivos ProfiBus®.

4.3.1. Cableado y conectores

ProfiBus® admite topología en bus, árbol, estrella y anillo, aunque la topología típica es la de bus. En este tipo de redes, deben utilizarse resistencias terminadoras en los dispositivos que están al principio y final de la red para mantener la impedancia de la línea. Los conectores de ProfiBus® ya llevan dicha resistencia y, con un interruptor, puede conectarse o desconectarse la resistencia terminadora (Figura 4.13).

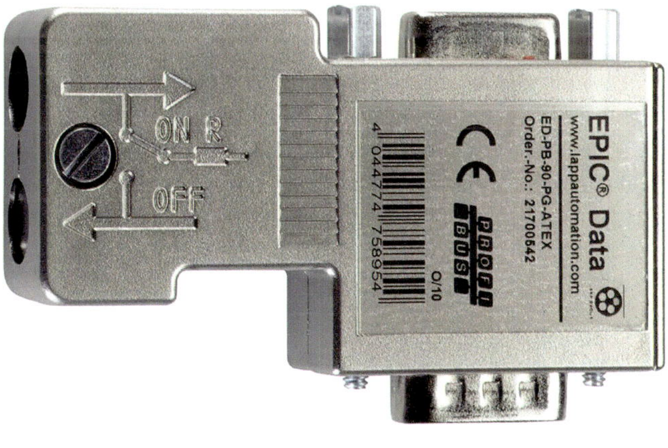

Figura 4.13. *Conector ProfiBus® con resistencia terminadora.*

El cable para ProfiBus® es de par trenzado apantallado de color morado, con diferentes recubrimientos según el ambiente. Los conectores son derivadores que disponen de dos bocas, una para el cable de entrada y otra para el de salida hacia otro dispositivo. En el caso de ser un extremo del bus, solo se conecta el cable de entrada y se pone en *ON* la resistencia terminadora, tal y como se aprecia en la Figura 4.14.

La red ProfiBus® utiliza un conector tipo D de 9 contactos. La Tabla 4.2 muestra la relación entre el número de pin y su función.

Figura 4.14. *Conexión del cable ProfiBus® para el extremo del bus.*

Tabla 4.2. Relación de las señales y pines del conector ProfiBus®

N.º de pin	Señal	Descripción
1	-	Malla de protección
2	-	-
3	Data+	TxD o RxD positivo
4	-	-
5	GND	Masa de referencia
6	+5 V	Positivo de alimentación
7	-	-
8	Data+	TxD o RxD negativo
9	-	-

Cuando se utilizan repetidores para dividir la red en segmentos, hay que tener en cuenta que los repetidores son tratados como dispositivos de la red. Por ejemplo, en la Figura 4.15, se muestra una topología en árbol, donde el segmento tres tiene conectado 4 repetidores, por tanto, en ese segmento, pueden conectarse como máximo 28 dispositivos maestros o esclavos.

4.3.2. Acceso al medio

En una red ProfiBus®, el acceso al medio se realiza en función de la combinación de dos métodos de acceso: paso de testigo *(token bus)*, definido en la norma EN 50170, para comunicación entre estaciones maestras, y maestro-esclavo *(master-slave)* para sistemas descentralizados. Con este método de acceso, se satisfacen dos requisitos imprescindibles en un bus de campo:

1. Garantiza que, durante la comunicación entre maestros, cada una de las estaciones tiene tiempo suficiente para ejecutar sus tareas de comunicación en un intervalo de tiempo definido con precisión.

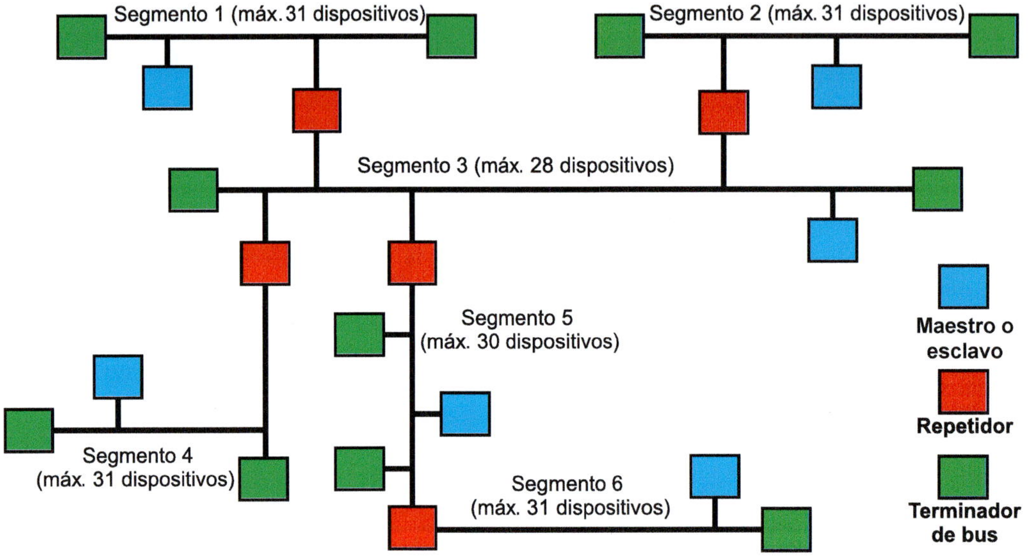

Figura 4.15. *Ejemplo de red en árbol con ProfiBus®.*

2. Transmisión de datos en tiempo real, cíclica, rápida y simple para la comunicación entre maestros y esclavos.

El método de acceso al medio es independiente del medio de transmisión. Las estaciones activas tienen un orden definido por la dirección configurada. El testigo o *token* se pasa de una estación activa a la siguiente en orden numérico ascendente de dirección de estación. La estación con dirección más alta pasará el testigo a aquella con menor dirección, cerrándose de este modo el anillo lógico. Cada una de las estaciones conoce la estación previa (PS o *previous station*) de la que recibe el testigo, la próxima estación (NS o *next station*) a la que pasará el testigo y su propia dirección (TS o *this station*). Estas direcciones se almacenan en una lista de estaciones activas (LAS o *list of active stations*). La lista de estaciones activas se genera en la fase de escucha después del arranque de la CPU y se actualiza dinámicamente. En la Figura 4.16, se ilustra el proceso de paso de testigo en una red con cuatro estaciones activas.

El método de acceso al medio entre las estaciones maestras y los dispositivos de E/S esclavos es por sondeo *(polling)*. El protocolo de comunicación permite a las estaciones maestras enviar mensajes y leer mensajes de los esclavos. Únicamente la estación maestra que tenga el acceso (posesión del *token*) podrá comunicarse con sus estaciones esclavas.

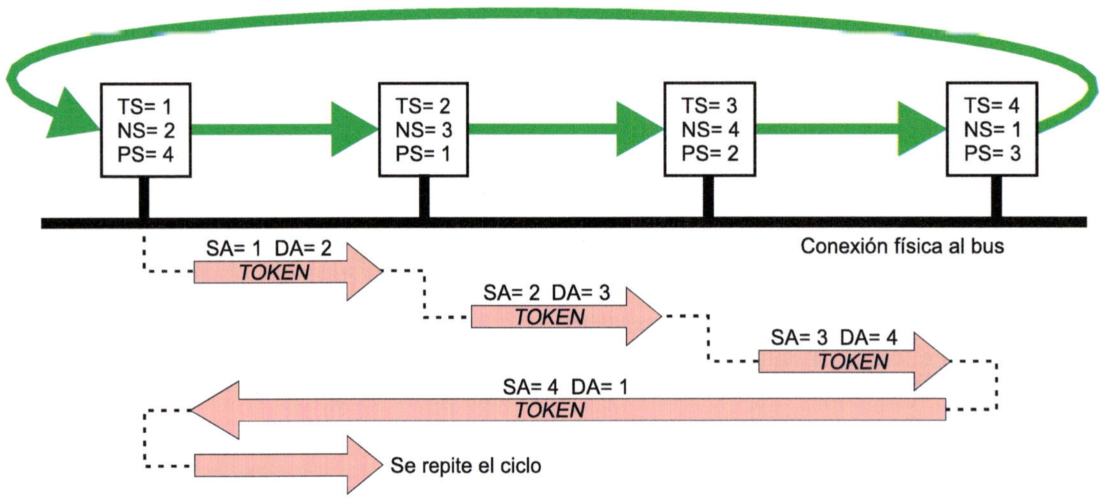

Figura 4.16. *Ejemplo de paso de testigo en una red con cuatro estaciones activas.*

ProfiBus® DP y FMS emplean un protocolo de acceso al bus que se implementa en el nivel de enlace datos, denominado *FDL (fieldbus data link)*. FDL permite la transmisión de datos punto a punto, comunicaciones tipo *broadcast* (mensaje para todas las estaciones del bus) y *multicast* (mensaje para un grupo determinado de estaciones del bus).

Todas las tramas elaboradas por FDL están compuestas por un cierto número de caracteres UART *(universal asynchrionous receiver/transmitter)*. Estos caracteres se envían en serie de forma asíncrona, y cada uno de ellos consta de 11 b distribuidos como muestra la Figura 4.17.

SB	B0	B1	B2	B3	B4	B5	B6	B7	PB	EB

Figura 4.17. *Formato de los caracteres de las tramas.*

El formato de los caracteres consiste de los siguientes campos:

- **SB *(start bit)*:** indica el inicio. Su valor es siempre 0.
- **B0 a B7:** corresponden a los bits de información.
- **PB *(parity bit)*:** utiliza para la detección de errores paridad par.
- **EB *(end bit)*:** identifica el bit de parada. Siempre tiene el valor 1.

Los principales tipos de tramas de mensaje están referidos a asignación de parámetros, configuración, diagnóstico, comandos de control y datos de usuario. Existe una trama de cabecera, la cual será configurada de una forma u otra por el protocolo dependiendo del tipo de mensaje al que corresponda. La estructura de la trama cabecera se representa en la Figura 4.18.

SYN	SD	LE	LEr	SD	DA	SA	FC	DAT UNIT	FCS	ED

Figura 4.18. *Formato de la trama cabecera.*

La trama cabecera está formada por los siguientes campos:

- **SYN *(synchronization bytes)*:** bytes de sincronización.
- **SD *(start delimiter)*:** delimitador inicial.
- **LE *(frame lenght)*:** longitud de la trama (11 b).
- **LEr *(repetition of the frame lenght)*:** repetición de la longitud de la trama (11 b).
- **DA *(destination address)*:** dirección de destino (22 b).
- **SA *(source address)*:** dirección de origen (fuente).
- **FC *(function code)*:** código de función.
- **DAT UNIT *(data unit)*:** campo de datos, hasta un máximo de 246 B.
- **FCS *(frame check sequence)*:** secuencia de comprobación de trama (11 b).
- **ED *(end delimiter)*:** delimitador final (11 b).

4.3.3. Tratamiento de errores

El nivel 2 de ProfiBus® asegura una alta integridad en los datos. Utiliza el método de corrección de errores hacia delante, en concreto códigos bloque con distancia de Hamming, *Hd = 4,* que permite detectar tres bits erróneos y corregir uno. Esto se consigue gracias a los delimitadores especiales de inicio y final (SD y ED) y a un bit de paridad por octeto, como se define en el estándar internacional IEC 60870-5-1.

Además, se comprueba la recepción del bit de parada *(framing)* y que no se ha producido sobreescritura de caracteres *(overrun)*.

4.4. Red de comunicación industrial (ProfiNet®)

ProfiNet® nace como una continuación de ProfiBus®. Parte de la experiencia con ProfiBus® y añade las ventajas de las redes Ethernet. Proporciona comunicación en tiempo real y constituye un completo estándar abierto de Ethernet Industrial.

Hasta la aparición de ProfiNet®, las redes industriales basadas en Ethernet no alcanzaron el éxito por dos aspectos fundamentales:

1. Imposibilidad de disponer de dispositivos de entradas y salidas descentralizados.
2. Falta de determinismo, es decir, conocer con seguridad un rango de tiempo en el que va a producirse el envío de información. La técnica CSMA/CD de Ethernet (detección de choques en el medio compartido) es por sí misma una técnica no determinística. Además, el cálculo de choques en el cable solo puede realizarse de forma probabilística, por lo que era imposible determinar una latencia máxima.

Con la aparición de los conmutadores *(switches)*, desapareció el problema de las colisiones, pero, a su vez, añadía el problema del *buffering*. En los conmutadores, los paquetes entran en una cola FIFO *(first input first output)* y el tiempo que estará un paquete en el conmutador depende del tráfico. Solo podía calcularse el tráfico de forma probabilística.

ProfiNet® soluciona la falta de determinismo creando un sistema de prioridad para los datos dentro de estas colas FIFO. Debe tenerse presente que, en estas redes, al conectarse a Ethernet, se manejan todo tipo de datos, desde industriales hasta ofimáticos. Al priorizarse los datos industriales, puede establecerse un tiempo de comunicación. Resuelto el determinismo, se crearon dispositivos de E/S descentralizados. Como es de imaginar, muchos módulos de E/S son compatibles con ProfiNet® y ProfiBus®, lo único que cambia es la interfaz de comunicación.

Actualmente, ProfiNet® constituye el estándar de comunicación más utilizado en redes de automatización. Se encuentra apoyado por la asociación PI *(profinet y profibus international)* y por los estándares IEEE 802.3, TCP/IP, IEEE 802.11, etc. Proporciona una solución integral ya que cubre todos los niveles de la pirámide de automatización (Figura 4.19).

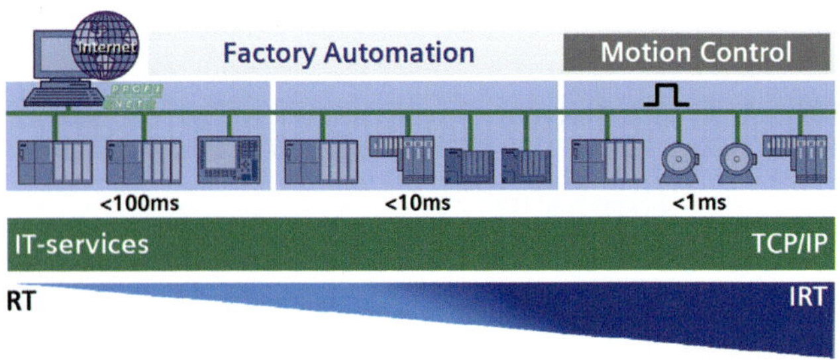

Figura 4.19. *ProfiNet® es una solución integral (cortesía de Siemens).*

Partiendo de una conectividad básica, como es Ethernet, ProfiNet®, mediante una interpretación específica de los datos transmitidos, crea nuevas funcionalidades denominas *perfiles de utilidad.* Estos perfiles de utilidad, como ProfiSafe o ProfiEnergy, corresponden al nivel 7 (aplicación) del modelo OSI. En el caso de ProfiSafe, se transmiten datos de seguridad *(safety)* y, en el caso de ProfiEnergy, datos y comandos para el ahorro y control energético.

Por el hecho de utilizar Ethernet, abre inmensas posibilidades de comunicación con las tecnologías de información (IT), como acceso remoto, servicios web, actualización de *software,* etc. Por ejemplo, conectar un PLC mediante Ethernet permite realizar su diagnóstico desde cualquier ordenador, basta con poner su dirección en un navegador de internet. Además, para garantizar la seguridad, podría accederse a los dispositivos a través de conexiones seguras como VPN *(virtual private network).*

4.4.1. Tipos de comunicación

ProfiNet® divide los servicios de comunicación en tres clases de tiempo real o RTC *(real time class):*

- **RTC1-Standard TCP/IP (NRT):** se utiliza para funciones no deterministas, como servicios web, programación, datos de proceso transmisiones de vídeo/audio, transferencia de datos a sistemas IT de nivel superior, etc. Utiliza las capas TCP/IP.
- **RTC2-Real Time (RT):** se implementa el protocolo sobre el subnivel MAC *(medium access control)* de la capa de red, las capas TCP/IP no son utilizadas para obtener determinismo, pero no isócrono (ritmo constante). Funciona con unos tiempos de retardo en torno a 10 ms, adecuado para aplicaciones típicas de E/S, incluyendo control de movimiento. ProfiNet®/IO está enmarcado dentro de esta RTC.
- **RTC3-Isochronous Real Time (IRT):** se distingue por utilizar protocolos de sincronización entre los distintos dispositivos de la red. Proporciona una sincronización de alta precisión y solo es posible con un *hardware* especial. No se centra únicamente en el tiempo de respuesta del sistema, si no en las desviaciones temporales *(jitter)* de estas respecto a un ciclo. Las velocidades de ciclo en rangos de submilisegundos son posibles, con *jitter* inferiores a 1 μs. ProfiNet®/IRT está enmarcado dentro de esta RTC.

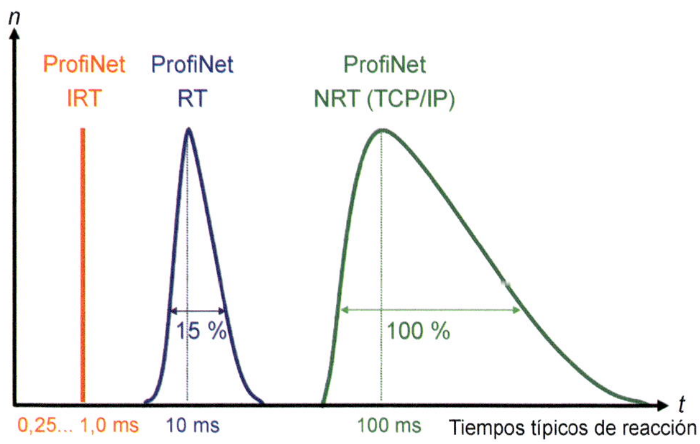

Figura 4.20. *Clases de tiempo real o RTC de ProfiNet®.*

Existen varios protocolos definidos dentro del contexto ProfiNet®. A continuación, se enumeran estos protocolos junto con su uso concreto:

- **ProfiNet®/CBA:** protocolo asociado a las aplicaciones de automatización distribuida en entornos industriales.
- **ProfiNet®/DCP:** protocolo basado en la capa de enlace, que se utiliza para configurar nombres de dispositivos y direcciones IP (descubrimiento y configuración

básica). Se restringe a una red y se usa principalmente en aplicaciones pequeñas o medianas que no disponen de un servidor DHCP.

- **ProfiNet®/IO:** protocolo para comunicaciones con periferias descentralizadas.
- **ProfiNet®/MRP:** protocolo para la redundancia de medios. Utiliza los principios básicos para la reestructuración de las redes en caso de sufrir un fallo cuando la red posee una topología en anillo. Este tipo de protocolo es utilizado en redes en las que la disponibilidad ha de ser máxima.
- **ProfiNet®/MRRT:** protocolo para la redundancia de medios para ProfiNet® /RT.
- **ProfiNet®/PTCP:** protocolo de control de precisión de tiempo basado en la capa de enlace, para sincronizar señales de reloj/tiempo en varios PLC.
- **ProfiNet®/RT:** protocolo para la transferencia de datos en tiempo real.
- **ProfiNet®/IRT:** protocolo para la transferencia de datos isócrono en tiempo real.

4.4.2. Identificación de una red ProfiNet®

Una red ProfiNet® se define por los mismos parámetros que una red Ethernet, ya que cumple con su estándar. A diferencia de ProfiBus®, en ProfiNet®, no es suficiente con asignar una dirección, si no los siguientes parámetros:

- **Dirección IPv4:** con su máscara de subred para identificar a un nodo dentro de una red.
- **Dirección MAC *(media access control)*:** que identifica de forma univoca a un dispositivo. Está formada por 48 b distribuidos en 6 bloques de 2 caracteres hexadecimales. Por ejemplo, 00:1B:44:11:3A:B7. Esta dirección es única y ningún otro dispositivo puede llevarla. Se encuentra grabada en el propio dispositivo. Los primeros 24 b identifican al fabricante y los últimos 24 b al dispositivo.
- **Nombre de dispositivo *(device)*:** que es puesto por el técnico cuando se realiza la configuración y que lo identifica de forma clara en la red.

4.4.3. Cableado y conectores

ProfiNet® admite cualquier cable utilizado para una red Ethernet y conectores RJ-45. Sin embargo, como ProfiNet® solo utiliza cuatro de los ocho conductores (Tabla 4.3), existe un cable específico para ProfiNet® de cuatro hilos (dos pares) que alcanza Cat 5E. En este caso, solo se usan las señales de recepción y de transmisión.

Tabla 4.3. Señales utilizadas en ProfiNet®

Señal	Color
Dato de transmisión +	Amarillo
Dato de transmisión –	Naranja
Dato de recepción +	Blanco
Dato de recepción –	Azul

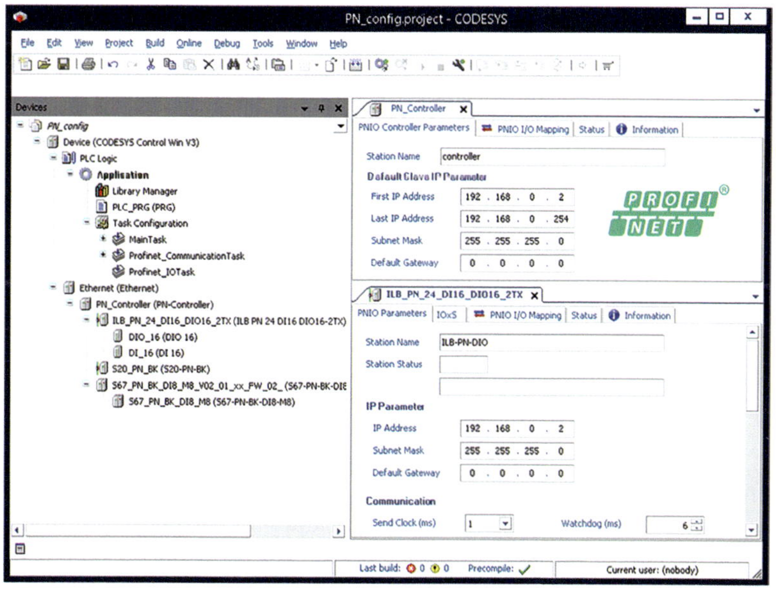

Figura 4.21. *Identificación de un dispositivo en una red ProfiNet® con el* software *de CODESYS.*

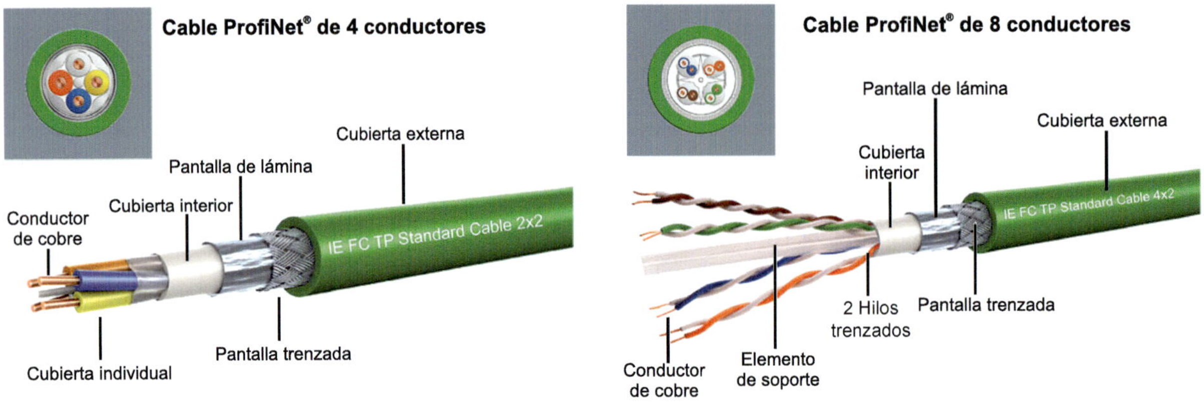

Figura 4.22. *Cables estándar para ProfiNet®.*

Además, suele usarse un conector más robusto (RJ-45 industrial), con el fin de poder trabajar en ambientes industriales.

Figura 4.23. *Aspecto de un conector RJ-45 industrial.*

4.4.4. Acceso al medio

ProfiNet® emplea el método CSMA/CD *(carrier sense multiple access with collision detection)* como control de acceso al medio. Esto es, el dispositivo monitorea el canal para detectar la presencia de una señal de datos y, si no la hay, transmite los datos. Si se produce una colisión, todos los dispositivos dejan de enviar y lo intentan después de un tiempo de espera aleatorio.

La Figura 4.24 representa la arquitectura del protocolo ProfiNet® para los tres servicios de comunicación. En la arquitectura, se observa como, en el servicio IRT, solo es posible mediante la implementación de un *hardware* especial.

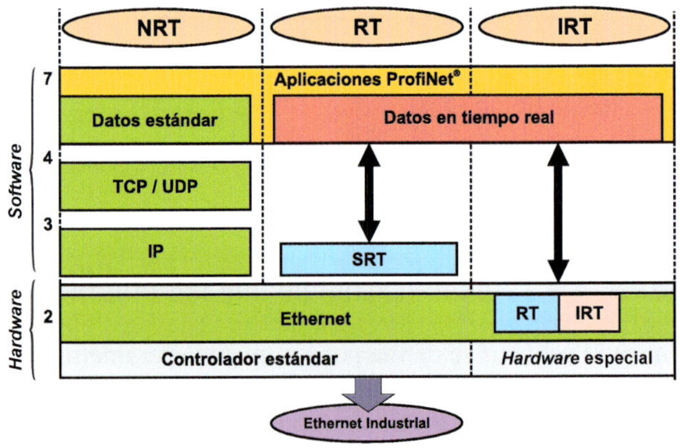

Figura 4.24. *Arquitectura del protocolo ProfiNet®.*

Para asegurar las tasas de transferencia de los elementos de red con independencia de los flujos de datos NRT *(non real-rime),* se aplica la priorización de las tramas dentro de la red atendiendo a los estándares IEEE 802.1Q y IEEE 802.1D. Gracias a estos estándares, es posible marcar como prioritarios ciertos paquetes dentro de una red Ethernet. Los dispositivos que cumplen este estándar utilizan diferentes colas para el tráfico según su prioridad. Se especifican 8 niveles de prioridad, del 0 (menos prioritario) al 7 (más prioritario). Por ejemplo, ProfiNet®/RT tiene prioridad 6 y ProfiNet®/IRT tiene prioridad 7.

Para indicar la prioridad, IEEE 802.1Q añade 4 B al encabezado Ethernet original. El valor del campo Tipo/Longitud se pone al valor fijo 0x8892 para señalar el cambio en el formato de la trama. Debido a que con el cambio del encabezado se cambia la trama, IEEE 802.1Q fuerza a recalcular el campo FCS. La información específica de ProfiNet® se encapsula dentro del campo de datos de la trama Ethernet. La Figura 4.25 ilustra el formato de la trama Ethernet con los datos de ProfiNet®.

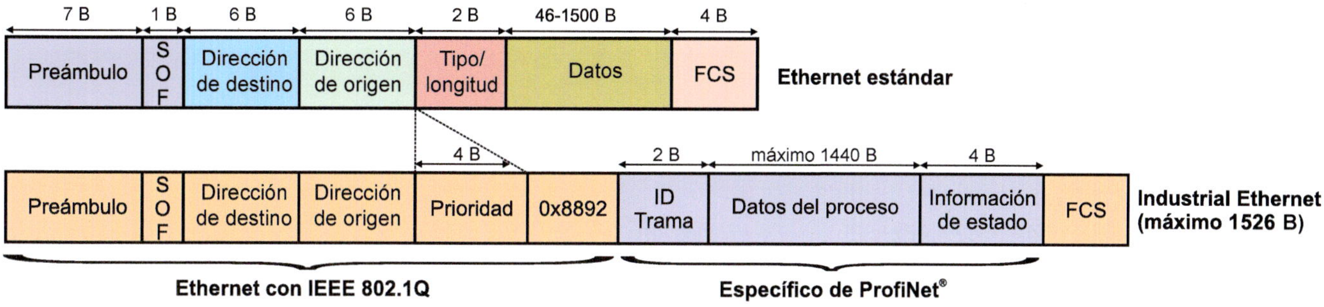

Figura 4.25. *Formato de la trama Ethernet en una red ProfiNet®.*

4.5. Tecnologías inalámbricas en redes industriales

Las **tecnologías inalámbricas** empiezan a cobrar protagonismo en la industria gracias a las ventajas y comodidades que proporcionan (principalmente sencillez de despliegue y reducción de costes). La proliferación de dispositivos móviles como tabletas, *smartphones,* etc., está influenciando, en entornos industriales, al modo de acceder a la información del proceso industrial.

Algunas tecnologías inalámbricas, como la telefonía móvil, permiten acceder a las redes industriales desde el exterior. Además, las tecnologías inalámbricas permiten conectar a la red principal de comunicaciones los equipos en movimiento, que, de otro modo, no sería posible o solo podrían implementarse con poca eficiencia.

En una red inalámbrica, los datos de producción y de servicio están disponibles prácticamente en toda la fábrica. Estos datos pueden ser consultados *online* en cualquier momento mediante acceso restringido y, en ocasiones, realizar modificaciones de manera remota y rápida.

Los sistemas de control industrial demandan ciertos requisitos de seguridad y robustez que las comunicaciones inalámbricas deben cumplir para contemplar su uso. Los principales requisitos son:

- Comunicación fiable y robusta.
- Funciones avanzadas de seguridad.
- Configuración y funcionamiento similares a las herramientas de automatización habituales.
- Comportamiento en tiempo real y determinista.
- Resistentes a ambientes extremos (gran rango de temperatura, humedad, etcétera).
- Convivencia con las tecnologías inalámbricas existentes (sin interferencias).
- Bajo consumo de energía, para ciertas áreas de aplicación.

Las principales tecnologías inalámbricas que pueden aplicarse en entornos industriales son: Wi-Fi, Trusted Wireless, Bluetooth, Zigbee, WirelessHART, WiMAX y telefonía móvil. La Tabla 4.4 lista las características principales de estas tecnologías inalámbricas.

4.5.1. Wi-Fi

Es la red inalámbrica más utilizada para el intercambio de datos, tanto en el sector industrial (IWLAN) como en el sector corporativo (WLAN). Dentro de las instalaciones industriales, es común el uso de Wi-Fi en los centros de control para adquisición, monitorización y configuración. También es posible encontrarlo a nivel de campo para control de acciones críticas en tiempo. Tiene un alcance de 50 m (5 GHz) a 200 m (2,4 GHz), aunque puede ser mayor si es en línea recta visible.

Hay una alta disponibilidad de dispositivos, aunque, en ocasiones, es necesario utilizar soluciones particulares (*software* propietario) o realizar un estudio de frecuencias antes de llevar a cabo el despliegue.

Figura 4.26. *Punto de acceso a una red Wi-Fi industrial o IWLAN.*

Tabla 4.4. Características principales de las tecnologías inalámbricas usadas en la industria

Tecnología	Norma	Banda	Alcance	Velocidad (máx.)	Aplicación
Wi-Fi IWLAN	IEEE 802.11	2,4 y 5 GHz	200 m	300 Mbps	Ethernet a alta velocidad.
Trusted Wireless	Propietaria	2,4 GHz	Varios km	500 kbps	Señales E/S analógicas y digitales. Datos serie RS-232/485.
Bluetooth	IEEE 802.15.1	2,4 GHz	100 m	50 Mbps	Señales E/S analógicas y digitales. Datos serie RS-232/422/485. Datos Ethernet.
Zigbee	IEEE 802.15.4	868, 915 y 2400 MHz	Corto	250 kbps	Periféricos, sensores, etc.
WirelessHART	IEEE 802.15.4	2,4 GHz	228 m	250 kbps	Señales HART analógicas.
WiMAX	IEEE 802.16	2,5 a 5,8 GHz	70 km	100 Mbps móvil. 1 Gbps de datos fija.	Datos Ethernet de alta velocidad.
GSM	3GPP	850, 900, 1800 y 1900 MHz	Sin límite	210 kbps	Señales E/S analógicas y digitales. Datos serie RS-232. Datos Ethernet. Señalización de alarmas.
3G	3GPP	900 y 2100 MHz	Sin límite	7,2 Mbps	Datos Ethernet de alta velocidad. Señalización de alarmas.

Recuerda:

El ancho de banda de una conexión Wi-Fi se divide entre el número de dispositivos conectados a ella. Para aumentar el ancho de banda se añaden más puntos de acceso a la red. Para evitar interferencia entre ellos se les asignan canales diferentes y se recomienda usar los canales más distanciados en frecuencia.

La tecnología Wi-Fi permite el cifrado de las comunicaciones. Para ello, se han utilizado diversos métodos, que han ido evolucionando para subsanar las debilidades que iban apareciendo con el paso del tiempo.

En las redes WLAN, pueden encontrarse distintas configuraciones y topologías, en función de cómo estén distribuidos los dispositivos remotos y los puntos de acceso. Las más usadas son: *ad hoc* e infraestructura.

- **Red *ad hoc* (o de modo independiente):** es una red punto a punto que se configura de acuerdo con las necesidades temporales de un servicio (Figura 4.27). Solo necesitan configurarse los nodos móviles y usar un protocolo común sin contar con el apoyo de elementos auxiliares como puntos de acceso (AP).

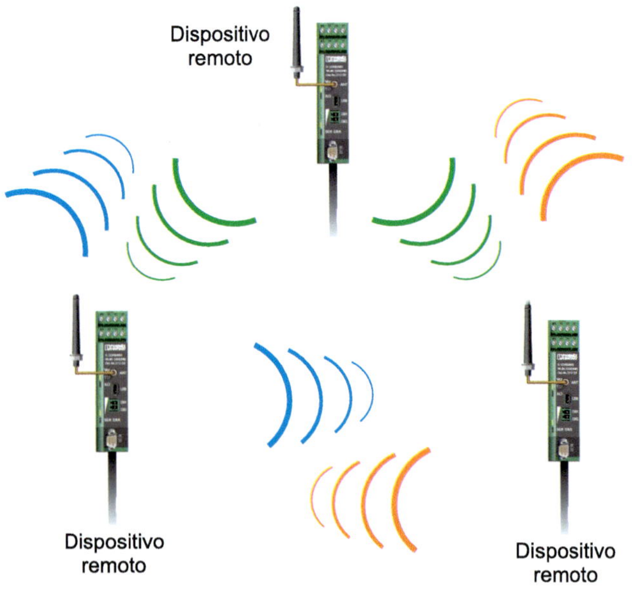

Figura 4.27. *Estructura de una red* ad hoc.

- **Red infraestructura:** es una red en la que uno de los nodos es un punto de acceso (Figura 4.28). Los nodos no se comunican entre sí directamente, sino que se realiza siempre a través del punto de acceso. Es la topología más usada.

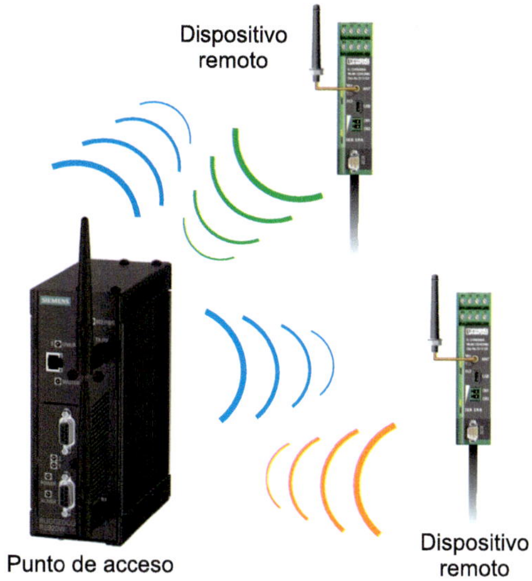

Figura 4.28. *Estructura de una red infraestructura.*

4.5.2. Trusted Wireless

Es una tecnología desarrollada específicamente para ser usada en sistemas de control industrial. Proporciona unas comunicaciones robustas mediante espectro ensanchado por salto de frecuencia FHSS *(frequency hopping spread spectrum)* y seguras mediante cifrado AES de 128 b *(pre shared keys)*. No es un estándar abierto. La versión actual (2.0) presenta las siguientes características:

- **Alcance:** varios kilómetros, dependiendo de la frecuencia utilizada.
- **Velocidad:** desde 16 hasta 500 kbps.
- **Topología:** conexión punto a punto, estrella y mallada.
- **Banda libre:** 900 Hz en América o 2,4 GHz mundial.

Trusted Wireless se utiliza para transmitir datos y señales a través de grandes distancias dentro del sector industrial. Su uso se centra en entradas y salidas analógicas y digitales capturadas por los dispositivos y en el envío de datos serie (RS232 y RS485) provenientes de otros equipos.

4.5.3. Bluetooth

Es una tecnología que comenzó a desarrollarse en el año 1994 por Ericsson como sustituto del cable, para dar conectividad a ordenadores, periféricos y teléfonos celulares.

Bluetooth está estandarizada según IEEE 802.15.1. Destaca por las siguientes características:

- Transmisión de alta fiabilidad mediante canales de transmisión redundantes.
- Capacidad para funcionar en entornos con gran cantidad de dispositivos debido a su aprovechamiento de la frecuencia.
- Alcance de hasta 100 m (depende de la clase).
- Tiempo de retardo reducido (5 a 10 ms).
- Uso de frecuencia libre de 2,4 GHz.

El uso de la tecnología Bluetooth en sistemas de control industrial se centra en el intercambio de datos tanto a bajo nivel como a alto nivel. Así puede usarse como:

- Sustituto de comunicaciones serie RS-232 y RS-422/485.
- Punto de acceso para el intercambio de datos Ethernet.
- Conexión de sensores y actuadores inalámbricos, que controlan maquinas herramientas.

Por ejemplo, puede usarse para suprimir la conexión física que une un ordenador con PLC para configurarlo. También permitiría realizar esta tarea desde un *smartphone*.

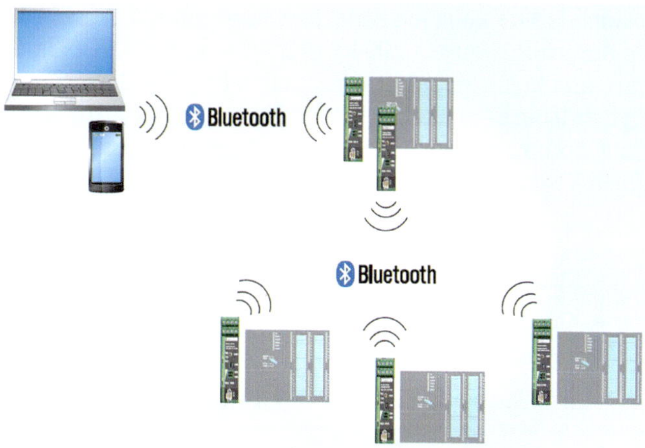

Figura 4.29. *Programación inalámbrica de un PLC con un portátil o un* smartphone *(cortesía de Phoenix Contact).*

4.5.4. ZigBee

Es una tecnología desarrollada por la ZigBee Alliance que adopta el estándar IEEE 802.15.4 para las capas bajas del modelo OSI (capa física y la subcapa de acceso al medio MAC) y agrega la capa de red y de aplicación.

ZigBee es una red inalámbrica flexible, de bajo costo y reducido consumo de energía. Su reducido consumo de energía hace que sea muy adecuado para dispositivos cuyo funcionamiento no dispone de suministro eléctrico continuo y requiere el uso de baterías externas. Estos dispositivos pueden funcionar hasta más de 2 años mediante pilas. Por lo tanto, es utilizada en muchas aplicaciones domóticas e industriales, donde se requiere una baja tasa de transmisión de datos. Estas características la convierten en una buena opción para el control de máquinas con piezas móviles o dispositivos donde no sea posible detener el proceso frecuentemente. Se utiliza, también, en periféricos de sistemas informáticos, juguetes y sensores médicos. Las características principales de ZigBee son:

- **Velocidad:** desde 20 hasta 250 kbps dependiendo de la frecuencia.
- **Banda:** 2,4 GHz, 915 MHz y 868 MHz.
- **Número de canales:** 1, 10 o 16 de 5 MHz dependiendo de su frecuencia.
- **Alcance:** corto, excluyendo la funcionalidad de malla entre 10 y 200 m.

4.5.5. WirelessHART

Se basa, al igual que ZigBee, en el estándar IEEE 802.15.4 y se utiliza para la conexión inalámbrica de dispositivos de campo HART en la industria. La tecnología WirelessHART se desarrolló entre el 2004 y el 2007 y su función es la de proporcionar comunicaciones inalámbricas a dispositivos que utilizan el protocolo HART. En el año 2010, fue aprobado como estándar IEC 62591. Las características que definen a esta comunicación son:

- Transmisión confidencial y a prueba de manipulación.
- Alta fiabilidad gracias al enrutamiento *full-mesh.*
- Consumo energético muy bajo gracias a la comunicación sincronizada.
- Banda abierta de 2,4 GHz y 15 canales de emisión.

El uso de WirelessHART, dentro de los sistemas de control industrial, es exclusivo para el envío de señales definidas en el protocolo HART. Entre los sistemas que utilizan esta tecnología, puede destacarse:

- Monitorización de equipamiento médico.
- Monitorización del medioambiente y gestión de la energía.
- Entornos de condiciones extremas (alta corrosión, inundación, etcétera).
- Equipamiento rotatorio.

4.5.6. WiMAX

La tecnología inalámbrica **WiMAX** *(worldwide interoperability for microwave access)* surgió como una alternativa al cable para llevar las comunicaciones a zonas rurales aisladas a las cuales resultaba muy costoso la infraestructura física.

Las redes WiMAX pueden tener muchas utilidades prácticas para todo tipo de entidades, empresas o negocios. En entornos industriales, poseen las siguientes características:

- Acceso a una red inalámbrica en naves industriales o a lo largo de todo el terreno perteneciente a la empresa.
- Conexión a internet sin ningún tipo de cable con un ordenador, portátil, PDA o teléfono móvil.
- Servicio de *hotspot* para acceso restringido por tiempo o volumen.
- Acceso a servicios VoIP sin cables que permite una comunicación entre diferentes puestos dentro de una planta industrial.

4.5.7. Telefonía móvil

Teléfonos móviles, *smartphones* (teléfonos inteligentes) y tabletas están haciéndose cada día más imprescindibles. Su uso dentro de los sistemas de control también se ha incrementado para facilitar algunas tareas. Por ejemplo, con el envío y la recepción de mensajes cortos de texto, concretamente mensajes SMS *(short message service),* pueden conocerse datos relativos al proceso, avisar de un evento o alarma, etcétera.

Entre las redes móviles, se distinguen varios tipos de tecnología diferentes a lo largo de los años, resumidas en el cronograma de la Figura 4.30. Principalmente, para la comunicación de mensajes y eventos, se han venido utilizando dos tipos de tecnología: GSM y 3G (UMTS y HSPA).

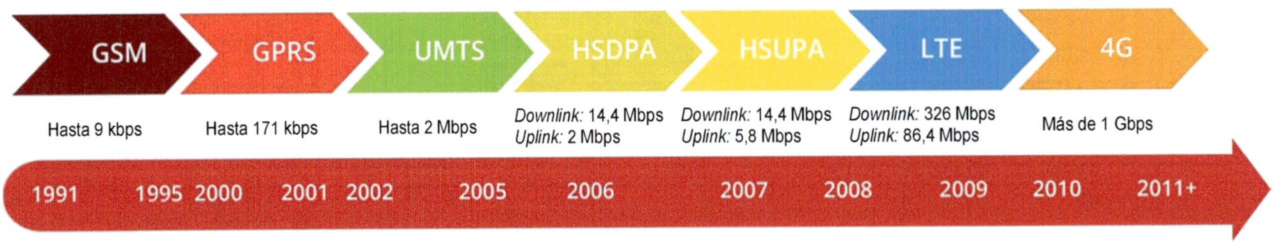

Figura 4.30. *Evolución de las redes móviles.*

- **GSM *(global system for mobile communications)*:** se basa en un sistema abierto para la comunicación móvil internacional utilizado en más de 200 países. Las principales características son:
  - — **Alcance:** sin límites.
  - — **Velocidad:** hasta 210 kbps.
  - — **Bandas:** 850, 900, 1800 y 1900 MHz.
  - — **Servicios:** GPRS y EDGE.

  La tecnología GSM se utiliza en el envío de señales de campo o eventos de poca transferencia de datos como:
  - — Señales de E/S analógicas y digitales.
  - — Transmisión de datos serie RS-232.
  - — Transmisión de datos Ethernet.
  - — Señalización de alarmas mediante SMS y correo electrónico.
- **3G (tercera generación):** mejora notablemente las prestaciones de su predecesor. Las características más notables son:
  - — **Alcance:** sin límites.
  - — **Velocidad:** hasta 7,2 Mbps.
  - — **Bandas:** 900 y 2100 MHz.
  - — **Servicios:** UMTS y HSPA (fusión de HSDPA y HSUPA).

  La tecnología 3G se utiliza en sistemas de control industrial con necesidades más altas como:
  - — Transmisión de datos Ethernet de alta velocidad.
  - — Señalización de alarmas mediante SMS y correo electrónico.

4.6. Páginas web de control e internet

Muchos de los módulos de comunicaciones de Ethernet Industrial disponen de la función de **servidor web** para el acceso a ellos a través de un navegador de internet. Para ello, los módulos de comunicaciones almacenan determinada información en una zona de memoria reservada para funciones web. También contiene unas páginas de diagnóstico donde puede consultarse su estado de funcionamiento.

El acceso a estas informaciones web, escritas en lenguaje HTML *(hypertext markup language)*, se realiza a través de un navegador de internet. Hay que tener en cuenta que estas informaciones únicamente están accesibles en modo lectura.

La función de servidor web permite guardar archivos HTML, TXT, PDF, etc. Mediante *applets* de Java, pueden crearse páginas web que accedan a los registros del módulo de comunicaciones.

El servidor web tiene toda una serie de posibilidades de diagnóstico, incluyendo la selección del idioma en el que

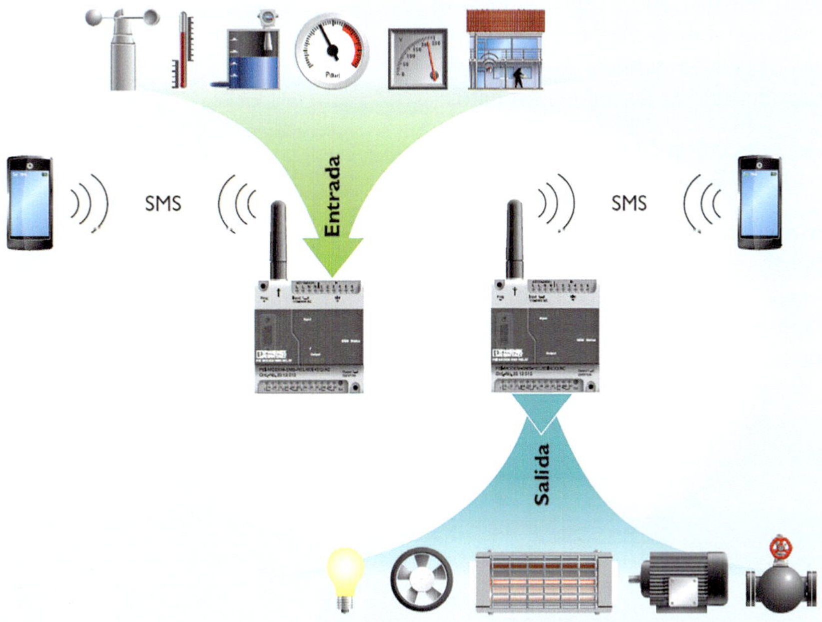

Figura 4.31. *La telefonía móvil permite vigilar la planta industrial desde cualquier parte del mundo (cortesía de Phoenix Contact).*

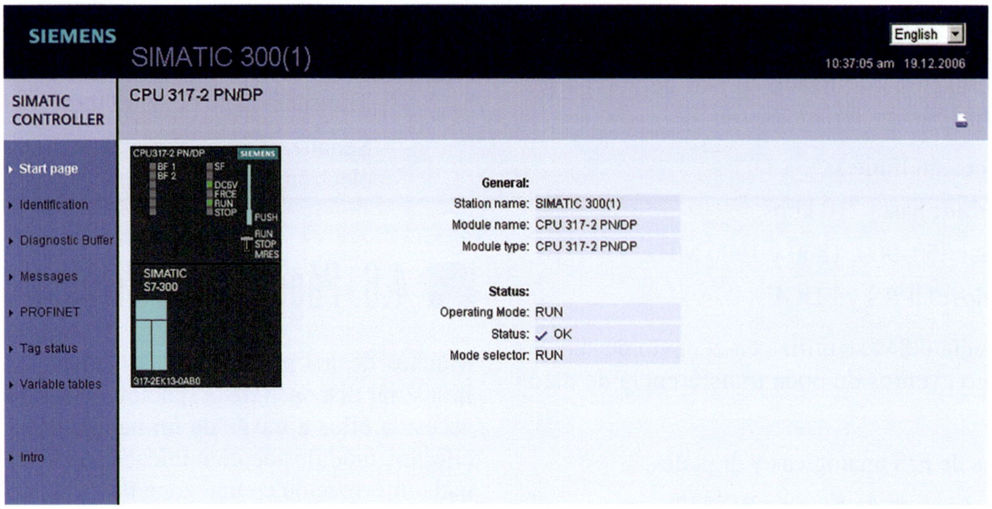

Figura 4.32. *Página web de diagnóstico.*

desea verse la información. Para acceder a las opciones de diagnóstico, es suficiente con escribir en un navegador la dirección IP de la tarjeta de comunicaciones. Por ejemplo, la Figura 4.32 muestra la web de diagnóstico del controlador SIMATIC CPU 317-2 PN/DP.

Para que una página web diseñada interactúe con los diferentes registros de un controlador, se usan *applets* de Java y, para que puedan ser visualizados en el navegador de internet, el sistema informático debe tener instalada la máquina virtual de Java.

Una vez creada la web en HTML, se envía al controlador mediante FTP *(file transfer protocol)*. Esta transferencia de archivos se realiza en modo autentificado, es decir, introduciendo un nombre de usuario y contraseña para evitar que otros usuarios no autorizados puedan publicar en el espacio web. Por tanto, es necesario introducir los siguientes datos:

- ***CP IP address:*** es la dirección IP del controlador o el nombre del servidor FTP (si se usa DNS).
- ***User name* y *password:*** son los datos de acceso a la cuenta. Son necesarios para realizar una subida de recursos autentificada y para que estos recursos se alojen en la ubicación correcta del servidor. Estos datos son facilitados o pueden crearse.
- ***Filename:*** es el nombre del fichero HTML que quiere enviarse.

Hay muchos programas para crear y enviar páginas web. Siemens dispone de una herramienta llamada *HCG (HTML code generator)* que permite la creación y el envío de páginas web a los controladores. La Figura 4.33 muestra la ventana de envío de una web a un controlador mediante esta herramienta *software*.

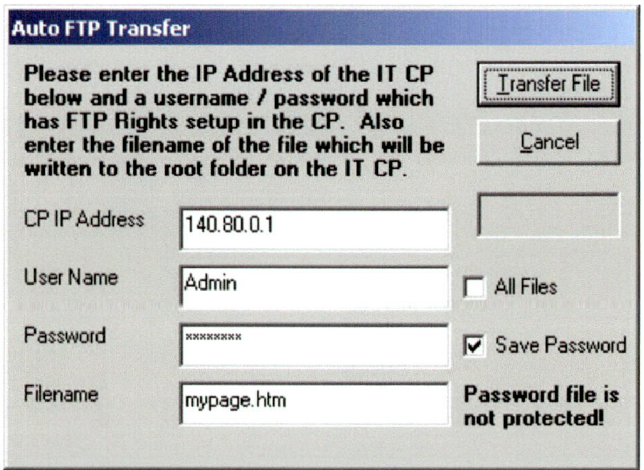

Figura 4.33. *Envío de una web con HCG de Siemens.*

MAPA CONCEPTUAL

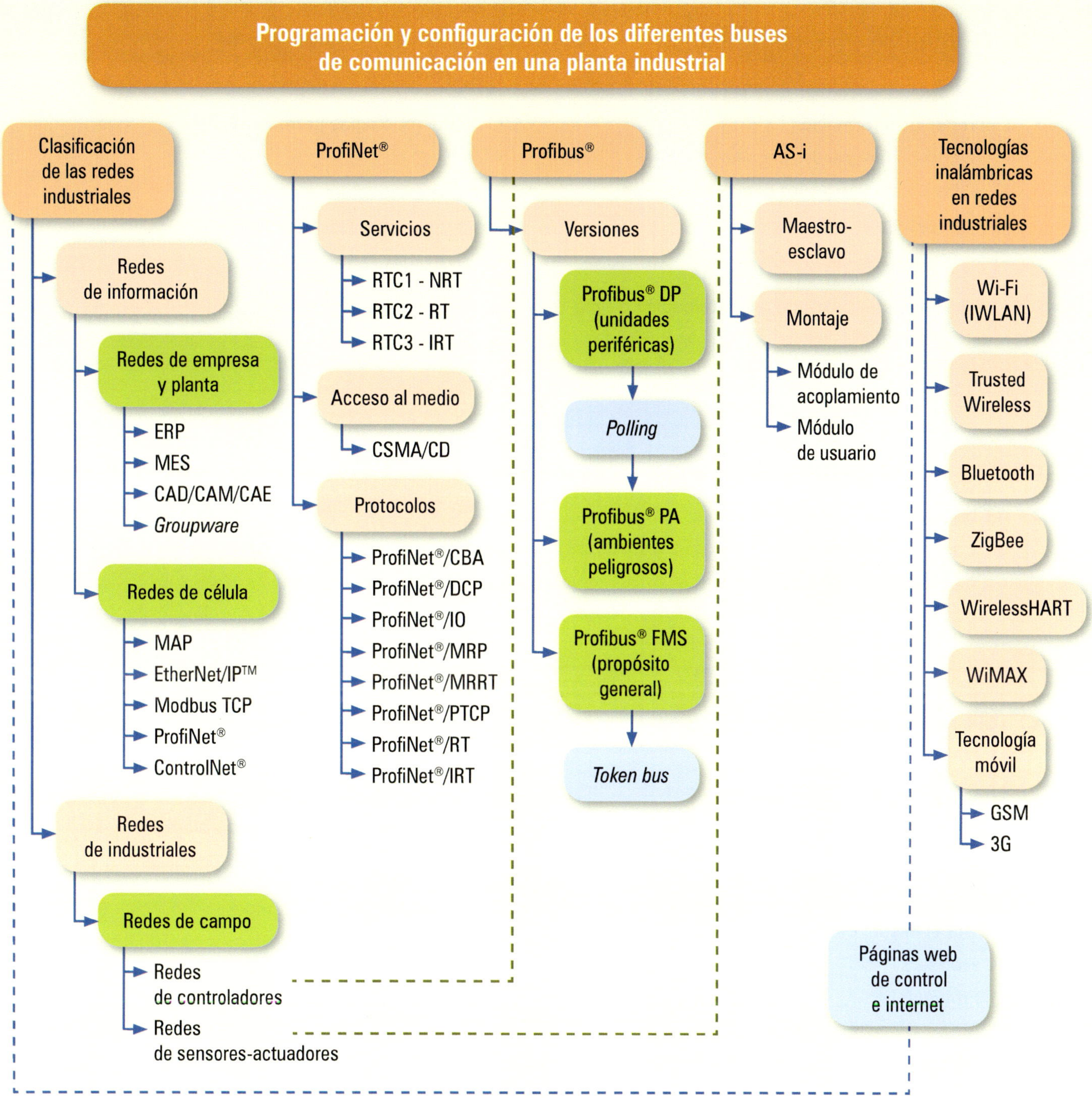

Actividades de comprobación

4.1. Las redes de información...

a) ... transportan grandes paquetes de datos.

b) ... transportan pequeños paquetes de datos.

c) ... requieren baja demora.

d) ... conecta los distintos procesos.

4.2. Si el diseño está orientado a la fabricación de piezas, se usan programas...

a) ... ERP.

b) ... MES.

c) ... CAD/CAE.

d) ... CAD/CAM.

4.3. AS-i es...

a) ... un bus de comunicaciones para sensores-actuadores.

b) ... una red del tipo maestro-esclavo.

c) ... interfaz situado en la base de la pirámide CIM.

d) Todas las respuestas son correctas.

4.4. ¿Qué red usa protocolo CIP?

a) MAP.

b) DeviceNet™.

c) AS-i.

d) ProfiNet®.

4.5. ¿Qué bus de campo lleva la alimentación y los datos por el mismo cable?

a) ProfiNet®.

b) ProfiBus® DP.

c) AS-i.

d) ProfiBus® FMS.

4.6. El tipo de comunicación IRT de ProfiNet® proporciona...

a) ... tiempo real.

b) ... funciones no deterministas.

c) ... tiempo real con sincronización.

d) ... tiempo de reacción de 10 ms.

4.7. ¿Qué topologías permite IWLAN?

a) *Ad hoc.*

b) Infraestructura.

c) Las respuestas a) y b) son correctas.

d) Estrella.

4.8. ¿Qué tecnología inalámbrica tiene mayor alcance?

a) GSM.

b) WiMAX.

c) WLAN.

d) WirelessHART.

4.9. En ambientes con riesgo de explosión, se usa ProfiBus®...

a) ... DP.

b) ... PA.

c) ... FMS.

d) Ninguna de las respuestas es correcta.

4.10. Las redes industriales abarcan los niveles de...

a) ... planta y empresa.

b) ... célula, planta y empresa.

c) ... proceso, campo, célula y planta.

d) ... proceso, campo y parte de célula.

4.11. ProfiBus® usa un conector...

a) ... tipo D de 9 pines.

b) ... RJ-45.

c) ... coaxial.

d) ... tipo D de 25 pines.

4.12. ¿Qué tecnología inalámbrica no se apoya en un estándar internacional?

a) WirelessHART.

b) IWLAN.

c) 3G.

d) Trusted Wireless.

Actividades de ampliación

4.13. Investiga, consultando páginas web de fabricantes en internet, cuáles son las características y los precios de mercado de los dispositivos AS-i, ProfiBus® y ProfiNet®. Escribe un pequeño informe sobre la investigación. El objetivo es conocer la variedad de dispositivos que hay en el mercado, sus características y precio.

4.14. Calcula el tiempo que dura la trama emitida por un maestro AS-i sabiendo que la duración de un bit es de 6 μs.

4.15. En un segmento de una red ProfiBus®, hay conectados 3 repetidores, 1 maestro y 5 esclavos. Indica el número máximo de esclavos adicionales que podrían conectarse en el segmento.

4.16. NetLinx es una arquitectura que divide la empresa en tres niveles jerárquicos. Busca información sobre esta arquitectura, define sus tres niveles y compara esta arquitectura con las descritas en esta unidad.

4.17. La Figura 4.34 representa una planta automatizada de embalaje. Indica y justifica el tipo o los tipos de redes que usarías para conectar todos los elementos que aparecen, donde *S/A* son sensores-actuadores, *C* son controladores y *S* son servidores. Conecta todos los elementos y añade los dispositivos que estimes oportunos.

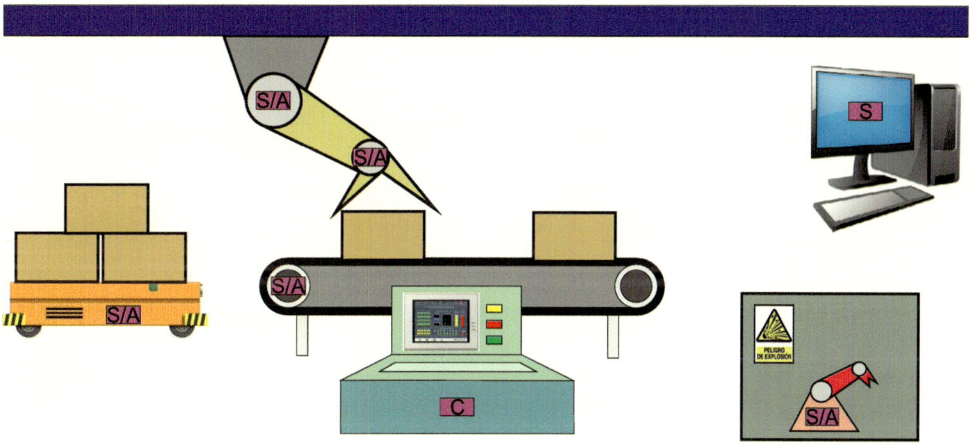

Figura 4.34. *Planta automatizada de embalaje.*

Comunicación de un PLC con un ET mediante ProfiBus®

El objetivo de esta actividad es introducir el programa TIA Portal *(totally integrated automation portal)* para la creación y configuración de redes industriales. TIA Portal es un sistema de ingeniería de Siemens que permite configurar de forma intuitiva y eficiente todos los procesos de planificación y producción. Ofrece un entorno de ingeniería unificado para todas las tareas de control, visualización y accionamiento.

TIA Portal incorpora las últimas versiones de *software* de ingeniería SIMATIC STEP 7, WinCC y Startdrive para la planificación, programación y diagnóstico de todos los controladores SIMATIC, pantallas de visualización y accionamientos SINAMICS de última generación. Puede descargarse una versión TRIAL, previo registro, en la página web de Siemens. El código QR que se muestra en la Figura 4.35 abre la URL para su descarga.

Figura 4.35. *Web para la descarga de TIA Portal.*

Una vez instalado el programa, crea un nuevo proyecto llamado *Actividad4*. En este nuevo proyecto, se propone realizar una comunicación entre un PLC y un dispositivo de entradas y salidas descentralizado (llamado *ET* por Siemens) mediante ProfiBus® DP. El PLC será el que controle a la ET.

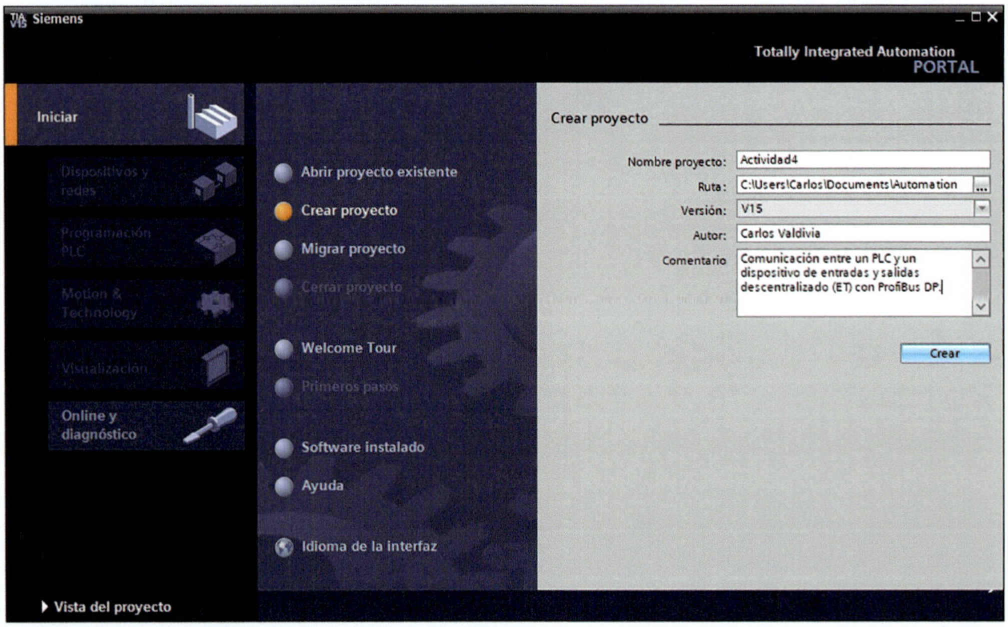

Figura 4.36. *Crear un proyecto con TIA Portal.*

Creado el proyecto, el programa pasa al punto de *Primeros pasos,* pulsa en *Dispositivos y Redes - Configurar un dispositivo*. En la ventana que aparece, pincha sobre *Agregar dispositivo* y busca el PLC y la ET. En concreto, dentro de *Controladores,* selecciona CPU 319F-3 PN/DP de SIMATIC S7-300 y, dentro de *Periferia descentralizada,* selecciona ET200M.

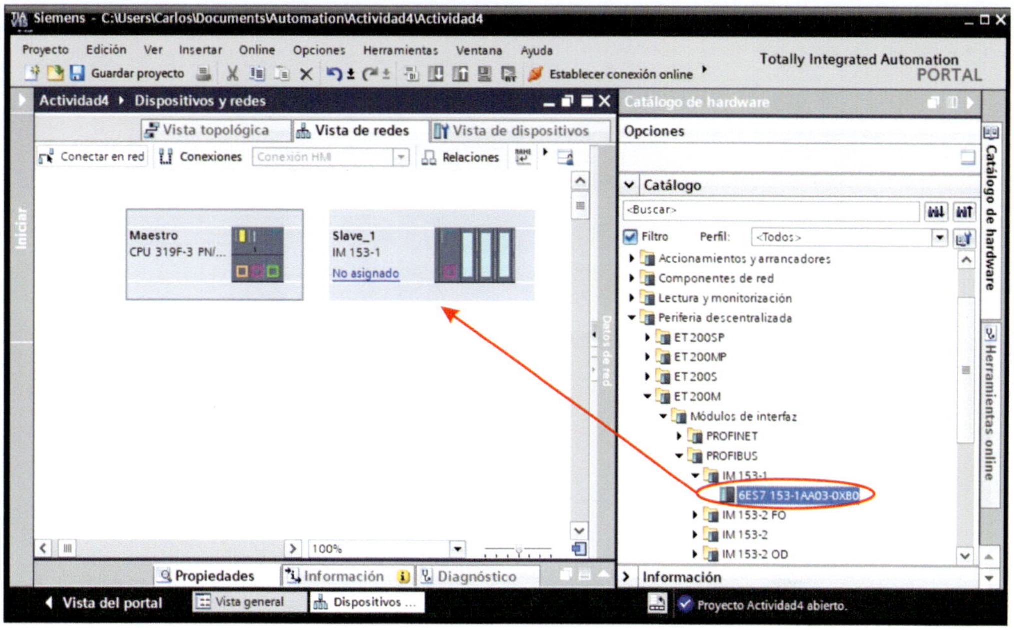

Figura 4.37. *Agregar dispositivos de la red.*

A continuación, añade a la ET los siguientes módulos de E/S:

- 1 módulo de 8 entradas y salidas digitales de 24 V.
- 1 módulo de 4 entradas y 2 salidas analógicas.

Pinchando sobre el módulo ET, aparece el catálogo de módulos disponibles y, arrastrando los módulos, añade DI 8/DO 8x24VDC/0.5A y AI 4/AO 2.

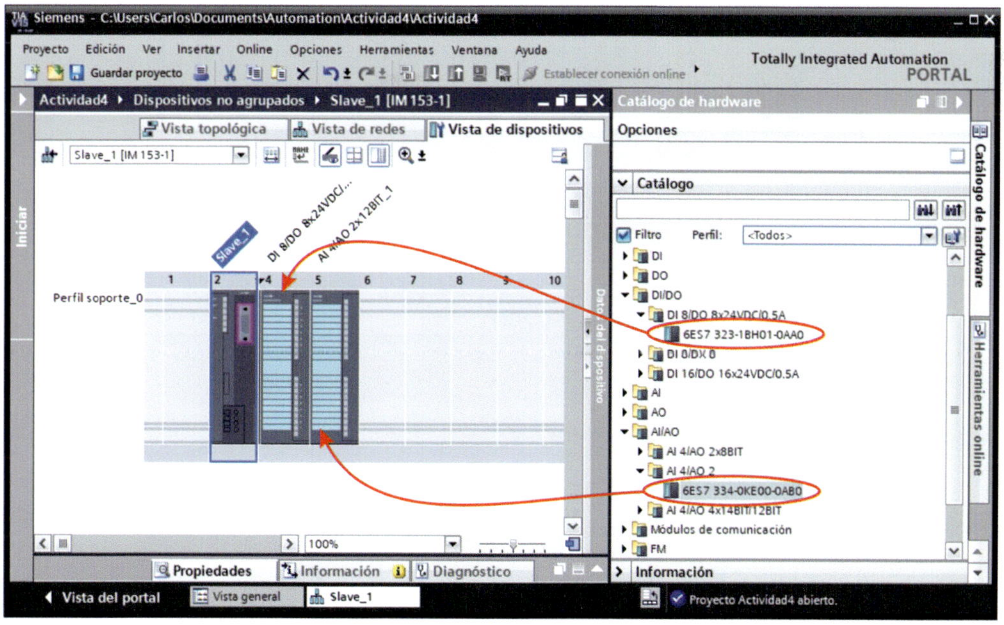

Figura 4.38. *Añadir módulos a la ET.*

El siguiente paso es unir el PLC y la ET con una conexión ProfiBus® DP. Para ello, pincha con el ratón en la conexión ProfiBus® del PLC (cuadrado morado) y, sin soltar el botón del ratón, llévalo hasta el cuadrado morado de la ET. Al soltar el botón del ratón sobre el cuadro morado de la ET, se crea el enlace.

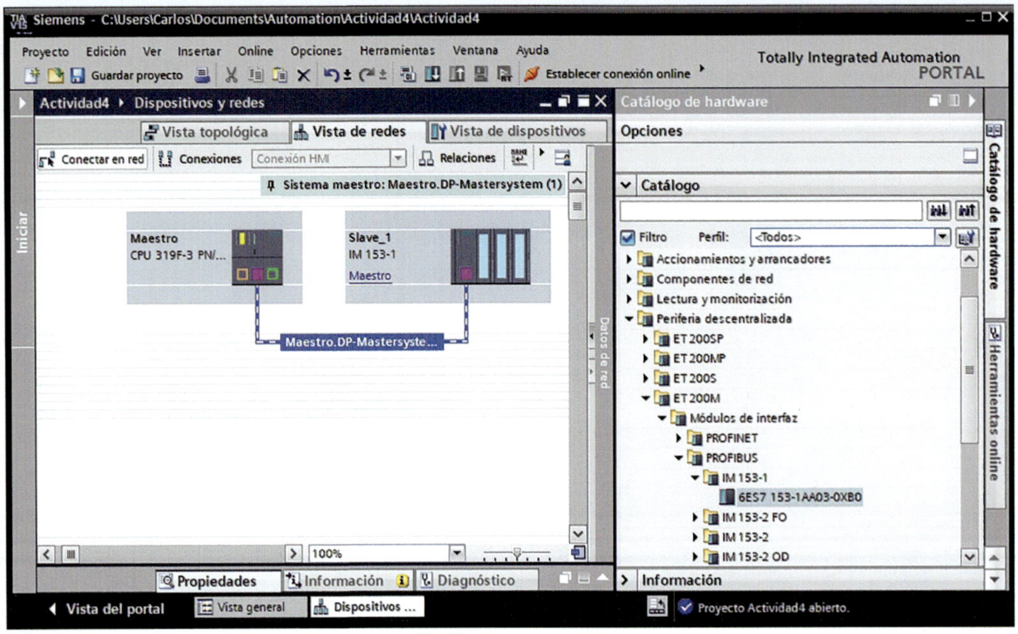

Figura 4.39. *Conexión ProfiBus® del PLC con la ET.*

Al realizar la conexión, la herramienta asigna la dirección de forma automática, pero puede cambiarse (así como la velocidad de transferencia, etc.) pinchado sobre el PLC o el ET y luego sobre el conector morado. Dentro de la lengüeta *General,* en *Dirección PROFIBUS,* se modifica, teniendo en cuenta que debe ser un número comprendido entre 1 y 127.

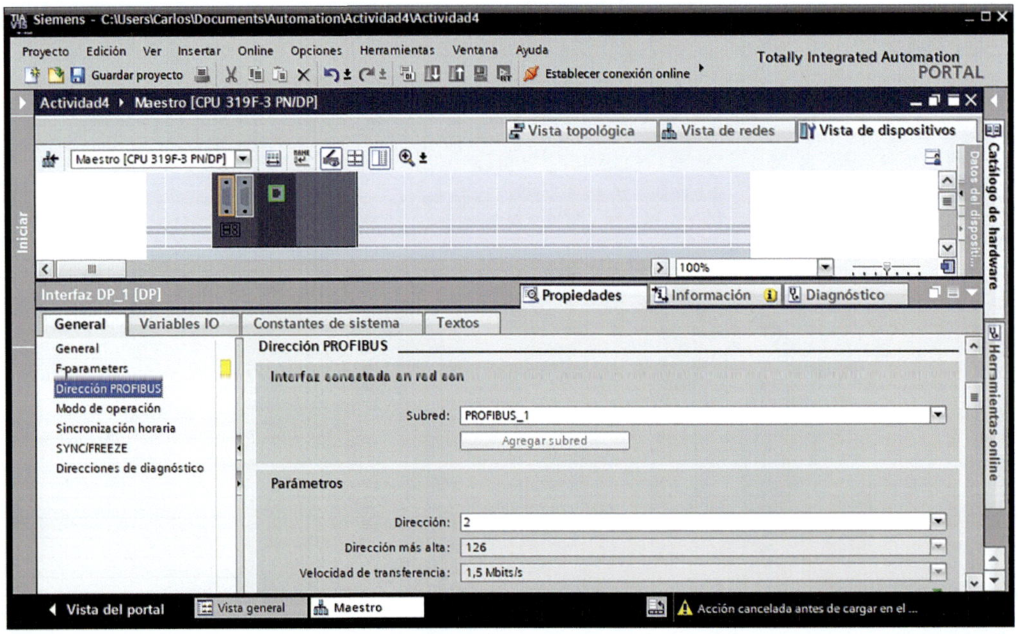

Figura 4.40. *Cambiar la dirección de un dispositivo ProfiBus®.*

Por último, conecta físicamente los equipos mediante un cable ProfiBus® y envía la información al PLC.

La configuración de los sistemas ProfiBus® es completamente abierta. Por tanto, dispositivos de diferentes fabricantes pueden utilizarse en la misma red. Para ello, basta con disponer de un fichero de configuración GSD con la información de dicho dispositivo. Esta información es leída por la herramienta de configuración (ordenador o terminal de programación) y transferida al dispositivo maestro que controlará la red (pueden ser varios dispositivos maestros en el caso de sistemas multimaestro).

Configuración de los diferentes equipos de supervisión y control

5

Contenidos

Objetivos

- Relacionar las funciones de un sistema de supervisión y control con aplicaciones industriales.
- Conocer las herramientas de supervisión y control.
- Configurar avisos y alarmas y registrarlas.
- Integrar dispositivos de supervisión y control en una red de comunicación industrial.
- Elaborar gráficas de datos.
- Diseñar un diagrama de flujo de una comunicación industrial.
- Incorporar los datos de mantenimiento a un sistema de supervisión y control.

La implantación de soluciones para la automatización industrial ha desarrollado todo un conjunto de posibilidades para la supervisión y el control de las plantas de producción. Un ejemplo de este tipo de aplicaciones de *software* es el sistema SCADA, diseñado especialmente para funcionar en sistemas informáticos y permitir al operador o ingeniero controlar la producción.

5.1. Sistemas de supervisión y control

Los **sistemas de supervisión y control** visualizan los procesos desde centros de operaciones automatizadas y realizan acciones de control sobre los procesos. Estos sistemas pueden estar ubicados localmente o distribuidos por la planta, siendo los más importantes:

- **SCADA** ***(supervisory, control and data acquisition):*** es un sistema centralizado que recoge todos los datos de una fábrica o complejo industrial y los envía a un ordenador central para su procesamiento. Permite cierta interacción entre el operario (interfaces gráficos y animados) y el proceso (adquisición de datos a través de dispositivos de campo). Es una aplicación o conjunto de aplicaciones *software* especialmente diseñadas para funcionar sobre ordenadores de control de producción, con acceso a la planta mediante la comunicación digital con los instrumentos y actuadores e interfaz gráfica de alto nivel con el usuario (pantallas táctiles, ratones o cursores, lápices ópticos, etcétera).
- **DCS** ***(distributed control system):*** es un sistema jerarquizado en varios niveles con uno o varios microprocesadores controlando las variables que están repartidas por la planta. Se emplea en grandes instalaciones, donde se distribuyen los controladores y sus E/S por zonas de la planta y con varias estaciones de operación ubicadas en la sala de control. Además, se requiere la integración de otras aplicaciones en una única base de datos. Todos los componentes del sistema se conectan a través de redes de comunicación y monitoreo.

Tanto DCS como SCADA son sistemas de supervisión y control que se utilizan en las aplicaciones industriales. Estos sistemas monitorean los equipos y los procesos para asegurar que todos estén ejecutándose dentro de las tolerancias y especificaciones requeridas. La Figura 5.1 muestra la posición que ocupan los sistemas SCADA y DCS dentro de la pirámide jerárquica de un sistema de automatización.

La elección de uno u otro no es fácil porque los sistemas SCADA han evolucionado mucho y permiten desarrollar objetos y librerías personalizados que ofrecen prestaciones similares a las del DCS. Generalmente, DCS va asociado a grandes instalaciones y a la integración de otras aplicaciones en una única base de datos. Esto, junto con el coste y el nivel de especialización que tienen algunos DCS en aplicaciones concretas (refino, generación eléctrica, farmacia, etc.), es lo que marca la diferencia.

El ciclo de vida completo de la planta es otro aspecto importante que ha de considerarse para decidir entre DCS y SCADA. Si hay planes de expansión, de ir integrando poco a poco otras aplicaciones, de ir optimizando los algoritmos de control y de realizar otros cambios, entonces, la mejor solución es DCS. En estos casos, DCS es la mejor solución porque gestionar todo esto con SCADA, teniendo, además, varias bases de datos, puede resultar complicado y costoso.

Tabla 5.1. Comparativa de los sistemas de supervisión y control

Característica	SCADA	DCS
Arquitectura	Centralizada.	Distribuida.
Orientado	Recolección de datos.	Control del proceso.
Tipo de control	Supervisor: lazos de control cerrados por el operador. Adicionalmente: control secuencial y regulatorio.	Regulador: lazos de control cerrados automáticamente por el sistema. Adicionalmente: control secuencial, *batch,* algoritmos avanzados, etc.
Áreas de acción	Geográficamente distribuidas.	Área de la planta.
Número de I/O digitales y analógicas	<300 I/O y <20 AO	>2000 I/O y >200 AO
Número de operadores	1 o 2 operadores.	Muchos controladores y operadores.
Redundancia	Baja.	Alta.
Ampliación	Pocas modificaciones.	Plan de expansión, control avanzado.
Medios de comunicación	Radio, satélite, líneas telefónicas, conexión directa, LAN y WAN.	LAN y conexión directa.
Tiempo de escaneo	≤20 ms	De 100 ms a 1 s

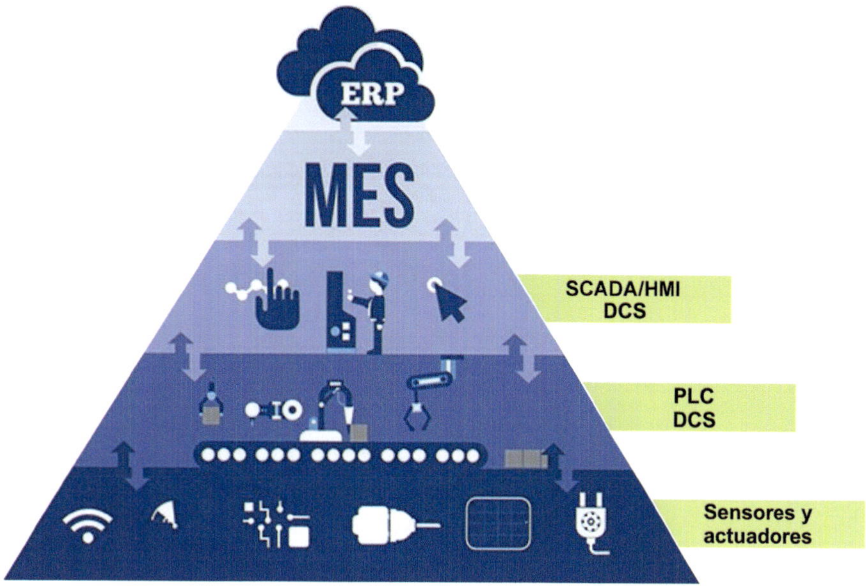

Figura 5.1. *Los sistemas SCADA y DCS dentro de la pirámide jerárquica de un sistema de automatización.*

5.2. Sistemas SCADA

SCADA *(supervisory, control and data acquisition)* es un *software,* normalmente para sistemas informáticos, de supervisión, control y adquisición de datos de proceso industriales. Incluye una interfaz gráfica de alto nivel con el usuario (pantallas táctiles, ratones o cursores, lápices ópticos, etcétera).

Los sistemas SCADA representan un gran avance tecnológico para la automatización industrial, ya que permiten visualizar de manera gráfica y en tiempo real los procesos productivos de una planta y tomar las mejores decisiones en función de la información obtenida. Facilita la retroalimentación de los dispositivos de campo (sensores y actuadores), controla el proceso automáticamente y permite su gestión e intervención.

Los primeros sistemas SCADA se utilizaron para la supervisión y la automatización de procesos de sectores de gas, de energía eléctrica y de agua. Actualmente, las centrales eléctricas, las plantas de control de agua, los procesos de refinación del petróleo y del gas, la industria nuclear y otras muchas industrias utilizan sistemas SCADA para controlar sus procesos de producción y el funcionamiento completo de sus plantas. Son sistemas que facilitan el intercambio de información para su integración vertical a escala corporativa mejorando de este modo la toma de decisiones.

Entre las ventajas que representa un sistema SCADA, cabe destacar que permite a los operadores visualizar en tiempo real lo que está ocurriendo en el proceso, reaccionar a las alarmas, controlar el proceso, cambiar la configuración, rastrear la información del proceso, etc. Además, puede ser utilizado para crear gráficos e informes, a partir de los cuales los operadores de procesos industriales pueden ver lo que sucede en el momento y también en el pasado y en el futuro con capacidades predictivas.

Otra ventaja es la seguridad que puede proporcionar un sistema SCADA, al poder instalarse centros de control separados geográficamente que proporcionen redundancia. Esto protege al sistema contra los ataques humanos y desastres naturales, permitiendo seguir operando, aunque el sistema primario esté desactivado.

Un sistema SCADA debe cumplir los siguientes requisitos:

- Poder comunicarse de manera fácil y transparente al usuario con todas las redes locales y de gestión de la empresa.
- Disponer de total conectividad con diversos tipos de aplicaciones industriales y bases de datos independientemente de su origen, que puede ser local o que estén distribuidas en redes de comunicación.
- Usar una arquitectura abierta y flexible que sea capaz de adaptarse a las necesidades que pueda tener la empresa (ActiveX para ampliación de prestaciones, OPC para comunicaciones con terceros, OLE-DB para comunicación con bases de datos, lenguaje estándar integrado [C o Visual Basic] y acceso a funciones y datos mediante API).
- Poder adquirir, monitorizar, procesar y almacenar un conjunto enorme de datos para usar la información

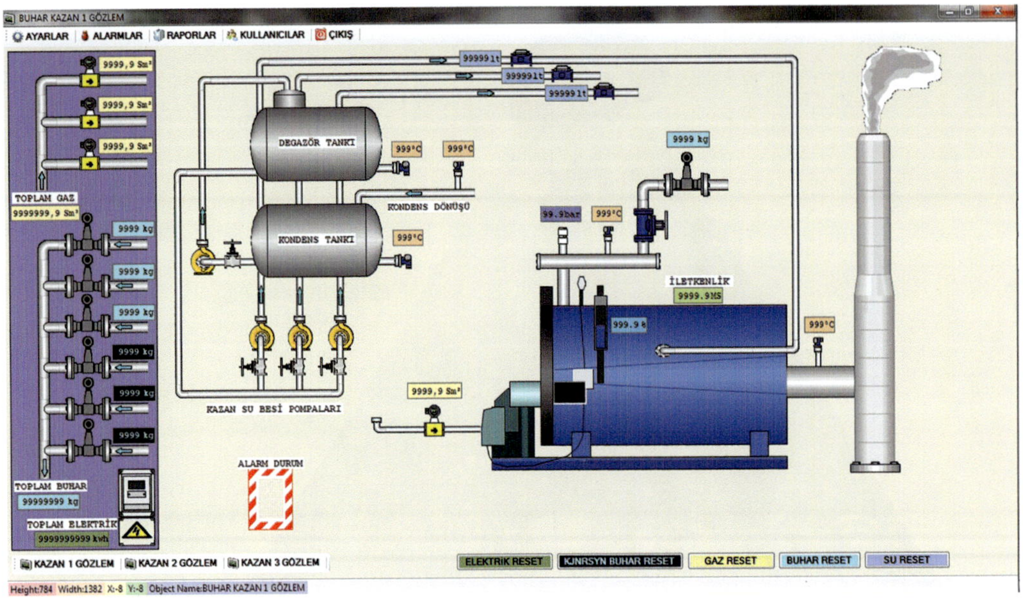

Figura 5.2. *Los sistemas SCADA permiten ver en tiempo real lo que sucede en un proceso.*

recibida de forma continua y segura dentro del proceso productivo de la empresa.

- Instalarse de manera sencilla y que tengan interfaces amigables y confiables para el usuario.
- Posibilidad de ejecutar acciones de control mediante las que puede modificarse la evolución de todo el proceso industrial. Este aspecto supone un gran ahorro de tiempo, pues permite controlar los procesos desde cualquier ubicación.
- Capacidad de representar gráficamente en una interfaz sencilla o HMI todo el proceso productivo para controlar en tiempo real las diferentes variables y monitorizarlas mediante alarmas.
- Mantener un registro de eventos, para poder evaluar los datos históricos y, en función de ello, realizar predicciones de futuro.
- Permitir la explotación de los datos recabados en el día a día para mejorar la gestión de la calidad, el control estadístico y la gestión de la producción.

Recuerda:

En ocasiones, las palabras SCADA y HMI inducen a cierta confusión. Cierto es que todos los sistemas SCADA ofrecen una interfaz gráfica tipo HMI, pero no todos los sistemas de automatización que tienen HMI son SCADA. La diferencia radica en la función de supervisión que pueden realizar los sistemas SCADA a través del HMI.

En definitiva, los sistemas SCADA ofrecen una visión completa e integrada de todos los medios de control e información de la planta. Gracias a los sistemas SCADA, todos los miembros de una organización, ya sean directivos, gerentes u operarios, pueden acceder, visualizar e incluso interactuar con los procesos industriales mediante las representaciones gráficas.

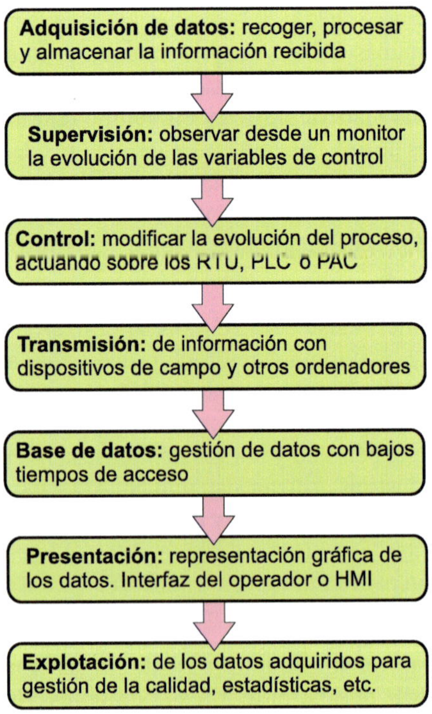

Figura 5.3. *Funciones principales de un sistema SCADA.*

5.2.1. Componentes *hardware* de un sistema SCADA

Los sistemas SCADA, como aplicación de *software* industrial específica, necesitan ciertos componentes inherentes de *hardware* en su sistema para poder tratar y gestionar la información recibida:

- **Estación maestra o MTU *(master terminal unit):*** es el ordenador principal que centraliza el mando del sistema. Recoge y supervisa la información del resto de las subestaciones, ya sean otros ordenadores conectados (en sistemas complejos) a los instrumentos de campo o directamente sobre dichos instrumentos. Este ordenador suele ser un sistema informático tipo PC que soporta el HMI. Las funciones principales del MTU son las siguientes:

  — Interroga de forma periódica a las RTU y les transmite consignas; siguiendo habitualmente un esquema maestro-esclavo.

  — Actúa como interfaz del operador, incluyendo la presentación de información de variables en tiempo real, la administración de alarmas y la recolección y presentación de históricos.

  — Permite ejecutar *software* especializado para funciones específicas del proceso supervisado por el SCADA. Por ejemplo, *software* para detección de pérdidas en un oleoducto.

- **Estaciones remotas o RTU *(remote terminal unit):*** son ordenadores situados en los nodos estratégicos del sistema, gestionando y controlando las subestaciones. Reciben las señales de los sensores de campo y comandan los elementos finales de control ejecutando el *software* de la aplicación SCADA. Se encuentran en el nivel intermedio del sistema de automatización; a un nivel superior, está el MTU y, a un nivel inferior, los distintos instrumentos de campo, que son los que ejercen la automatización física del sistema, control y adquisición de datos.

  Estos ordenadores no tienen que ser tipo PC, suelen ser ordenadores industriales tipo armarios de control, aunque en sistemas muy complejos, puede haber subestaciones intermedias en formato HMI.

  Una tendencia actual es dotar a los PLC la capacidad de funcionar como RTU, gracias a un nivel de integración mayor y a CPU con mayor potencia de cálculo. Esta solución minimiza costos en sistemas en los que las subestaciones no sean muy complejas, sustituyendo el ordenador industrial (que es mucho más caro).

  También pueden funcionar como RTU algunos dispositivos inteligentes o IED *(intelligent electronic device)*. Los IED están diseñados para realizar tareas específicas de control, regulación y comunicación. Algunos ejemplos son reguladores, variadores de frecuencia, registradores, etcétera.

- **Red de comunicación:** es la encargada de gestionar el intercambio de información entre los dispositivos de campo y la red de ordenadores. Se basa en la relación productor-consumidor y los servidores interrogan de manera cíclica *(polling)* a los elementos de campo, recopilando los datos generados por autómatas, reguladores de proceso, etcétera.

  El tipo de bus utilizado en las comunicaciones puede ser muy variado, según las necesidades del sistema y del *software* escogido para implementar el sistema SCADA, ya que no todo el *software* (ni los instrumentos de campo como PLC) pueden trabajar con todos los tipos de buses.

  Hoy en día, gracias a la estandarización de las comunicaciones con los dispositivos de campo, puede implementarse un sistema SCADA sobre prácticamente cualquier tipo de bus. Se encuentran sistemas SCADA sobre formatos estándares como RS-232, RS-422 y RS-485. A partir de estos formatos estándares y mediante un protocolo TCP/IP, puede conectarse el sistema a un bus en configuración DMS ya existente; pasando por todo tipo de buses de campo industriales, incluidos los métodos inalámbricos de comunicación como Bluetooth, redes móviles, satélite, etcétera.

  A parte del tipo de bus, existen interfaces de comunicación especiales para la comunicación en un sistema SCADA. Un ejemplo son los módems específicos para estos sistemas, que soportan los protocolos de comunicación SCADA y facilitan la implementación de la aplicación. Otra característica de SCADA es que los distintos terminales RTU pueden estar deslocalizados geográficamente, ya que la mayoría incorpora sistemas de comunicaciones inalámbricos.

- **Dispositivos de campo:** son todos los dispositivos que permiten realizar tanto la automatización o control del sistema (PLC, controladores de procesos industriales y actuadores en general), como los que se encargan de la captación de información del sistema (sensores y alarmas).

Una característica de los sistemas SCADA es que sus componentes pueden estar diseñados por distintos proveedores. Sin embargo, esto no es un problema gracias al uso de protocolos abiertos y a las normas.

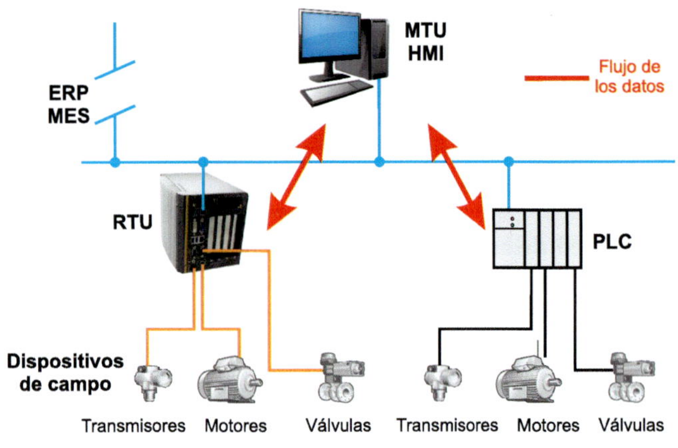

Figura 5.4. *Componentes* hardware *de un sistema SCADA.*

El proceso de funcionamiento que sigue un sistema SCADA es el siguiente:

- El sistema SCADA, instalado en la MTU, se comunica en tiempo real con los controladores del proceso como PLC o RTU.
- Los controladores del proceso reciben los comandos de la MTU y envían los estados y alarmas de los dispositivos de campo.
- El MTU aglutina todos los datos obtenidos desde los controladores del proceso y los pasa al propio *software* SCADA.
- El sistema SCADA muestra de forma gráfica, mediante sinópticos, a los operadores los datos del proceso.

5.2.2. Componentes de un *software* SCADA

Un *software* SCADA, visto como sistema de desarrollo gráfico, consta varios módulos o bloques para realizar las pantallas, la configuración del sistema de comunicaciones y alarmas, etc. Los módulos más habituales en un paquete SCADA son los siguientes:

- **Configuración:** permite definir el entorno de trabajo de la aplicación según la disposición de pantallas requerida y los niveles de acceso para los distintos usuarios. En este módulo, el usuario define el entorno de trabajo (pantallas gráficas o de texto) del SCADA. Puede importarlas desde otra aplicación o generarlas en el propio SCADA. Para ello, se dispone de un editor gráfico que permite dibujar a nivel de píxel (punto de pantalla) o utilizar elementos estándar como líneas, círculos, textos o figuras, con funciones de edición típicas como copiar, mover, borrar, etcétera.

  Durante la configuración, también se seleccionan los *drivers* de comunicación, que permitirán el enlace con los elementos de campo y la conexión o no en red. Para ello, se selecciona el puerto de comunicación y sus parámetros. En algunos sistemas, en este módulo, también se indican las variables que van a visualizarse, procesarse o controlarse, en forma de lista o tabla.

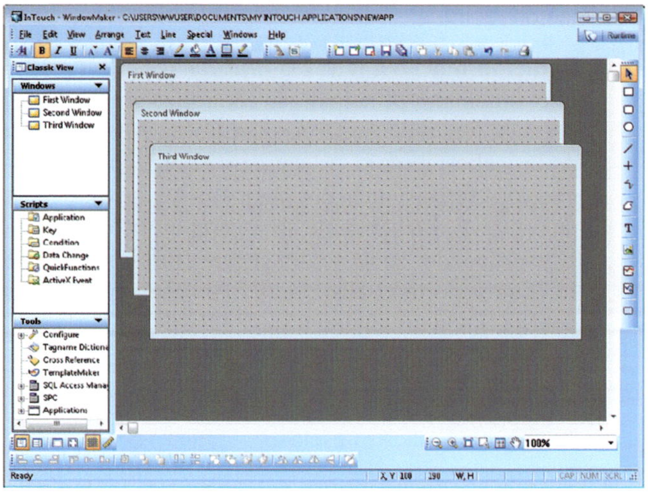

Figura 5.5. *Configuración del entorno de trabajo con InTouch de Wonderware®.*

- **Interfaz gráfica del operador:** proporciona al operador las funciones de control y supervisión de la planta. El proceso que se supervisará se representa mediante sinópticos gráficos almacenados en el ordenador y generados desde el editor incorporado en el SCADA o importados desde otra aplicación de uso general como Paintbrush, AutoCAD, etc. Los sinópticos están formados por un fondo fijo y varias zonas activas que cambian dinámicamente de forma y color, según los valores leídos en la planta o en respuesta a las acciones del operador. Deben tenerse en cuenta las siguientes consideraciones a la hora de diseñar las pantallas:

  — Las pantallas deben tener apariencia consistente, con zonas diferenciadas para mostrar la planta (sinópticos), las botoneras y entradas de mando (control) y las salidas de mensajes del sistema (estados y alarmas).

  — La representación del proceso se realizará preferentemente mediante sinópticos que se desarrollan de izquierda a derecha.

  — La información presentada aparecerá sobre el elemento gráfico que la genera o soporta y las señales de control estarán agrupadas por funciones.

  — La clasificación por colores ayuda a la comprensión rápida de la información.

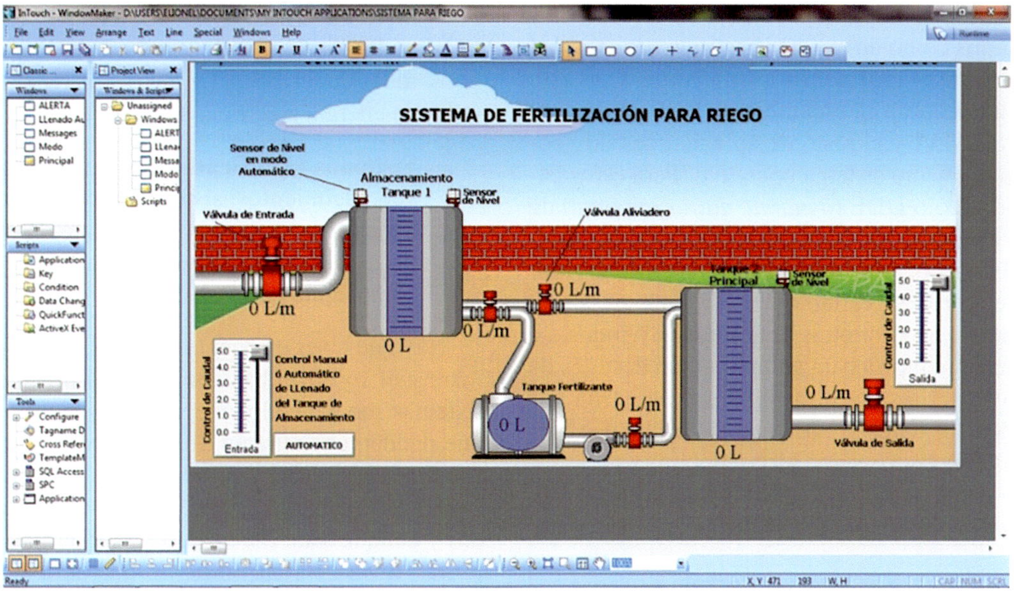

Figura 5.6. *Interfaz gráfica del operador con InTouch de Wonderware®.*

— Los colores deben usarse de forma consistente en toda la aplicación: si *rojo* significa «peligro o alarma» y *verde* indica «normalidad», estos serán sus significados en cualquier parte de la aplicación.

Teniendo en cuenta que, en ocasiones, puede ser difícil distinguir los colores, debe añadirse alguna forma de redundancia, sobre todo en las señales de alarma y atención. Por ejemplo, pueden añadirse textos adicionales, símbolos gráficos dinámicos, intermitencias u otros.

- **Módulo de proceso:** ejecuta las acciones de mando preprogramadas a partir de los valores actuales de variables leídas. Sobre cada pantalla, pueden programarse relaciones entre variables del ordenador o del autómata que se ejecutan continuamente mientras esté activa. La programación se realiza por medio de bloques de programa en lenguaje de alto nivel (C, Visual Basic, etc.). Es muy frecuente que el sistema SCADA confíe a los dispositivos de campo, principalmente autómatas, el trabajo de control directo de la planta, reservándose para sí las operaciones propias de la supervisión, como el control del proceso, análisis de tendencias, generación de históricos, etc. Las relaciones entre variables que constituyen el programa de mando que el SCADA ejecuta de forma automática pueden ser de varios tipos:

— Acciones de mando automáticas preprogramadas que dependen de valores de señales de entrada, salida o de una combinación de estas.

— Maniobras o secuencias de acciones de mando.

— Animación de figuras y dibujos, asociando su forma, color, tamaño, etc., al valor actual de las variables.

— Gestión de recetas, que modifican los parámetros de producción (consignas de tiempo o de conteo, estados de variables, etc.) de forma preprogramada en el tiempo o dinámicamente según la evolución de la planta.

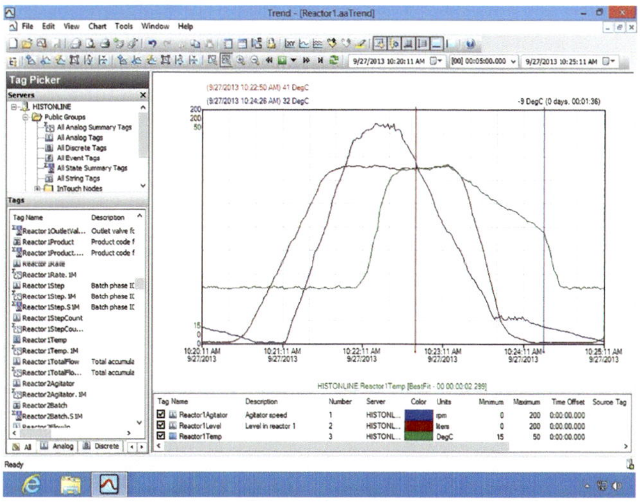

Figura 5.7. *Gestión de históricos con InTouch de Wonderware®.*

- **Gestión y archivo de datos:** se encarga del almacenamiento y procesado ordenado de los datos, de tal forma que otra aplicación o dispositivo pueda tener acceso a ellos. Por ejemplo, pueden capturarse algunos datos de la planta a intervalos periódicos y almacenarlos como un registro histórico de actividad o para ser procesados por otra aplicación. Con esto se consigue con un intercambio de datos dinámico entre el SCADA y el resto de aplicaciones que corren bajo el mismo sistema operativo. Para estos casos, el protocolo DDE *(dynamic data exchange)* de Windows permite el intercambio de datos en tiempo real. Para ello, el SCADA actúa como un servidor DDE que almacena variables de la planta en la memoria para su uso por otras aplicaciones Windows o las lee de la memoria para su propio uso después de haber sido escritas por otras aplicaciones. Una vez procesados, los datos se presentan de forma que permiten analizar la evolución global del proceso.

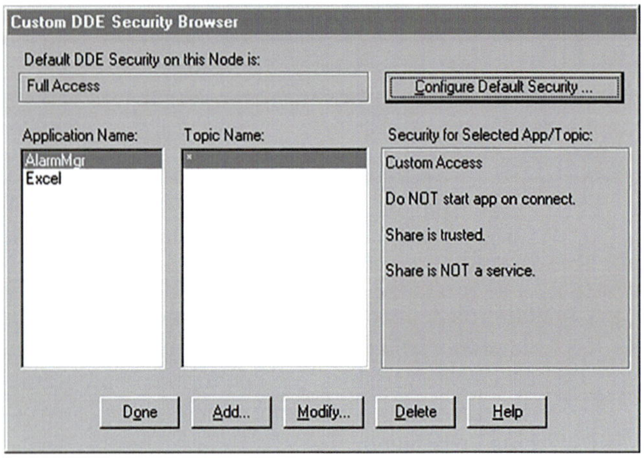

Figura 5.8. *DDE permite el intercambio de datos entre aplicaciones.*

- **Comunicaciones:** se encarga de la transferencia de información entre la planta y la arquitectura *hardware* que soporta el SCADA y entre esta y el resto de elementos informáticos de gestión.

5.2.3. Clasificación de los sistemas SCADA

Los sistemas SCADA pueden clasificarse por su distribución geográfica, ya que muchos cuentan con varias características en común relativas a este tipo de distribución:

- **Sistemas lineales:** este tipo de sistemas tienen desarrollo lineal. Pueden incluirse a los gasoductos, las redes de ferrocarril y metro, las redes de distribución de energía eléctrica, etcétera.
- **Sistemas ramificados:** este tipo de sistemas incluyen yacimientos, sistemas asociados a procesos que dependen de manera importante de unas características particulares o redes de distribución de recursos como agua, gas o electricidad.

Hay que tener en cuenta que las descripciones del *hardware* y el *software* básicos que se utilizan en este tipo de sistemas son generalmente validadas, aunque bien es cierto que pueden encontrarse diferencias más apreciables en el *software* de aplicación que se crea y adapta a cada caso. Como es de imaginar, cada empresa tiene unas necesidades y aunque sean del mismo sector, no todas precisan del mismo nivel de control, por lo que el objetivo es siempre adaptarse a estas necesidades.

El *software* SCADA puede clasificarse según su uso en dos grupos:

- **Específico de cada fabricante:** únicamente funciona con sus productos. Por ejemplo, SCS de Omron, CX-Supervisor de Omron, WinCC de Siemens, etcétera.
- **Genérico:** válido para productos de varios fabricantes. Necesita de *software* adicional para las comunicaciones. Por ejemplo, InTouch de Wonderware®, Vijeo Citect del grupo Schneider Electric, LabView de National Instruments™, etcétera.

5.2.4. Soluciones de *hardware*

La solución de SCADA, a menudo, tiene componentes de sistemas de control distribuido, DCS *(distribuited control system)*. Cada vez con más frecuencia se prescinde de ordenadores maestros y se usan RTU, PLC o PAC *(programmable automation controller)* como sistemas autónomos ejecutando procesos de lógica simple.

En estos casos, normalmente, se emplea un lenguaje de programación funcional para crear programas que corran

Recuerda:

La norma IEC 61131-3 es la tercera parte (de 8) del estándar internacional IEC 61131 para PLC. Fue publicada por primera vez en diciembre de 1993 por la Comisión Electrotécnica Internacional y la más actual en febrero del 2013. En la tercera parte, se tratan los lenguajes de programación y se definen los estándares de dos lenguajes gráficos y de dos lenguajes textuales para PLC.

en estos RTU y PLC, siempre siguiendo los estándares de la norma IEC 61131-3. La complejidad y la naturaleza de este tipo de programación hace que los programadores necesiten cierta especialización y conocimiento sobre los actuadores que van a programar. Aunque la programación de estos elementos es ligeramente distinta a la programación tradicional, también se usan lenguajes que establecen procedimientos, como pueden ser FORTRAN, C o Ada95. Esto les permite a los programadores de sistemas SCADA implementar programas para ser ejecutados en RTU o un PLC.

5.3. Sistemas DCS

En un sistema de control distribuido o DCS *(distributed control system)* los elementos de control no están ubicados localmente, si no que se distribuyen en todo el sistema con cada componente o subsistema controlado por uno o más controladores. Todos los componentes del sistema están conectados a través de redes de comunicación y monitoreo.

Un DCS aborda la complejidad de los procesos industriales dividiendo en cuatro niveles funcionales su alcance:

1. **Nivel de operación:** interacción del sistema con los operadores de la planta, donde se encuentran los sistemas informáticos para la monitorización del proceso y adquisición de la información en tiempo real. Toda esta información se almacena en la base de datos, transformándola en datos históricos para análisis posteriores. Este nivel gestiona, además, el intercambio de información con otros sistemas de mantenimiento y planificación de la producción.
2. **Nivel de control:** encargado del control de las diferentes partes funcionales del proceso. Se asigna a varios controladores locales distribuidos por la instalación, en lugar de centralizar estas funciones en un solo punto. Los controladores están conectados entre sí y con las estaciones de operación mediante redes de comunicación.
3. **Nivel módulos de entrada/salida:** corresponde a la periferia descentralizada. La periferia descentralizada ahorra cables de señal, aproximando la electrónica del control hasta los elementos de campo. Estos módulos se comunican con los controladores mediante buses de campo.
4. **Nivel de elementos de campo:** integra directamente los instrumentos y los actuadores en los buses de campo del SCD, de forma que estos equipos son, en realidad, una extensión natural del nivel anterior.

En el esquema de la Figura 5.9, puede observarse que es muy similar al sistema SCADA. La mayor diferencia es que hay comunicación entre cada controlador del proceso (comunicación horizontal). La comunicación entre los dispositivos de control permite que, en el caso de avería o sobrecarga de trabajo, transferir todo o parte de las tareas a otros dispositivos de control.

Un DCS es más confiable que un sistema SCADA, dado que los controladores DCS están distribuidos, un problema no perjudicaría a todo el sistema. Por ejemplo, un único incidente puede paralizar un sistema basado en SCADA. DCS es la mejor solución para los sistemas más grandes, más complejos y geográficamente dispersos, donde varios controladores que estén distribuidos son esenciales.

Otras características de los sistemas de control distribuido son las siguientes:

- Controlan procesos de hasta 250 000 señales.
- Trabajan con una sola base de datos integrada.
- La herramienta para programar el sistema es una sola y opera de forma centralizada.

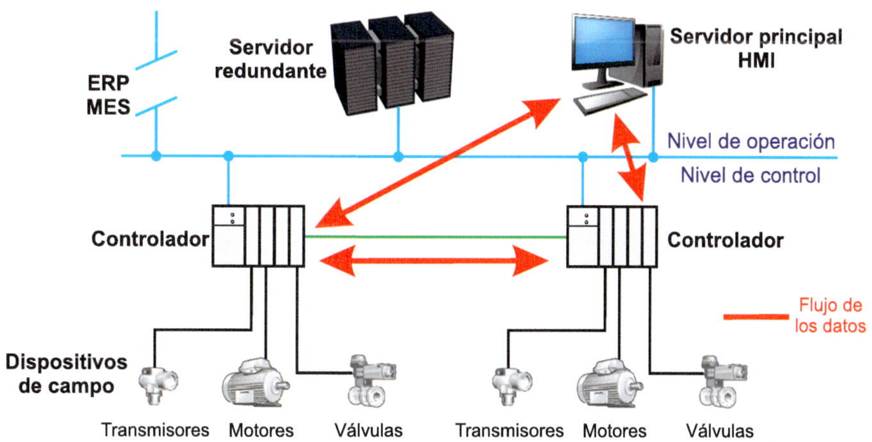

Figura 5.9. *Arquitectura de DCS.*

- La plataforma de programación es multiusuario.
- Todos los equipos del sistema (ordenadores, servidores, controladores, etc.) están sincronizados con un mismo reloj patrón.

5.4. Interfaz humano-máquina (HMI)

Una **interfaz humano-máquina** o HMI *(human machine interface)* es el dispositivo que presenta los datos a un operador (humano) y a través del cual este controla el proceso.

Los sistemas HMI pueden verse como una *ventana de un proceso*. Esta ventana puede estar en dispositivos especiales como paneles de operador o en un ordenador. Los sistemas HMI en ordenadores se conocen también como *software* (o aplicación) *HMI* o *de monitorización y control de supervisión.* Las señales del proceso son conducidas al HMI por medio de dispositivos como tarjetas de entrada/salida en el ordenador, PLC, PAC, RTU o *drivers* (como variadores de velocidad de motores). Todos estos dispositivos deben tener una comunicación compatible con HMI.

La industria de HMI nació ante la necesidad de estandarizar la manera de monitorizar y de controlar múltiples sistemas remotos, PLC y otros mecanismos de control. Aunque un PLC realiza automáticamente un control preprogramado sobre un proceso, normalmente se distribuyen a lo largo de toda la planta, haciendo difícil recoger los datos de manera manual. Los sistemas de supervisión y control lo hacen de manera automática.

Históricamente, los PLC no tienen un formato estándar de presentar la información al operador. Por tanto, el sistema SCADA tiene que obtener todos los datos de los PLC y de otros controladores a través de algún tipo de red. Después, esta información es combinada, tratada y mostrada. Una HMI puede tener también vínculos con una base de datos para proporcionar:

- Tendencias.
- Datos de diagnóstico.
- Manejo de la información.
- Cronograma de procedimientos de mantenimiento.
- Información logística.
- Esquemas detallados de un sensor o de una máquina en particular.
- Guías de resolución de problemas.

Desde 1998, casi todos los fabricantes principales de PLC ofrecen integración con sistemas HMI/SCADA. Muchos de ellos usan protocolos de comunicaciones abiertos y no propietarios. Gracias a esto, existe un gran número paquetes *software* HMI/SCADA de terceros compatibles con la mayoría de PLC.

Además, con la irrupción de internet en el mundo de las comunicaciones industriales, gracias a la tecnología WebServer, es posible visualizar un sistema de control en cualquier parte del mundo mediante un explorador y la dirección IP del sistema.

5.5. Diseño de un sistema SCADA

El esquema de la Figura 5.11 representa la arquitectura general de un sistema SCADA. El sistema se divide en tres bloques principales:

1. *Software* de supervisión y control (SCADA).
2. Sistemas de adquisición y mando (sensores y actuadores).
3. Sistema de interconexión (comunicaciones).

El usuario, mediante las herramientas de visualización y control, tiene acceso al sistema de control de proceso. El

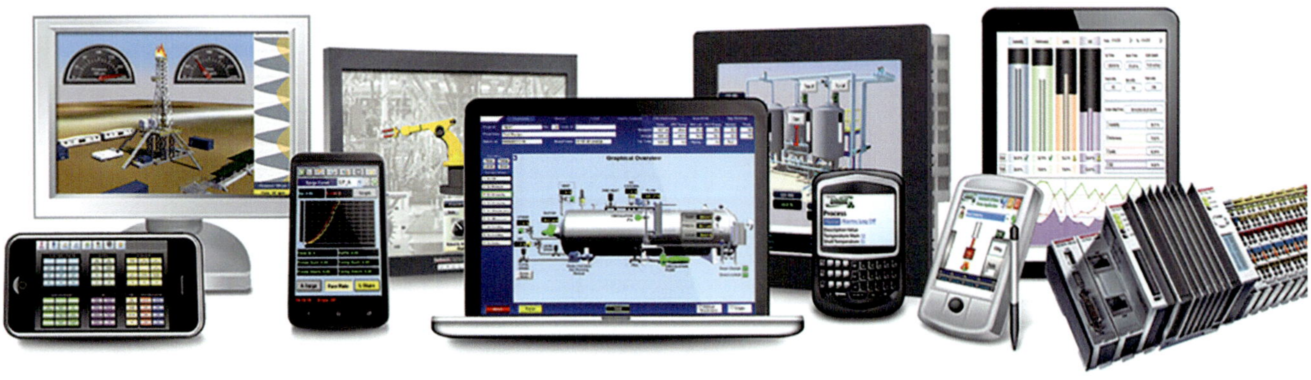

Figura 5.10. *Ejemplos de HMI usados en sistemas de supervisión y control (cortesía de Indusoft).*

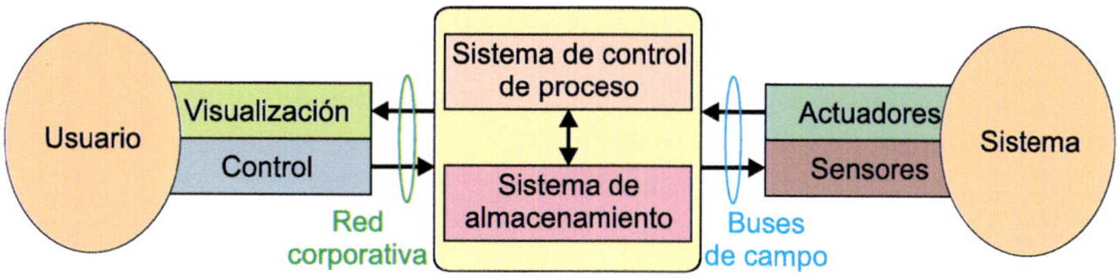

Figura 5.11. *Arquitectura general de un sistema SCADA.*

sistema de control de proceso, normalmente, es un ordenador (servidor). La comunicación, entre este ordenador y las herramientas de visualización y control, suele realizarse a través de las redes de comunicación corporativas (Ethernet).

El sistema de control de proceso lee el estado del sistema a través de los sensores e informa al usuario mediante las herramientas de visualización (HMI). El usuario, en función de esta información, envía las acciones pertinentes al sistema de control de proceso y este actúa sobre el sistema a través de los actuadores. La comunicación entre los sensores y actuadores (elementos de campo) y el sistema de control de proceso se realiza mediante los buses de campo.

Al igual que cualquier sistema de control, es útil mientras funcione correctamente. Los parámetros que influyen en el buen funcionamiento del sistema ante situaciones inesperadas son los siguientes:

- **Disponibilidad (redundancia):** capacidad de un elemento de asumir las funciones de otro de forma transparente al sistema.
- **Robustez:** capacidad de mantener un nivel de operatividad mínimo ante un fallo.
- **Seguridad:** capacidad de prevenir, detectar y defenderse de acciones no deseadas.
- **Prestaciones:** tiempo de respuesta del sistema, sobre todo en un estado de alerta.
- **Mantenibilidad:** tiempos de mantenimiento reducidos gracias a buenas herramientas de diagnóstico.
- **Escalabilidad:** capacidad de ampliación del sistema.

Un *software* SCADA consta de una ventana de edición y del programa Runtime. Desde la ventana de edición, se realiza la programación de la aplicación con todos sus condicionantes y, desde el programa Runtime, se ejecuta la aplicación en comunicación con los distintos dispositivos de campo.

5.5.1. Diseño de las pantallas

Las pantallas son la parte visual que los usuarios utilizan para interactuar con el sistema. Los usuarios son los que mejor conocen cuáles son las necesidades y la efectividad de una aplicación de visualización radica en la aceptación de esta por parte de los usuarios. Por tanto, nunca está de más conocer su opinión antes de empezar el diseño de las pantallas.

La aplicación de visualización debe implementarse de forma que su manejo sea intuitivo y amigable. Es mejor dedicar un tiempo a definir su estructura que hacerlo de forma improvisada, a la larga ahorra tiempo. Debe tenerse en cuenta:

- **Estructura de las pantallas:** pantallas de configuración, pantalla de alarmas, pantalla de cada máquina, etc., y su forma de navegación por ellas. La estructura en árbol es la más utilizada, la Figura 5.12 muestra un ejemplo.
- **Presentación de los datos:** gráficas, textos, etcétera.
- **Colores:** teniendo en cuenta la convención de colores del Real Decreto 485/1997, de 14 de abril.
- **Letras y números:** deben estar bien definidos y configurados de forma clara, como indica uno de los requerimientos de la Directiva 90/270/CEE para la pantalla.

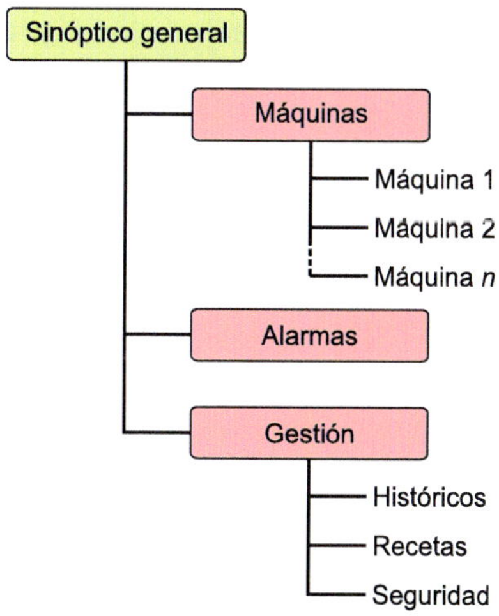

Figura 5.12. *Ejemplo de una estructura en árbol de una aplicación.*

La ubicación de los elementos en la pantalla también es muy importante. Hay que tener en cuenta que, cuando se mira una pantalla, se hace un barrido. Este barrido comienza por la parte superior izquierda y va bajándose hacia la derecha de forma cada vez más acusada. Considerando esta pauta de comportamiento, es aconsejable, siempre que se pueda, situar los elementos en las zonas recomendadas en la Figura 5.13.

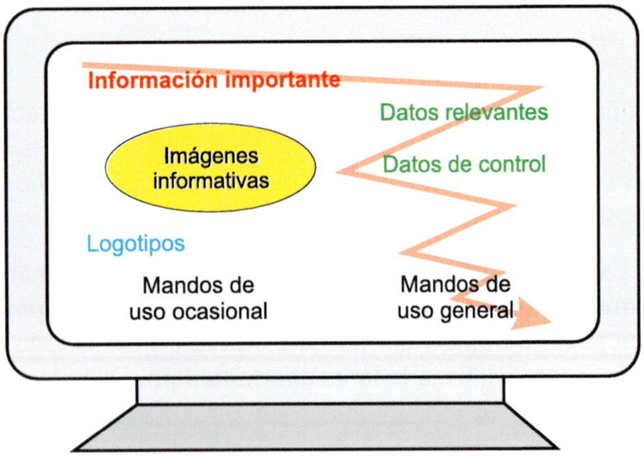

Figura 5.13. *Zonas recomendadas para situar los elementos en la pantalla.*

También hay que tener en cuenta que, al agrupar elementos, inconscientemente se tiende a relacionarlos, considerando entonces que mantienen relación funcional entre ellos. En función de esto, es conveniente que los indicadores asociados a los mandos se sitúen lo más próximo posible.

Para diseñar las pantallas, se emplea la ventana de edición del *software* SCADA. Desde la ventana de edición, puede accederse a todas las opciones de configuración mediante menús desplegables o botones de acceso directo. Incorporan una herramienta de dibujo, mediante la cual puede dibujarse cualquier elemento. Estos elementos, mediante las barras de herramientas, pueden modificarse y cambiar tamaño, color, grosor de líneas, textos, etc., a voluntad. Pueden agruparse, alinearse, colocar delante, etc., y, una vez dibujados y configurados, guardarlos para su posterior utilización todas las veces que se desee. También disponen de elementos complejos ya dibujados, tales como botones, gráficas, alarmas, incluso de la opción de insertar imágenes de un archivo ya creado.

Después de insertar un elemento en la pantalla, hay que asociarlo a una acción (animación). Todos los SCADA disponen de una serie de elementos de uso más frecuente ya dibujados y semieditados (elementos inteligentes), de forma que, simplemente configurando un número mínimo de parámetros, funcionan.

Estos elementos aparecen agrupados por temas: pulsadores, lámparas, gráficas, interruptores, relojes, etc. Una vez seleccionado un elemento, se deposita en pantalla y se edita, asociándolo al punto de comunicación, el cual se encargará de su actualización (animación). Según las características del elemento, también podrán cambiarse algunos aspectos de su apariencia (color, texto, etcétera).

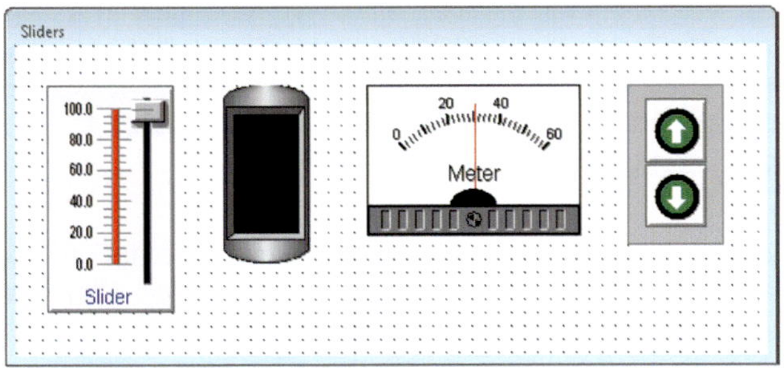

Figura 5.14. *Ejemplos de elementos de animación.*

Existen dos tipos básicos de elementos de animación:

1. **Interacción o mando:** permiten al operario realizar entradas de datos en el sistema. Por ejemplo, pulsadores, mandos deslizantes *(sliders),* mandos rotatorios, etcétera.

2. **Visualización o indicador:** informan al operador del estado de los distintos parámetros del sistema. Por ejemplo, barras móviles, indicadores luminosos, depósitos (relleno), etcétera.

A un elemento de animación se le pueden asignar varias acciones a la vez. Cada acción irá asociada a una etiqueta y necesitará que se le definan otros parámetros adicionales como: valores límite, estado por defecto, valores intermedios, tipo de función al pulsar, etcétera.

5.5.2. Etiquetas *(tags)*

El núcleo del *software* SCADA es su base de datos de ejecución. Esta base de datos contiene todos los valores actuales de los elementos de dicha base, llamados ***etiquetas*** o ***tags.*** Cada etiqueta contiene una variable que puede ser de varios tipos, los más importantes son:

- **Interna o variable local:** es utilizada exclusivamente por el *software* SCADA. Son idénticas a las variables empleadas en cualquier lenguaje de programación. Se define el tipo de dato (real, entera, digital, etc.), formato, límites, etcétera.

- **Externa o *tag* de variable:** se utiliza como enlace entre el *software* SCADA y los dispositivos de E/S como PLC. Se define una dirección, dispositivo de E/S, tipo de dato, etc. Los dispositivos de E/S, a su vez, pueden ser internos o externos.

  — Los dispositivos de E/S internos son virtuales, es decir, que están dentro del mismo ordenador y

Tabla 5.2. Tipos de datos para dispositivos de E/S internos y externos que usa Vijeo Citect (¿? → depende del dispositivo)

Dispositivo de E/S	Tipo de dato	Dirección	Donde # es
Internos	Digital *(digital)*	D#	0 hasta 64000
	Entero *(integer)*	I#	0 hasta 32752
	Largo *(long)*	L#	0 hasta 16376
	Real *(real)*	R#	0 hasta 16376
	Cadena de caracteres *(string)*	S#	0 hasta 510
Externos (protocolo ModNet)	Palabras de entrada *(lectura)*	30000#	1 hasta ¿?
	Palabras de salida *(lectura&escritura)*	40000#	1 hasta ¿?
	Bit de entrada *(lectura)*	10000#	1 hasta ¿?
	Bit de salida *(lectura&escritura)*	00000#	1 hasta ¿?

permiten hacer pruebas sin necesidad de disponer de dispositivos externos al SCADA.

— Los dispositivos de E/S externos son conexiones exteriores al ordenador (autómatas, etcétera).

Por ejemplo, la Tabla 5.2 lista los tipos de datos que usa Vijeo Citect para dispositivos de E/S internos (con sus direcciones permitidas) y externos mediante protocolo ModNet (también con sus direcciones permitidas).

- ***Tag* de tendencia *(trends)*:** se utiliza para representar la evolución de una variable. Se define el periodo de muestro, tipo, método de almacenamiento, etcétera.
- ***Tag* SPC *(statistical process control)*:** se utiliza para históricos, alarmas y estadísticas. Se define el periodo de muestro, límites, método de almacenamiento, etcétera.

En una aplicación compleja, puede llegarse a trabajar con varios miles de etiquetas, lo que hace necesario organizarlas agrupándolas por temas.

Recuerda:

Al editar una etiqueta, hay que definir su tipo, sus valores límite, si va a utilizarse en un histórico, si va a configurarse como alarma, etc. Antes de animar los elementos dibujados, hay que tener editadas las etiquetas necesarias.

5.5.3. *Scripts*

Los ***scripts*** permiten ejecutar comandos y operaciones lógicas basadas en criterios especificados. Permiten programar tareas que respondan a eventos del sistema, por ejemplo, enviar un SMS al activarse una alarma concreta o detener una parte del sistema. Se programan en un lenguaje de alto nivel como Visual Basic (VB), C o Java, que incorporan los paquetes SCADA.

Los *scripts* pueden ser de varias clases (Figura 5.15): aplicación, ventana, tecla, condición, cambio de datos, etc. En todos ellos, el *scripts* será leído y, por lo tanto, ejecutado cuando se cumpla la condición previa de este (según la clase de *script*).

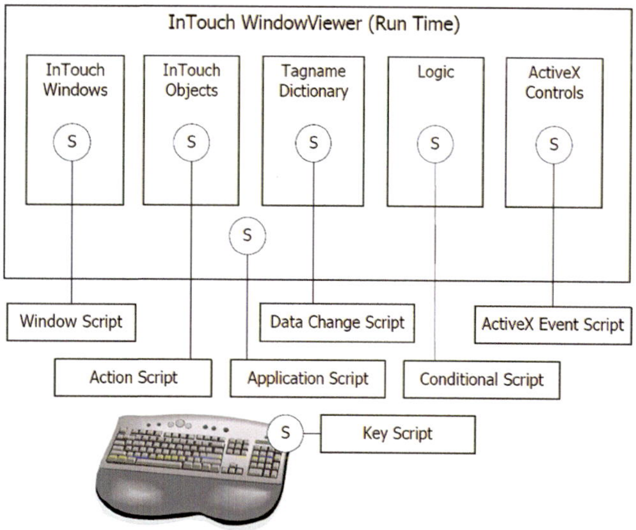

Figura 5.15. *Clases de scripts (cortesía de Schneider Electric).*

Los *scripts*, generalmente, pueden ejecutarse de dos maneras diferentes:

1. **Eventos:** se ejecutan una vez cuando ocurre un evento. Por ejemplo, al presionar una tecla o al cambiar el valor de una etiqueta.
2. **Periódicamente:** se ejecutan periódicamente mientras se cumple una condición. Por ejemplo, mientras se mantiene presionado un botón.

En la Figura 5.16, perteneciente al paquete InTouch de Wonderware®, se ve un *script* de clase condicional que se ejecuta periódicamente cada 1000 ms mientras la variable *Counter* sea menor de 4. En este caso, el código que se ejecuta periódicamente incrementa una unidad el valor de la variable *Counter*. En el ejemplo, se aprecia también, la disponibilidad de multitud de funciones de todo tipo: matemáticas, del sistema, ayuda, texto, etcétera.

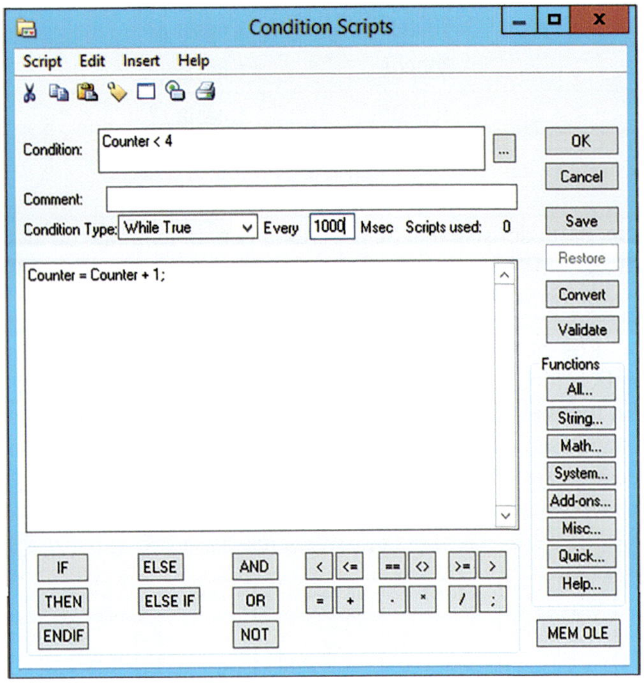

Figura 5.16. *Ejemplo de programación de scripts con el paquete InTouch de Wonderware®.*

5.5.4. Alarmas y eventos

Los paquetes SCADA disponen de un sistema de notificación para informar al operador de las condiciones del proceso y del sistema. Este sistema permite la visualización, registro e impresión de alarmas del proceso y eventos del sistema. Las **alarmas** representan avisos de condiciones anormales del proceso, mientras que los **eventos** o **sucesos** representan mensajes normales del estado del sistema.

Las alarmas se basan en la vigilancia de los parámetros de las variables del sistema. Existen dos sistemas de alarmas:

1. **Sistema local:** se utiliza para mostrar y reconocer alarmas del dispositivo local conectado al SCADA.

2. **Sistema distribuido:** se utiliza para mostrar y reconocer alarmas de cualquier dispositivo, cuando el SCADA está conectado a una red.

Las alarmas pueden ser de varios tipos según sus características:

- **Discreta:** la alarma la establece uno de los dos posibles valores discretos. Cuando se configura el *tag*, se establece cuál de los dos estados corresponde a la alarma activada.

- **Desviación:** cuando el *tag* se desvía por encima o por debajo del valor especificado. Los límites se expresan como un porcentaje del posible rango de valores del *tag*.

- **Frecuencia de cambio:** cuando el *tag* cambia de valor un número excesivo de veces durante un tiempo prefijado.

- **Valor:** generalmente, las variables de un sistema SCADA tienen asignados una serie de valores (límites) que definen su comportamiento dentro del sistema. Estos valores son:

  — Valor máximo (identificados como *HiHi*).

  — Valor alto (identificados como *Hi*).

  — Valor bajo (identificado como *Lo*).

  — Valor mínimo (identificado como *LoLo*).

  — Velocidad de cambio (identificado como *ROC* o *Rate of change*).

Las alarmas suelen centralizarse y clasificarse en grupos de alarmas para mejorar su gestión. De la misma manera, puede asignárseles una prioridad, de modo que, si producen varias a la vez, las más importantes aparecerán primero.

Para visualizar las alarmas, es preciso disponer de un visor (Figura 5.17). Las alarmas requieren la atención de un operario para que las solucione antes de que se llegue a una situación crítica. Cuando se active una alarma, aparecerá en el visor toda la información relativa a ella (hora y fecha, tipo de alarma, nombre, grupo, valores limites, etcétera).

También es necesario disponer de un botón de *entendido* para que el color del texto cambie, indicando dicho reconocimiento de la alarma. Cuando se normalice el estado, el mensaje de alarma dejará de visualizarse.

Los visores de alarma se editan desde las respectivas ventanas de configuración. En ellas, podrá modificarse la apariencia (colores de texto y líneas), se indicará si es un histórico de alarmas, el grupo al que pertenecen, la prioridad, las columnas que han de visualizarse (accediendo a la opción *Formato del mensaje de alarmas*), etcétera.

Los eventos del sistema o sucesos son el resto de situaciones, tales como puesta en marcha, paro, cambios de consignas, consultas de datos, etc. Los eventos no requieren

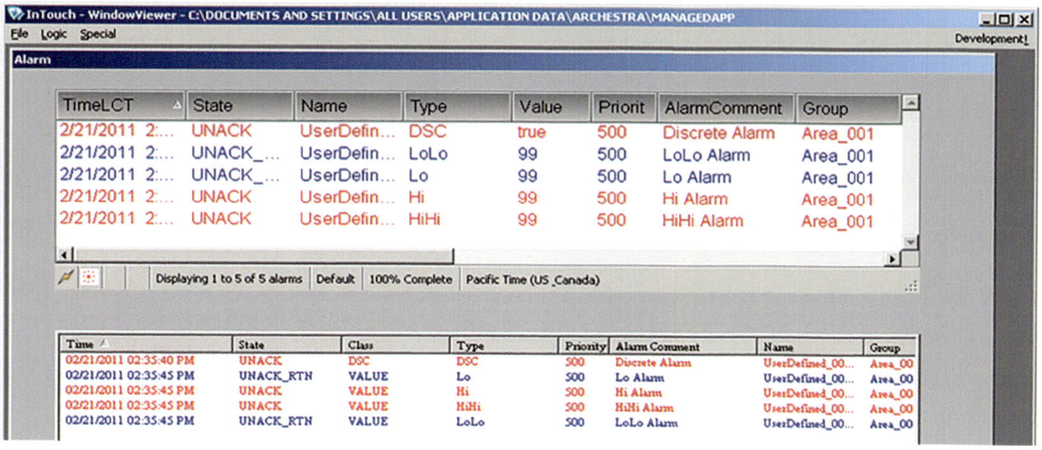

Figura 5.17. *Ejemplo de visor de alarmas con el paquete InTouch de Wonderware®.*

la atención del operador del sistema, registran de forma automática todo lo que ocurre en el sistema, para su consulta *a posteriori.*

5.5.5. Recetas

Una **receta** es una colección de datos almacenados en un fichero con valores predefinidos y de estructura fija. Cada dato representa un ingrediente en una receta concreta. Gracias a las recetas, es posible almacenar y recuperar paquetes de datos que permiten configurar un sistema de forma automática. Esto permite fabricar diferentes productos utilizando la misma línea de producción.

Por ejemplo, para la obtención de un color determinado en la pintura de un coche, la receta de dicho color puede estar formada por: el 1 % de verde esmeralda, el 10 % de azul cobalto, el 4 % de negro marfil, el 15 % de rojo y el 70 % de blanco.

Cuando se carga una receta, el valor de cada dato se actualiza a la información almacenada en el fichero. De esta manera, el procedimiento para cambiar la configuración de trabajo de toda una planta de proceso queda reducido a pulsar un botón. El sistema SCADA se encargará de enviar los datos a los correspondientes controladores.

Las recetas pueden crearse y modificarse desde Runtime. Una receta tendrá asociado un nivel de seguridad (usuario, contraseña, etc.) que impida a algunos de los usuarios su manipulación.

5.5.6. Gráficas de tendencia

Los paquetes SCADA incluyen utilidades que permiten representar la evolución de las variables del sistema. Para ello, dispone de dos tipos de gráfica generales:

1. **Tiempo real** ***(real-time trending):*** los cambios se actualizan y visualizan inmediatamente.
2. **Histórico** ***(historical trending):*** los cambios son almacenados en un fichero y pueden visualizarse e imprimirse cuando se quiera, incluso durante la ejecución de Runtime.

Las gráficas posibilitan la representación de varias curvas (asociadas a datos) simultáneamente. Proporcionan información del valor y de la fecha en cada momento. Para crearlas, se dispone de herramientas especiales, bien en la caja de herramientas o en los *Wizards.*

Para crear una gráfica de tiempo real, se selecciona el icono correspondiente, se coloca en la zona deseada de la pantalla y se le da el tamaño adecuado. Pinchando sobre la gráfica, se abre una ventana de diálogo, la cual permite dar la apariencia adecuada en cuanto a colores de líneas, fondo, marco, etc. Además, se selecciona el tiempo de actualización y visualización, el número de divisiones de la gráfica (horizontales y verticales), las etiquetas de las divisiones, el formato de las etiquetas de tiempo, los valores máximos y mínimos de escala y lo más importante, los datos que están asociados a cada curva.

Durante la ejecución del SCADA, se visualizarán los valores correspondientes a los datos asignados. Estos datos se actualizarán según el tiempo prefijado. Cuando las curvas llenen la pantalla de la gráfica, conforme se realice la actualización, los valores iniciales irán perdiéndose.

Para crear un histórico, se procede igual que para la gráfica de tiempo real. Una vez situada la gráfica sobre la pantalla, pinchando sobre ella, se abre una ventana de diálogo, en la que, además de seleccionar su apariencia, hay que editar dos puntos de animación para el funcionamiento de dicho histórico. Existe la opción de que sea el propio programa el que configure los puntos, para ello se picha en el botón *Suggest.*

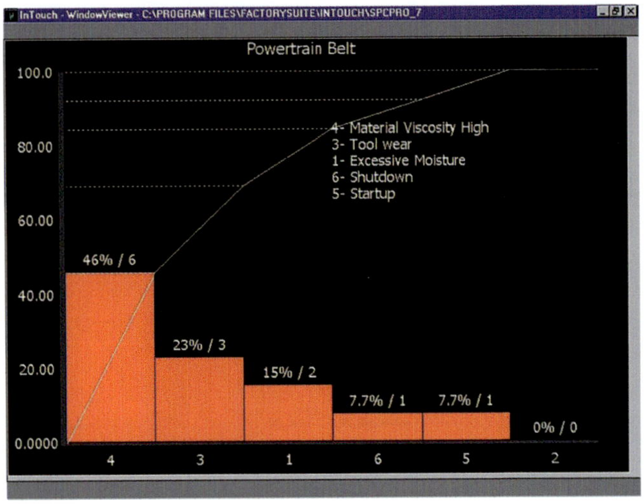

Figura 5.18. *Ejemplo de histórico con InTouch de Wonderware®.*

Los otros tres botones se utilizan para definir el eje vertical (valores o *values*), eje horizontal (tiempos o *times*) y los puntos de animación correspondientes a cada curva del histórico. Durante la ejecución del programa, para que funcione la gráfica de históricos, es necesario tener guardada la información que ha de visualizarse en un fichero cuyo nombre por defecto corresponderá a la fecha en la que se creó con la extensión *.IDX* (por ejemplo, 05012019.IDX), en el cual la información se habrá guardado en intervalos de tiempo definido por la función *updatetrend*. Cada vez que esta función se ponga a 1, se realizará una actualización de este. Por ejemplo, puede crearse un *script* de forma que, cada cierto tiempo, se lea y ejecute la acción: *histTrend,updatetrend=1*.

Si, durante la ejecución, se pincha sobre la gráfica, se visualiza una ventana desde la cual puede seleccionarse la fecha y la hora que han de visualizarse, especificando la amplitud de esta (rango de tiempo). Si se selecciona la fecha y hora actual y se ha configurado una actualización automática, parecerá una gráfica de tiempo real.

5.5.7. Comunicación entre diferentes equipos de control

El sistema de comunicaciones es el encargado del intercambio de información entre los elementos de la planta, la arquitectura *hardware* implementada y los elementos de gestión. La conexión de todos estos componentes puede realizarse mediante *drivers* específicos o mediante *drivers* genéricos.

- ***Drivers* específicos:** son propietarios (los proporciona el fabricante) y únicamente permiten la comunicación entre un elemento determinado de campo y un sistema de captación de datos (ordenador). Por tanto, cada enlace usa un *driver* específico.

En la Figura 5.19, se observa que cada enlace, desde el sistema SCADA a cada elemento de campo, es exclusivo. En el caso de utilizar un SCADA de otro fabricante, habría que duplicar los enlaces con sus *drivers* específicos. Además, si quisieran comunicarse ambos SCADA, habría que añadir otro *driver* específico. Esto resta rendimiento a los equipos, pues deben enviar la información tantas veces como destinatarios haya en el sistema.

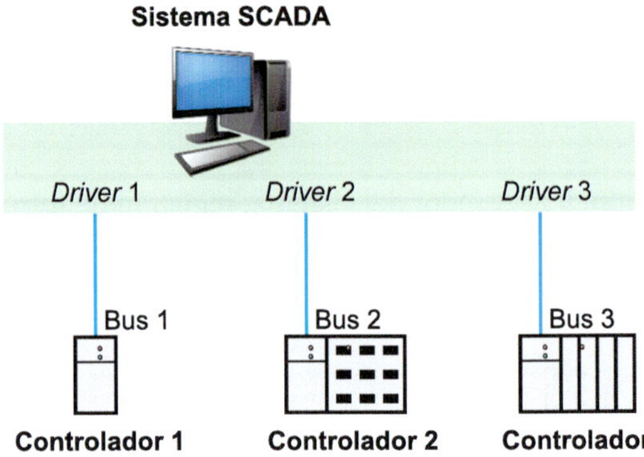

Figura 5.19. Drivers *específicos.*

- ***Drivers* genéricos:** son de tipo abierto. Están hechos en función de unas especificaciones concretas y de dominio público. La idea es definir una interfaz estándar entre los elementos de campo y las aplicaciones, con independencia del fabricante, simplificando las tareas de integración de diferentes equipos. Además, la carga de comunicaciones se reduce, pues cada elemento solo debe enviar o recibir un mensaje cada vez.

El ejemplo más representativo de *driver* genérico es OPC. En el ejemplo de la Figura 5.20, se aprecia una gran simplificación respecto a los *drivers* específicos, ya que cada elemento del sistema tiene una cara común. Al utilizar la misma interfaz (en este caso OPC), añadir elementos al sistema SCADA es muy sencillo.

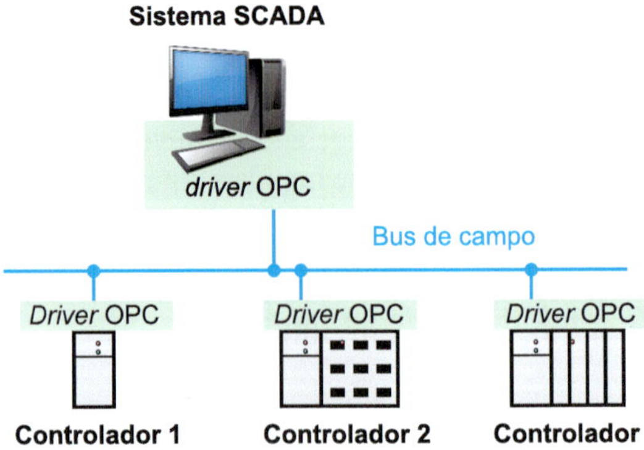

Figura 5.20. Drivers *genéricos, OPC.*

5.5.8. Enlace entre aplicaciones

Uno de los problemas más difíciles de solucionar en el ámbito industrial es el de la integración de sistemas. Multitud de elementos de control y monitorización deben ponerse de acuerdo, con la máxima eficiencia y con un acceso seguro a la información. Para ese fin, se crean los métodos de intercambio de información entre aplicaciones. Los más conocidos son: OPC, DDE, OLE, ActiveX, ODBC, ASCII y API.

- **OPC** ***(OLE for process control):*** diseñada para comunicar aplicaciones sin importar la fuente de los datos (PLC, regulador, etc.). El formato de presentación y acceso de los datos es fijo, de modo que permite intercambiar datos con cualquier equipo que cumpla OPC. Los componentes OPC pueden clasificarse en dos categorías:

  1. ***OPC client:*** es una aplicación que solo utiliza datos, como un paquete SCADA.
  2. ***OPC server:*** es una aplicación que permite el acceso a elementos de un sistema automatizado (datos de campo) desde otras aplicaciones (clientes OPC).

  Dentro de las especificaciones de la norma, las más comunes son:

  — **OPC DA** ***(data access):*** proporciona acceso en tiempo real a los datos en un formato único.

  — **OPC HDA** ***(historical data access):*** proporciona exclusivamente acceso a datos de proceso ubicados en archivos históricos *(log files)* de RTU, bases de datos, registradores, etcétera.

  — **OPC A&E** ***(alarms and events):*** proporciona a los usuarios acceso a alarmas y a eventos del proceso.

  — **OPC DX** ***(data exchange):*** determina la forma de intercambio de los datos entre servidores OPC.

  — **OPC XML** ***(extensive markup language):*** permite el intercambio de datos del proceso entre sistemas operativos.

- **DDE** ***(dynamic data exchange):*** permite a cualquier aplicación basada en Windows intercambiar información con otra aplicación diferente. Por ejemplo, un sistema de visualización con una hoja de cálculo. El intercambio se realiza a través de una memoria común, evitando cargas innecesarias. DDE permite que una aplicación ejecute comandos de otra. De este modo, es posible, por ejemplo, que un programa SCADA abra una hoja de cálculo con solo pulsar un botón.

- **OLE** ***(object linking and embedding):*** se utiliza para gestionar documentos compuestos por varios elementos diferentes, por ejemplo, un documento de texto con imágenes, audio, etcétera.

- **ActiveX:** permite a los objetos utilizar un conjunto común de servicios (COM o *component object model*) para intercambiar información con otros. Facilita la implementación de servicios en redes de comunicación (por ejemplo, con PLC) y controles en servidores web (por ejemplo, una animación). Un objeto ActiveX es como un programa que puede ser reutilizado por otros programas, dentro de un ordenador, o entre ordenadores de una red.

- **ODBC** ***(open data base connectivity):*** es un estándar que permite el intercambio de datos entre aplicaciones y bases de datos. Utiliza SQL *(structured query language)* como método estándar de acceso.

- **ASCII** ***(American standard code for information interchange):*** es un estándar básico de intercambio de datos. Es común a todas las aplicaciones informáticas.

- **API** ***(application programming interface):*** son herramientas que permiten al usuario adaptar el sistema a sus necesidades mediante la programación de rutinas propias escritas en un lenguaje estandarizado como C++ o Java. Proporcionan una gran versatilidad y potencia, permitiendo el acceso a todo tipo de datos.

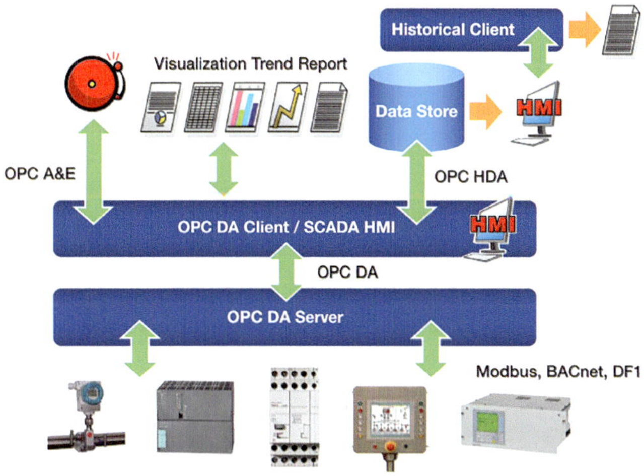

Figura 5.21. *Arquitectura cliente-servidor OPC (cortesía de OPC Foundation).*

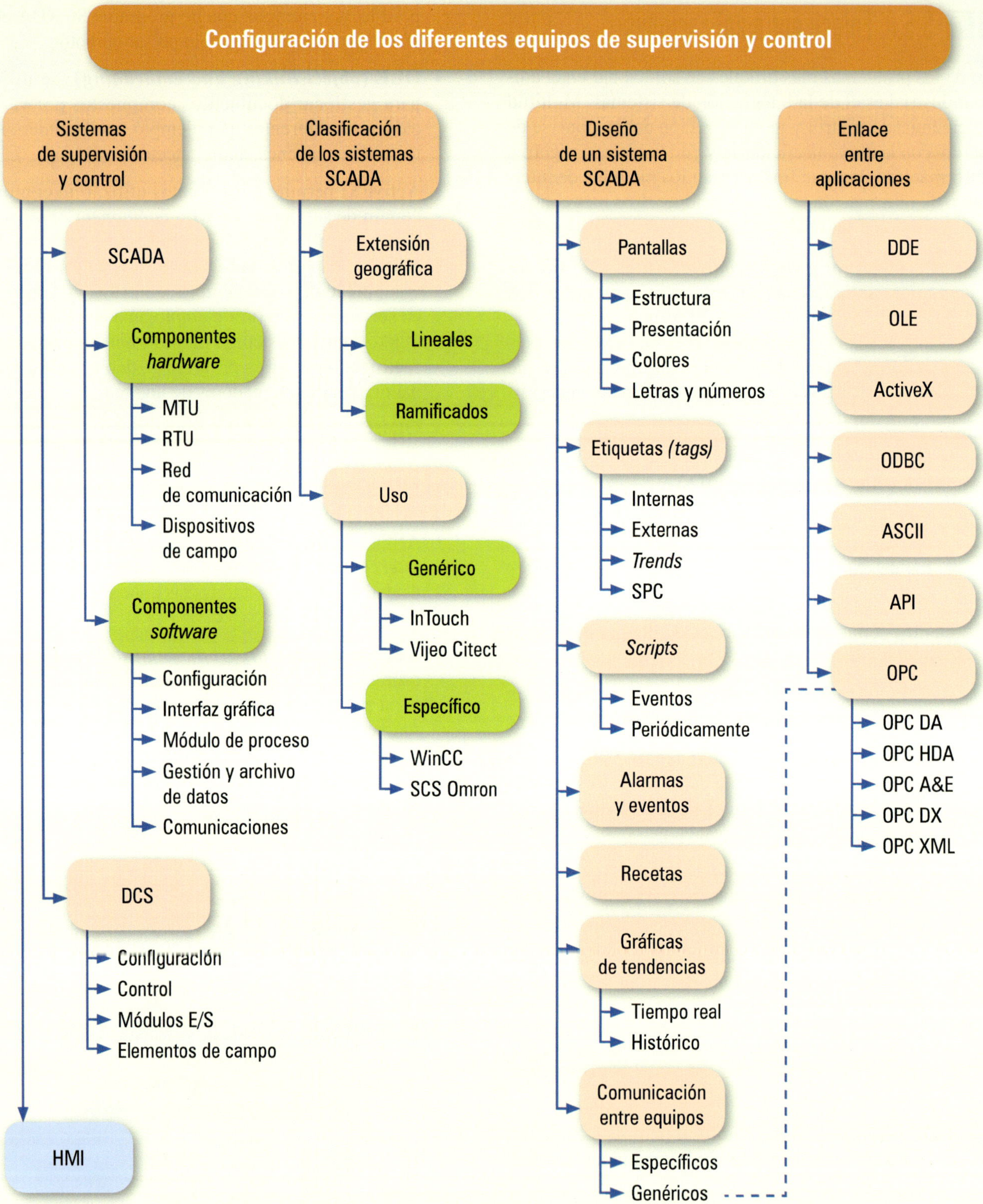
Configuración de los diferentes equipos de supervisión y control
Sistemas de supervisión y control
SCADA
Componentes *hardware*
MTU
RTU
Red de comunicación
Dispositivos de campo
Componentes *software*
Configuración
Interfaz gráfica
Módulo de proceso
Gestión y archivo de datos
Comunicaciones
DCS
Configuración
Control
Módulos E/S
Elementos de campo
HMI
Clasificación de los sistemas SCADA
Extensión geográfica
Lineales
Ramificados
Uso
Genérico
InTouch
Vijeo Citect
Específico
WinCC
SCS Omron
Diseño de un sistema SCADA
Pantallas
Estructura
Presentación
Colores
Letras y números
Etiquetas *(tags)*
Internas
Externas
Trends
SPC
Scripts
Eventos
Periódicamente
Alarmas y eventos
Recetas
Gráficas de tendencias
Tiempo real
Histórico
Comunicación entre equipos
Específicos
Genéricos
Enlace entre aplicaciones
DDE
OLE
ActiveX
ODBC
ASCII
API
OPC
OPC DA
OPC HDA
OPC A&E
OPC DX
OPC XML

Actividades de comprobación

5.1. Un sistema de supervisión y control DCS es...

a) ... centralizado.

b) ... distribuido.

c) ... de alta redundancia.

d) Las respuestas b) y c) son correctas.

5.2. La mayor diferencia entre SCADA y DCS es...

a) ... los sistemas de visualización.

b) ... el tipo de cable utilizado.

c) ... que, en DCS, hay comunicación entre los controladores.

d) Ninguna de las respuestas es correcta.

5.3. Los componentes *hardware* de un sistema SCADA son...

a) ... MTU, RTU, red de comunicaciones y dispositivos de campo.

b) ... operación, control, E/S y dispositivos de campo.

c) ... configuración, interfaz gráfica, proceso, gestión y comunicaciones.

d) ... MTU, RTU y red de comunicaciones.

5.4. ¿Qué dispositivos pueden ser RTU?

a) Ordenadores industriales.

b) PLC.

c) IED.

d) Todas las respuestas son correctas.

5.5. Los sistemas HMI son...

a) ... MTU.

b) ... una ventana al proceso.

c) ... RTU.

d) ... interfaces para la televisión de alta definición.

5.6. Algunas de las funciones de los sistemas SCADA son...

a) ... supervisión, control y simulación.

b) ... supervisión, control de tráfico en la red y presentación.

c) ... adquisición de datos, supervisión, control y bases de datos.

d) ... adquisición de datos, adaptación de protocolos, control y bases de datos.

5.7. En un sistema SCADA, los dispositivos de E/S internos usan etiquetas...

a) ... externas.

b) ... internas.

c) ... SPC.

d) ... locales.

5.8. Los *scripts* son...

a) ... gráficas de tendencias.

b) ... pequeños programas que responden a eventos del sistema.

c) ... *tags* internos.

d) ... programas escritos en ensamblador.

5.9. Un cambio de consigna es...

a) ... una alarma.

b) ... una etiqueta interna.

c) ... un evento.

d) Ninguna de las respuestas es correcta.

5.10. Una colección de datos almacenados en un fichero con valores predefinidos se denomina...

a) ... *script.*

b) ... fichero de configuración.

c) ... *real-time trending.*

d) ... receta.

5.11. OPC es...

a) ... un gestor de documentos.

b) ... un *driver* genérico.

c) ... una API de Windows.

d) ... un *driver* específico.

5.12. Lo más utilizado para intercambiar información entre aplicaciones de Windows es...

a) ... OPC.

b) ... OLE.

c) ... DDE.

d) ... ASCII.

Actividades de ampliación

5.13. El Real Decreto 485/1997 establece una convención de colores para el diseño de pantallas de visualización de datos. Haz una tabla con los colores más apropiados para cada estado.

5.14. La norma ISO 9241, en su parte 10 (principios de diálogo), trata el diseño ergonómico de programas para equipos con pantallas de visualización de datos. Haz una lista que sirva de guía a la hora de realizar el planteamiento y desarrollo de las interfaces gráficas. Sobre todo céntrate en los capítulos 14, 15, 16 y 17 de dicha norma.

5.15. La Tabla 5.3 define varias etiquetas *(tags)* de Vijeo Citect. Rellena las casillas que faltan.

Tabla 5.3. Etiquetas *(tags)*

Tipo de *tag*	Dispositivo de E/S	Tipo de dato	Dirección	Muestreo
	No tiene	Entero	No tiene	No tiene
Variable local		Carácter		
Tag de variable			L5	
	Interno	Real		
	Interno	Cadena de caracteres	S1	
Tag SPC		Real		
Externa			400001	
	No tiene	Real		No tiene
	No tiene	Entero		10 s

5.16. Programa un *script* que, cuando se pulse la letra *v*, ponga la variable *marcha* a 1 e incremente en una unidad la variable *velocidad* si esta es inferior a 1000, de no ser así, se mantendrá en 1000.

Diseño de un sistema SCADA para el control de un motor con Vijeo Citect

El objetivo de esta actividad es familiarizarse con el uso de un paquete SCADA, en concreto Vijeo Citect. Para ello se propone diseñar un sistema SCADA que controle la puesta en marcha y parada de un motor.

Vijeo Citect es un *software* SCADA del grupo Schneider Electric muy extendido a nivel global. Sus herramientas permiten gran flexibilidad y, gracias a ello, hacen que este *software* sea adecuado para cualquier tipo de aplicación.

El *software* Vijeo Citect necesita licencia. En caso de no instalarla, el programa de desarrollo es operativo y permite activar el Runtime durante 15 minutos. El código QR de la Figura 5.22 abre la URL para su descarga, previo registro.

Figura 5.22. *Web para la descarga de Vijeo Citect.*

Durante la instalación, en el *Perfil de la instalación,* selecciona la opción por defecto *Todos los componentes básicos*. Finalizada la instalación, Vijeo Citect arranca desde el *Explorador de Vijeo Citect*. La herramienta abre tres procesos simultáneos:

1. **Explorador:** es el proceso principal, permite realizar las tareas de gestión de proyectos y cerrar el programa Vijeo Citect.
2. **Editor de proyectos:** es el gestor de las bases de datos, donde se configuran los dispositivos con los que se comunica el programa, las variables, las alarmas, etcétera.
3. **Editor gráfico:** es el proceso que permite crear pantallas, símbolos, elementos gráficos, etcétera.

Además de estos tres procesos, también se dispone de un editor de código Cicode. Este editor permite implementar cualquier utilidad que requiera la aplicación mediante un lenguaje estructurado similar al Visual Basic.

Desde el *Explorador* se realizan las operaciones básicas para empezar a trabajar con el programa. La primera es la creación de un proyecto, para ello, en *Archivo,* pincha en *Nuevo proyecto*. Al hacerlo, aparece una ventana de diálogo con las opciones básicas de configuración. En esta ventana, entre otras, se define el nombre del nuevo proyecto, así como la resolución de la pantalla, el color de fondo de la pantalla y la plantilla a utilizar (Figura 5.23). Nombra el proyecto como *Control_Motor,* selecciona el estilo de pantalla *Tab_Style_1* y la resolución *HD768 (1366x768, 16:9).* Si el ordenador no soporta esta resolución, selecciona otra. Al validar los datos, se crea una nueva carpeta en la *Lista de proyectos* del *Explorador.*

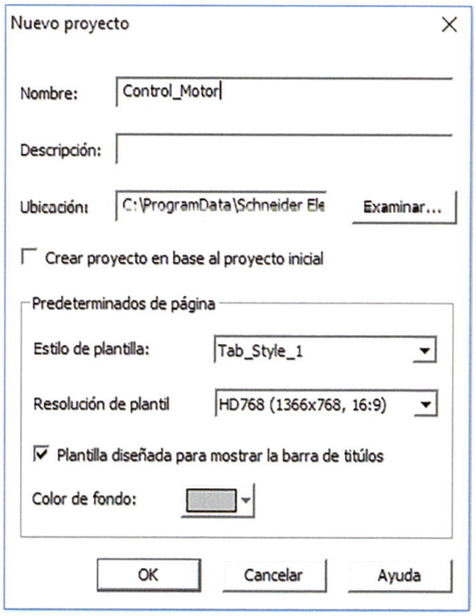

Figura 5.23. *Ventana de* Nuevo proyecto.

La siguiente operación básica es la creación de un grupo de servicios *(clusters).* Un *cluster* es un grupo de ordenadores que se comportan como si fuesen uno solo, de modo que el usuario accede a los recursos remotos de la misma manera en que lo hace a los recursos locales.

Desde el *Editor de proyectos,* se define el grupo de servicios *(clusters)* que se usarán en el proyecto *Control_Motor*. Para ello, como muestra la Figura 5.24, en el menú *Servidores* pincha en *Clusters*. En la ventana que aparece, pon como *Nombre del cluster: LINEA_1* y, luego, pulsa el botón *Añadir*.

Figura 5.24. *Creación de un grupo de servicios* (clusters).

Dentro del grupo, se definen los servicios necesarios para el proyecto. Un proyecto Vijeo Citect necesita uno o más servidores de la siguiente lista:

- Alarmas.
- Informes.
- Tendencias.
- Entradas/salidas.
- OPC DA.
- Servicios web EcoStruxure.

En el proyecto *Control_Motor,* crea los siguientes desde el menú *Servidores:* 1 servidor de alarmas *(SRV_AL),* 1 servidor de informes *(SRV_REP),* 1 servidor de tendencias *(SRV_TEN)* y 1 servidor de E/S *(SRV_ES).* La Figura 5.25 muestra la creación de todos estos servidores.

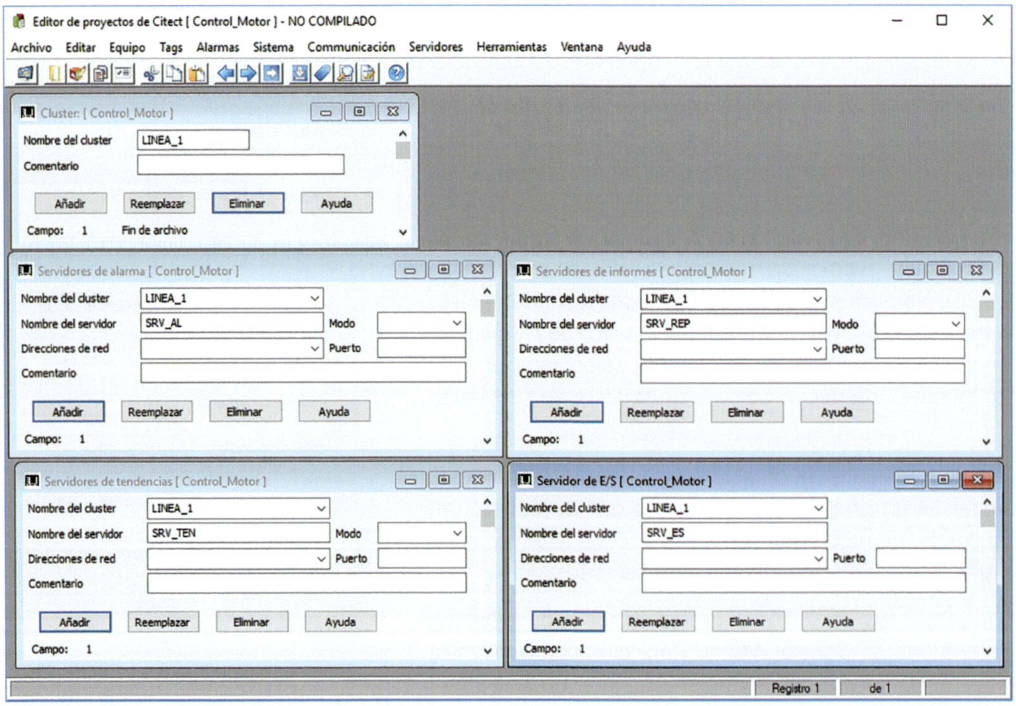

 Figura 5.25. *Creación de los servidores del* cluster.

Estos servidores pueden estar todos en una máquina (sistema monopuesto o *standalone*) o en varias (sistema distribuido o *clustered*). En este proyecto, al tratarse de un ejemplo para un equipo aislado *(standalone),* la opción *Direcciones de red* no es necesaria. Vijeo Citect asumirá la dirección del equipo local.

Para finalizar, pincha en la opción *Empacar* del menú *Archivo*. Esta opción cierra de forma ordenada las tablas donde se guardan los datos que se han modificado.

A continuación, para poder enlazar las variables *(tags)* a sus correspondientes objetos, deben definirse los denominados *Dispositivos de entrada/salida*. Estos pueden ser de dos tipos:

1. **Internos:** son dispositivos virtuales que están dentro del equipo local. Puede elegirse que los datos de trabajo se guarden el en disco duro (más lento, pero seguro) o en la memoria RAM (más rápido, pero inseguro).
2. **Externos:** son dispositivos externos al ordenador como autómatas o *software* de simulación.

La configuración de un dispositivo se realiza desde el *Explorador,* en la carpeta de *Comunicaciones,* pinchando en el icono de *Configuración rápida de dispositivo de E/S* y seleccionando el servidor de E/S *(SRV_ES)* creado antes. La Figura 5.26 ilustra todo este proceso.

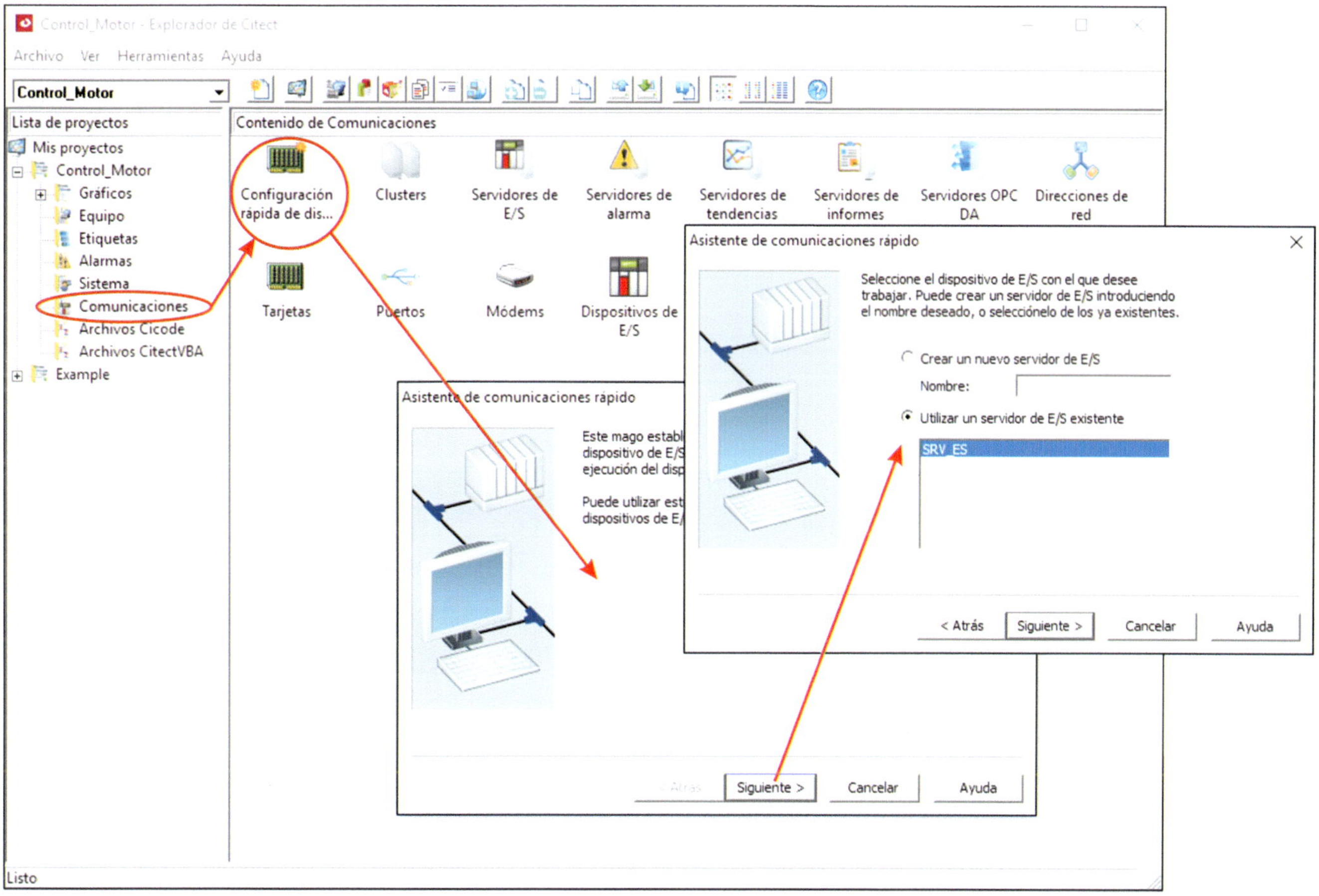

Figura 5.26. *Creación de un servidor de E/S.*

En esta práctica, configura un autómata Micro de Telemecánica vía Modbus TCP como dispositivo interno con datos de trabajo en memoria.

La Figura 5.27 muestra todo el proceso de configuración. En el caso de configurarlo como un dispositivo externo, el procedimiento sería el mismo, solo que tendría que definirse el tipo de enlace, donde se asignaría una dirección IP y el puerto de entrada.

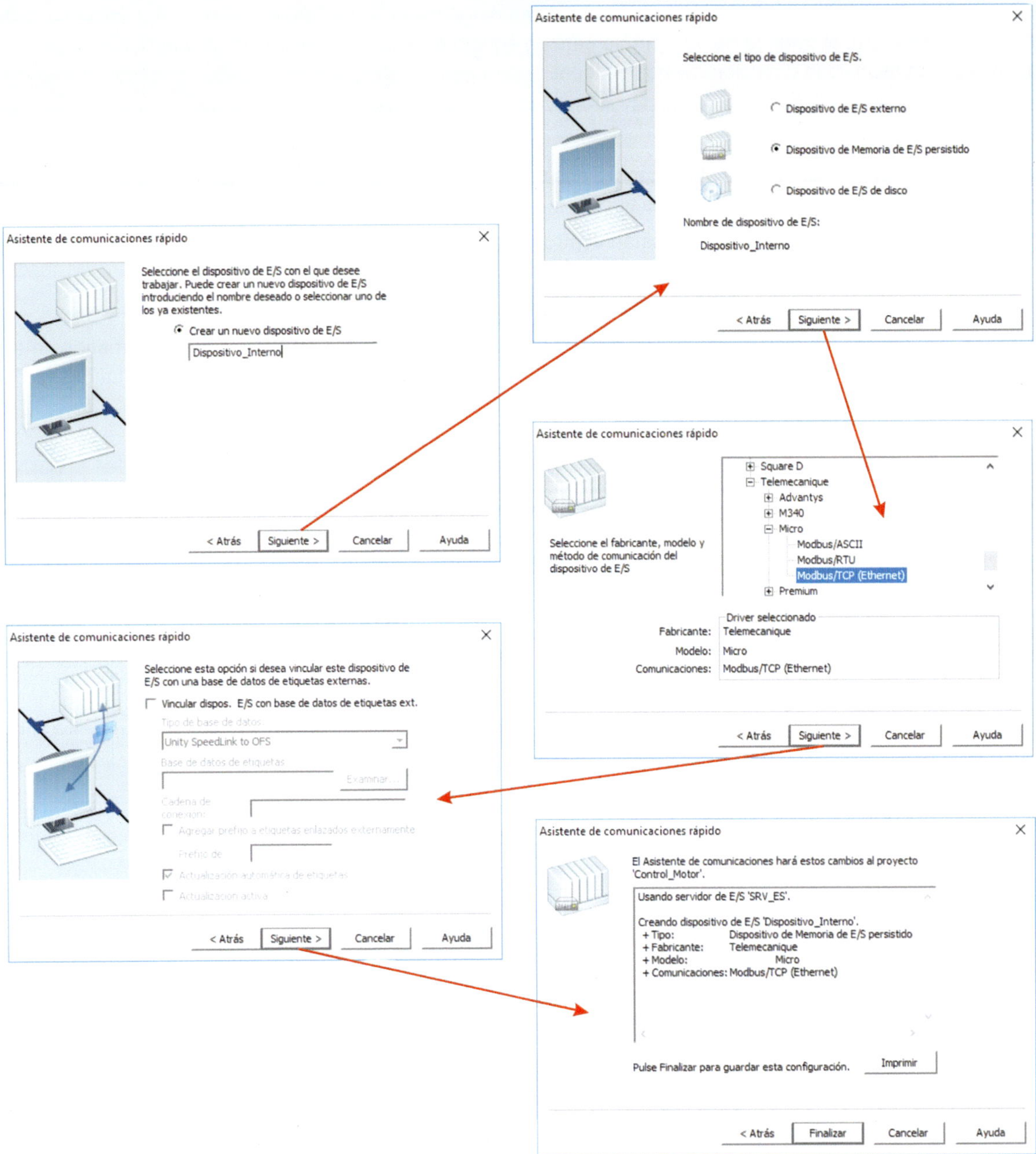

Figura 5.27. *Creación de un dispositivo interno.*

El siguiente paso es crear un usuario. En Vijeo Citect, los usuarios declarados en el sistema están asociados a *Funciones*. En primer lugar, se crea una *Función* con una serie de privilegios determinados. Vijeo Citect dispone de ocho niveles de privilegio global, que, por defecto, no respetan una jerarquía (puede cambiarse mediante el fichero *citect.ini*). Cada uno de estos privilegios es como una llave diferente que permite hacer cosas distintas. Cada usuario tendrá tantas llaves como sean necesarias (hasta 8) para desempeñar su trabajo. Esto significa que un usuario con privilegio 6 no tiene automáticamente los privilegios de un usuario 5. Normalmente, los administradores tienen los ocho privilegios, los operadores tienen los privilegios 1 y 2 y el personal de mantenimiento tiene los privilegios 1, 2, 3 y 4.

Para esta práctica, crea una función llamada *ADMINISTRADORES* con privilegios globales del 1 al 8. Para ello, en el menú *Sistema* del *Editor de proyectos,* pincha en *Funciones*.

A continuación, en el menú *Sistema* del *Editor de proyectos,* pincha en *Usuarios* y crea el usuario *admin* con contraseña *admin* y asociada a la función ADMINISTRADORES, como muestra la Figura 5.28.

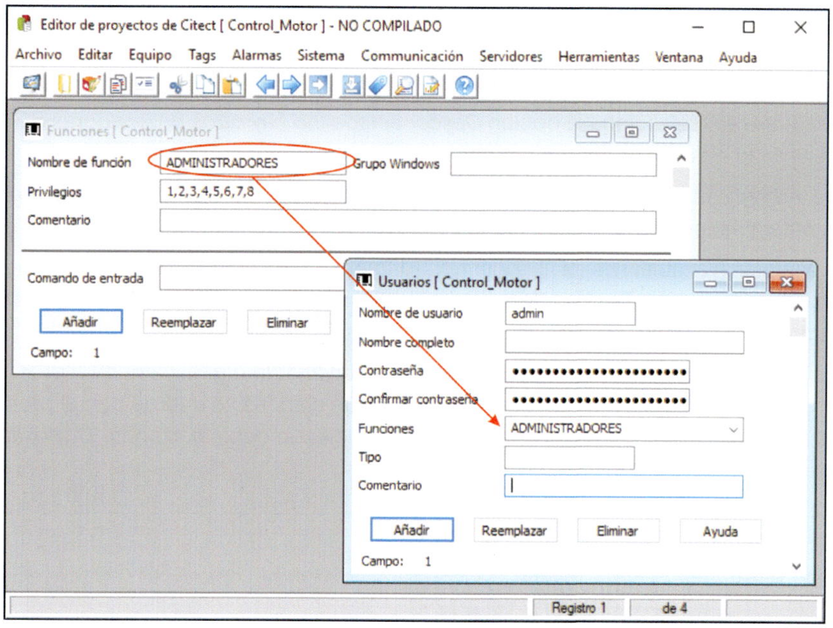

Figura 5.28. *Creación de funciones y usuarios.*

Después de crear el usuario *admin,* pincha en la opción *Empacar* del menú *Archivo* y compila el proyecto desde el menú *Archivo* con la opción *Compilar* (Alt+F10).

Una vez compilado el proyecto sin errores, se configura el modo de funcionamiento del ordenador donde va a instalarse la aplicación. Vijeo Citect permite tener la misma aplicación en varios ordenadores conectados en red, pero con configuraciones diferentes: servidor y cliente, cliente de visualización, cliente web, etcétera.

En esta práctica, como el ordenador es una estación aislada *(standalone),* se configura el *software* como servidor y cliente. Para ello, usa el *Asistente de configuración del ordenador* del *Explorador.*

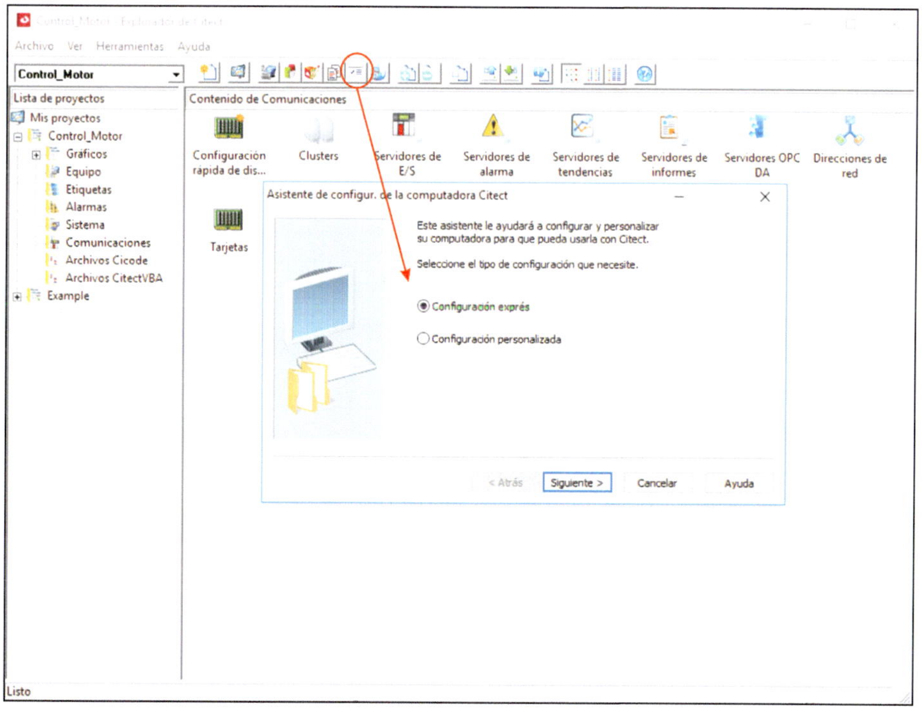

Figura 5.29. *Configuración del ordenador.*

Selecciona la *Configuración exprés* y el proyecto *Control_Motor*. La opción *Servidor y cliente de control* permite a la aplicación funcionar en un único ordenador. La opción *Multiproceso* permite distribuir la carga de trabajo entre los diferentes núcleos del microprocesador del ordenador (para esta opción se requiere de licencia).

En la ventana *Configuración de red,* selecciona la opción *Desconectada (no hay otros ordenadores SCADA),* para indicar que el ordenador va a trabajar en modo aislado.

Por último, en la ventana *Autenticación del servidor,* se estable una contraseña, que utilizarán los servidores para verificar la fiabilidad de los datos intercambiados. Por ejemplo, usa la contraseña: *CI_Paraninfo.*

Para poder trabajar con los datos (variables) de los dispositivos, primero deben crearse desde el *Explorador* o mediante el *Editor de proyectos.* Por ejemplo, con la opción *Tag de variable,* dentro del menú *Tags* del *Editor de proyectos,* se abre una plantilla donde se rellenan los datos mínimos necesarios para cada variable *(tag).*

En esta práctica, como se trabaja con dispositivos internos, crea una variable digital llamada *motor* y con dirección *D0.* Para poder activar los enlaces, hay que crear, dentro del servidor de E/S, un dispositivo interno con el protocolo genérico de Citect *(GENERIC).* A la ventana de *Dispositivos de E/S,* puede accederse haciendo doble clic sobre *Dispositivo interno* de la ventana *Tags de variable,* como ilustra la Figura 5.30.

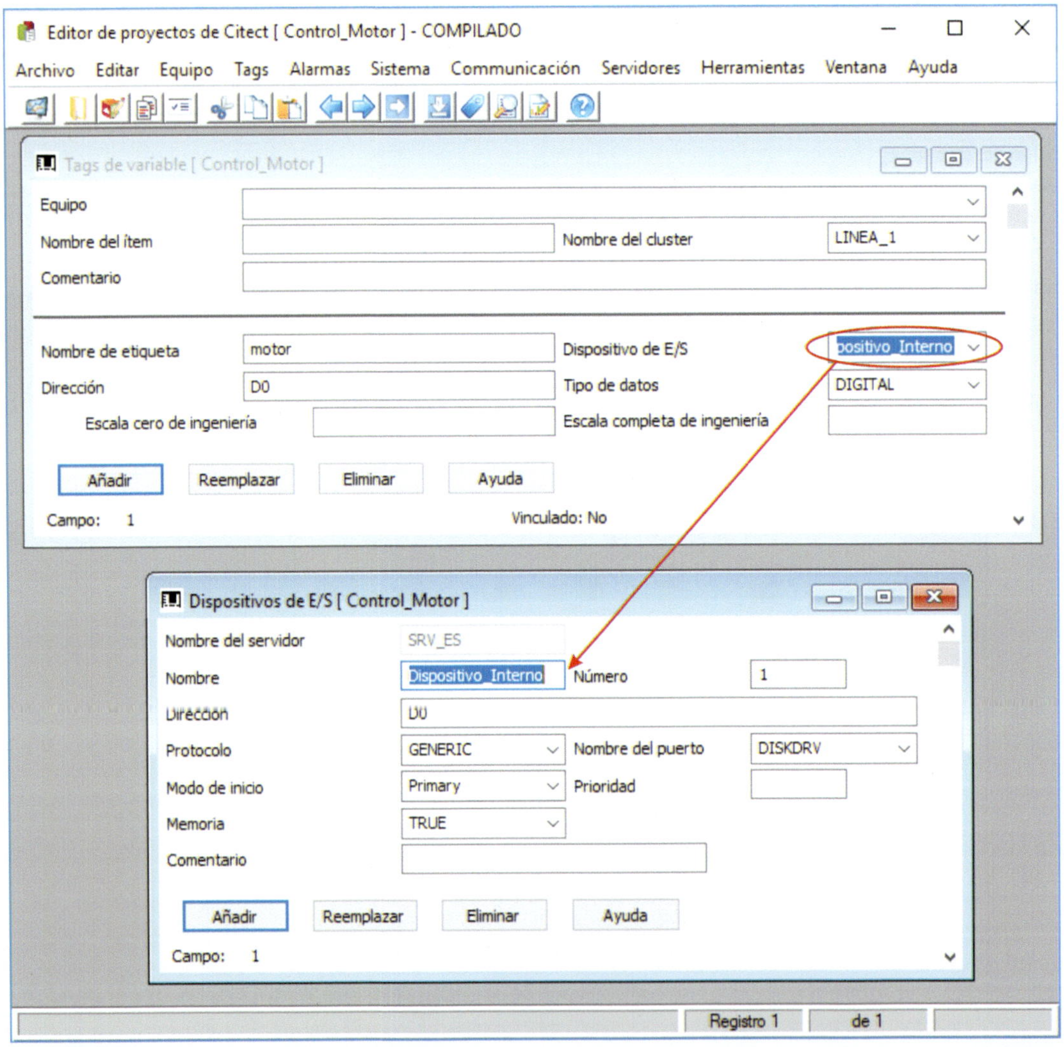

Figura 5.30. *Configuración de una variable digital y de un dispositivo E/S interno.*

Después de crear o modificar variables, se recomienda realizar una limpieza de la base de datos pinchando en la opción *Empacar* del menú *Archivo.* Para verificar que no hay errores o advertencias, compila el proyecto desde el menú *Archivo* con la opción *Compilar* (Alt+F10).

El *Editor gráfico* permite crear o editar ventanas gráficas (páginas), plantillas, símbolos, genios y supergenios. Ya sea desde el *Explorador,* o desde el *Editor gráfico,* al crear un objeto gráfico aparece la ventana de la Figura 5.31.

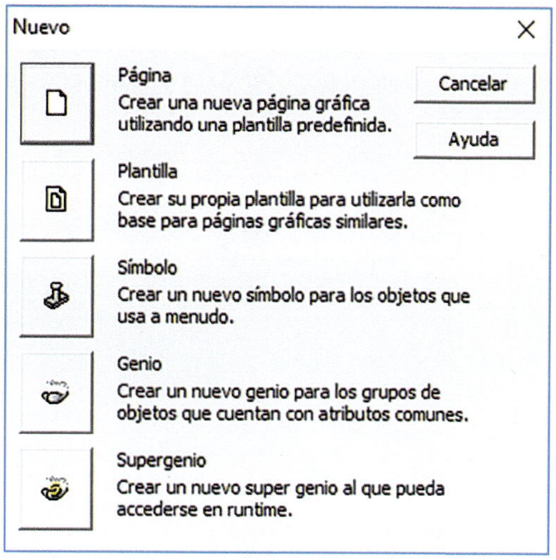

Figura 5.31. *Creación de objetos gráficos.*

Las páginas permiten mostrar la información al usuario y en ellas se insertan todos los objetos que conforman la aplicación como botones, dibujos, gráficas de tendencias, alarmas, etcétera.

Al pinchar sobre el botón *Página,* aparece la ventana de plantillas. En esta ventana, aparecen varias series de plantillas de diferentes tipos. Se escoge la que interese y se selecciona:

1. **Estilo:** es el aspecto de la ventana que tendrá la aplicación.
2. **Vinculado:** al marcar esta opción, cualquier cambio en el original, se actualizará automáticamente en las páginas del proyecto.
3. **Barra título:** muestra en el margen superior de la pantalla el título de la página.
4. **Resolución:** establece el tamaño de la pantalla. Aunque Vijeo Citect puede ampliar la medida de la pantalla para adaptarlo al tamaño de la que se use, es aconsejable seleccionar la resolución del monitor que va a usarse.

Por ejemplo, elige dentro del estilo *version2* la plantilla *normal,* con las opciones *Vinculado* y *Barra título* marcadas y una resolución de *XVGA (1024x768, 4:3),* como muestra la Figura 5.32.

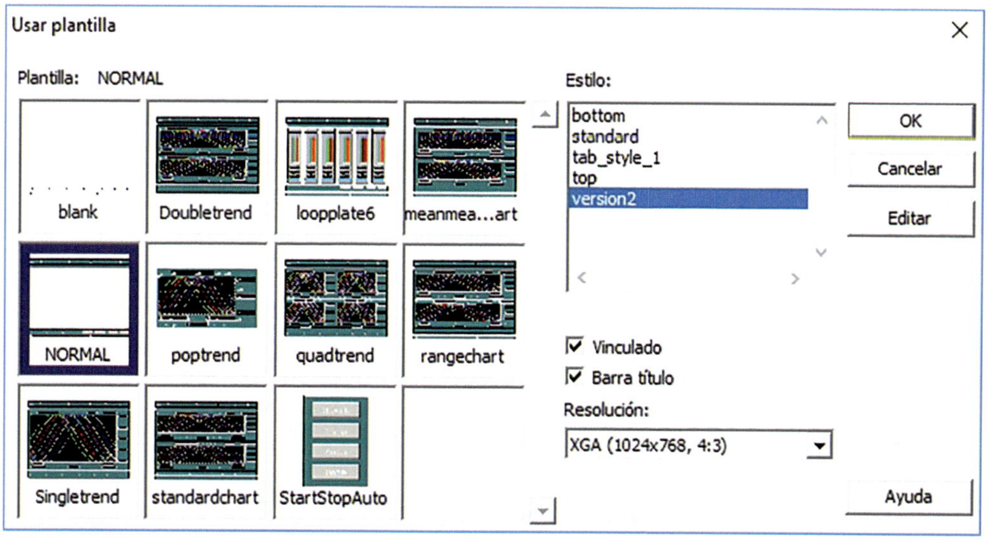

Figura 5.32. *Creación de una página.*

Al pulsar el botón de *Aceptar,* aparece la página configurada. La barra de herramientas que aparece con la página contiene todos los elementos necesarios para trabajar con las páginas: dibujo de líneas y formas, inclusión de textos, botones, símbolos, etcétera.

Ahora se crean los botones de *MARCHA* y *PARO* del motor. Al seleccionar crear un botón, primero se define su tamaño y, al soltar el ratón, se abre una ventana de propiedades donde se realiza su configuración (tipo de letra, texto, color, etc.). En la pestaña de *Aspecto,* cambia el texto que aparece por defecto *(Botón)* por *MARCHA* y el tamaño de la fuente.

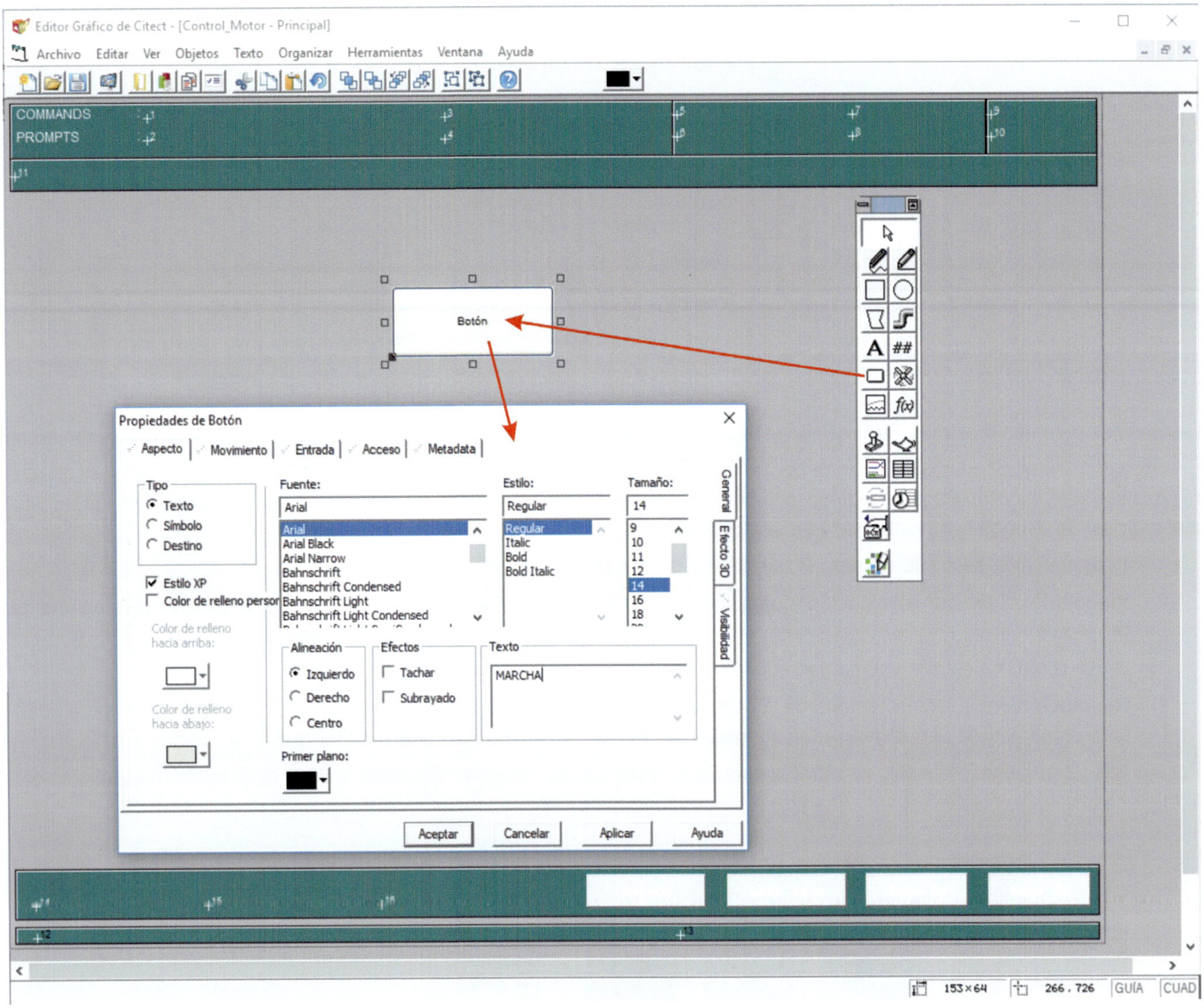

Figura 5.33. *Creación de un botón.*

Como se trata de una entrada de datos al sistema, en la pestaña *Entrada,* se programa el comportamiento del botón. En el recuadro *Acción,* se selecciona cuándo se ejecuta el comando. Seleccionando *Arriba,* el comando se ejecuta al soltar el botón del ratón (o al quitar el dedo en una pantalla táctil) y, seleccionando *Abajo,* al apretar el botón (o al poner el dedo en una pantalla táctil). Marca *Arriba* y, en el recuadro *Arriba comando,* escribe los comandos a ejecutar. En este caso, se cambia el estado de la variable *motor* a 1 cuando se pulse el botón *MARCHA,* por tanto, escribe *motor=1*. Conviene recordar que la variable *motor* está asociada a la dirección *D0* del autómata Micro de Telemecánica.

Si quisiera cambiarse el estado de una variable interna del programa, esta se definiría desde el *Editor de proyectos* seleccionando la opción *Variables locales* del menú *Tags*. Por último, el recuadro *Registro* sirve para crear mensajes de registro de acciones (auditoría). Por ejemplo, puedes escribir: *Pulsado Marcha motor*.

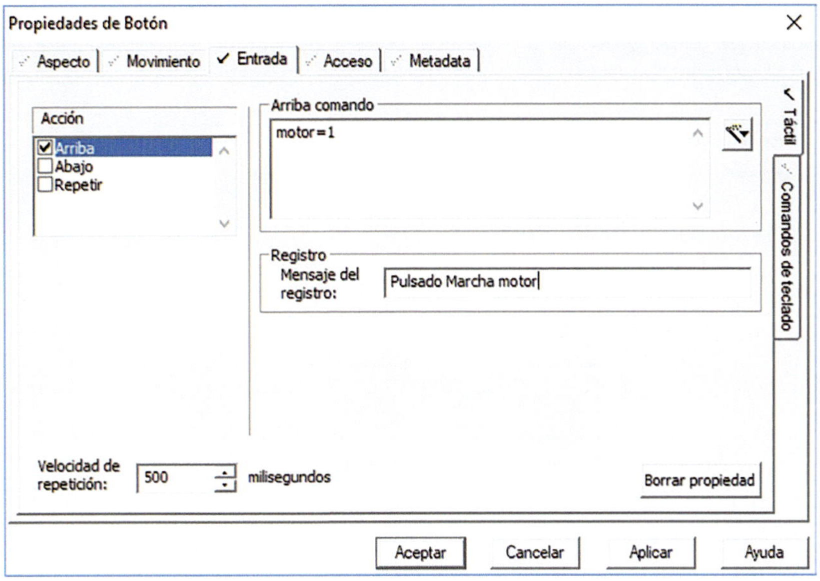

Figura 5.34. *Propiedades del botón* MARCHA.

Haz lo mismo para el botón *PARO*. En este caso, cambia el estado de la variable *motor* a 0 y, en el mensaje del registro, escribe: *Pulsado Paro motor*.

No solo es posible asignar funciones simples a los botones, también pueden ejecutarse funciones de mayor o menor complejidad. Por ejemplo, crea un botón *MARCHA-PARO* que realice la función de biestable *(toggle)* con la variable *motor*. En este botón, en el recuadro *Arriba comando* escribe: *Toggle(motor).*

Para poder visualizar el estado de la variable *motor,* puede asignársele un símbolo que cambie de aspecto con el valor de esa variable. En la barra de herramienta, se selecciona el icono de símbolo y se hace clic en la página, abriéndose de forma automática la ventana de propiedades.

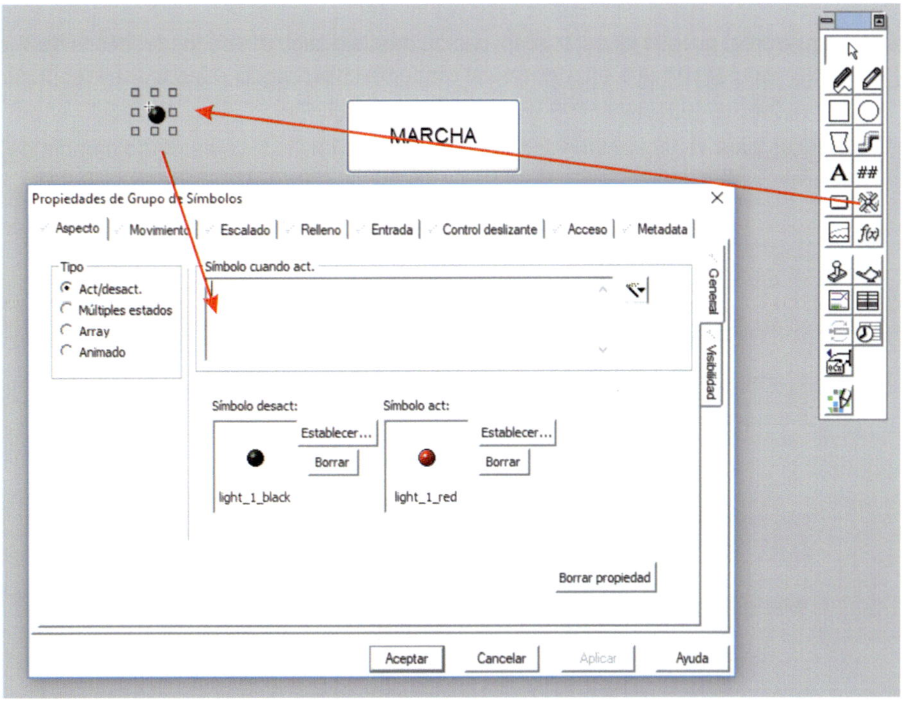

Figura 5.35. *Propiedades de un símbolo.*

Pulsando el botón *Establecer...*, puede cambiarse la imagen que viene por defecto, por otra más apropiada. Por ejemplo, como símbolo desactivado selecciona *left_large_green* de la biblioteca *motor_base* y como símbolo activado *left_large_red* de la misma biblioteca. Para finalizar, en el recuadro *Símbolo cuando act.*, se asocia a la variable *motor*, como muestra la Figura 5.36.

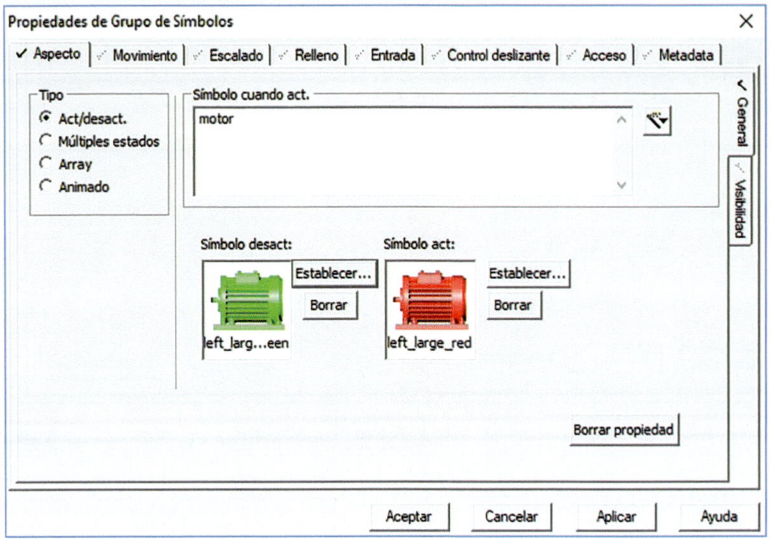

Figura 5.36. *Configuración de un símbolo.*

Aceptando los cambios, tendrás algo parecido a la Figura 5.37. Se ha incluido un rectángulo que hace de marco para los elementos que se han creado y que se han extraído de la barra de herramientas.

Para configurar el rectángulo, basta con hacer doble clic encima de él y definir sus propiedades (línea, relleno, color, etc.). Además, en el menú *Organizar* del *Editor gráfico,* permite alinear, centrar, girar, etc., los elementos que se han creado.

En este punto, ya dispones de una sencilla aplicación de control y monitorización. Para poder ejecutarla, primero debes compilar los archivos creados, para verificar que no hay errores, mediante la opción *Compilar* del menú *Archivo* o pulsando las teclas Alt+F10.

Si la compilación se realiza sin errores, puedes ejecutar la aplicación desde cualquiera de los procesos de Vijeo Citect o mediante la tecla F5. Si no dispones de licencia, aparece un mensaje al respecto y, pulsando *Aceptar,* se ejecutará la aplicación y será operativa durante 15 minutos si hay comunicación con algún dispositivo externo.

Pulsa sobre los distintos botones para verificar el funcionamiento de la aplicación, verás cómo cambia de color el símbolo del motor.

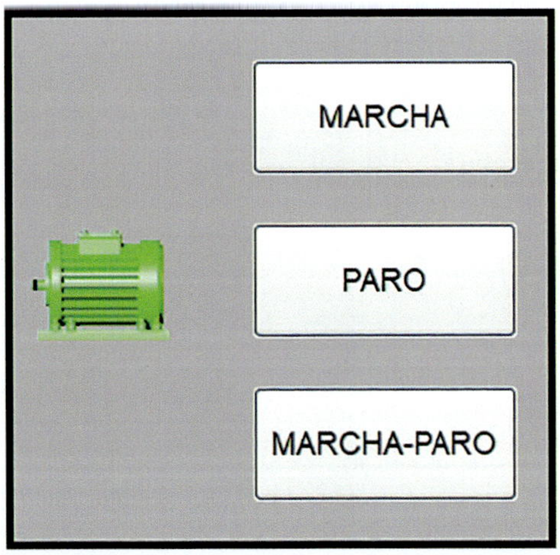

Figura 5.37. *Sistema de control de un motor.*

Figura 5.38. *Ventana de inicio de Runtime.*

Verificación del funcionamiento del sistema de comunicación industrial

6

Una vez seleccionados los elementos de un sistema de comunicación industrial, instalados, configurados e integrados dentro de la red corporativa, se procede a su verificación. La verificación del funcionamiento del sistema de comunicación industrial incluye los procesos necesarios para la puesta en marcha de todos los elementos que la integran y el manejo de las herramientas que se emplean.

Contenidos

Objetivos

- Comprobar las conexiones entre dispositivos.
- Verificar los parámetros de configuración de cada equipo.
- Garantizar que los programas se ajustan a las especificaciones.
- Conocer las normas de seguridad.
- Revisar la respuesta del sistema ante posibles anomalías.

6.1. Técnicas de verificación

Las comunicaciones industriales juegan un papel fundamental en un entorno donde, diariamente, se intercambian millones de paquetes con información, muchas veces crítica, sobre el estado de los procesos y los dispositivos. Por esta razón, ante un nuevo sistema de comunicación industrial, el personal técnico procede a la **verificación** de los elementos, tanto de los dispositivos como de la red de comunicaciones, para garantizar la integridad de la información y asegurar que esta llegue sin modificaciones.

La primera comprobación consiste en asegurarse de que los accesorios y la documentación del nuevo sistema están en perfecto estado y son los correctos. Tras esta primera comprobación, se realiza el conexionado de todo sistema. Se comprueba el procedimiento de arranque, se configura y se prueba su funcionamiento para su inclusión en el ámbito industrial.

Una vez conectado todo el sistema, usando alguno de los métodos expuestos en las unidades anteriores, se configura el nuevo sistema de comunicación industrial. Por ejemplo, para configurar un nuevo sistema de comunicación industrial basado en Ethernet Industrial, ProfiNet® o EtherNet/IP™ se realizan los siguientes pasos:

1. **Escaneo de la red:** leer las señales de los equipos y crear una tabla con los equipos encontrados. Además del procedimiento típico de buscar en un rango de direcciones IP, pueden utilizarse otros mecanismos como difusión SNMP *(simple network management protocol)*. También hay herramientas específicas para el descubrimiento de dispositivos (como PLCscan) y el análisis de topología (como modscan para redes ModBus TCP).

2. **Asignación de IP y configuración de equipos:** establecer una dirección IP introduciendo los datos o mediante mecanismos de asignación como BootP *(bootstrap protocol)* o DHCP *(dynamic host configuration protocol)*. BootP y DHCP son protocolos de arranque de equipos que usan una gestión centralizada de los parámetros de red. Mediante las direcciones MAC de los equipos, también puede planificarse la asignación de una dirección IP. Además de la dirección IP, se configura la máscara de subred, la dirección de la puerta de enlace y el nombre del equipo.

3. **Actualización del *firmware*:** actualizar el *firmware* de todos los equipos de la red, para disponer de las últimas funcionalidades. Algunas herramientas, como FL-Network Manager de Phoenix Contact, permiten iniciar el proceso de actualización para todos los equipos en paralelo.

4. **SNMP *scripting*:** crear *scripts* SNMP para la parametrización de equipos. Estos *scripts* pueden guardarse y emplearse posteriormente en otros equipos. Esto permite parametrizar y diagnosticar cualquier equipo con capacidad SNMP. Además de productos de infraestructura de red como conmutadores, puntos de acceso WLAN, etc., pueden configurarse dispositivos de E/S y fuentes de alimentación con capacidad Ethernet.

5. **Configuración de servicios adicionales:** configurar los servicios adicionales (servidor web, etc.) que ofrecen algunos dispositivos industriales como autómatas programables. Mediante estos servicios adiciones, puede diagnosticarse el dispositivo, monitorizar su estado y alarmas, estadísticas, etcétera.

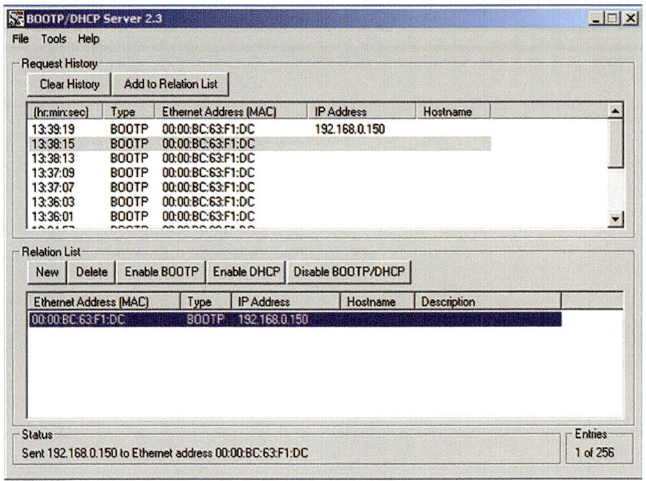

Figura 6.1. *Configuración de un servidor BootP/DHCP para la asignación automática de direcciones IP.*

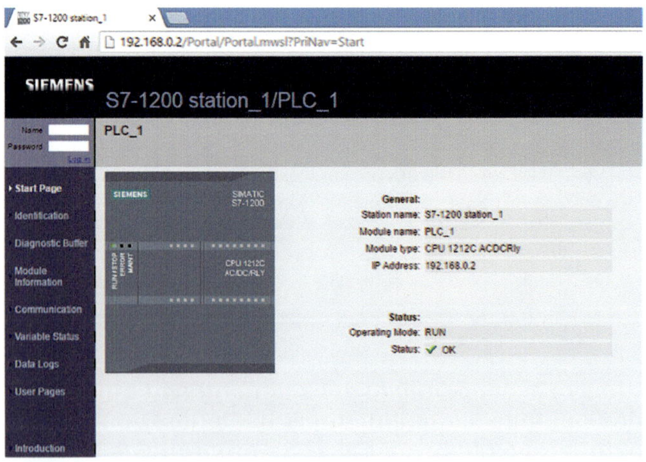

Figura 6.2. *Servidor web de un PLC de Siemens.*

Finalizada la configuración del nuevo sistema de comunicación industrial, se verifica. A continuación, se enumeran

Reparación de disfunciones en sistemas de comunicación industrial

7

Los sistemas de comunicación industrial no son infalibles. Su compleja combinación de elementos electrónicos *(hardware)* y lógicos *(software)* hace que, en algún momento, falle algún elemento. El objetivo en esta unidad es aprender las técnicas de reparación de disfunciones para encontrar qué elemento *hardware* o *software* falla. Para ello, también será necesario conocer las herramientas que permiten detectarlos y solventarlos.

Contenidos

Objetivos

- Identificar los puntos susceptibles de avería.
- Conocer las características de las averías físicas y lógicas.
- Aprender a identificar los síntomas de las averías.
- Reparar las averías.
- Saber reestablecer el funcionamiento del sistema.
- Entender el registro de averías.
- Diseñar redes industriales seguras.

7.1. Diagnóstico y localización de averías

La localización de averías en un sistema de comunicación industrial puede resumirse en cinco fases que conducen al aislamiento y reparación del sistema. Estas fases son:

1. **Recogida de datos:** en esta fase, se reúne toda la información posible sobre el sistema de comunicación industrial que quiere repararse. La primera información que hay que recopilar antes de la reparación es la documentación técnica (manuales, planos y esquemas). Se realizan unas pruebas funcionales iniciales que permitan verificar los síntomas recogidos en el parte de averías.

2. **Localización del problema:** es la parte más difícil y la que más tiempo requiere. Todo depende del número de elementos del sistema de comunicación industrial, así como la naturaleza de la avería. En esta fase, puede plantearse una hipótesis de partida y un plan de actuación para diagnosticar y localizar con precisión el tipo y el bloque funcional o módulo donde se encuentra la avería. La experiencia y la información de la que se disponga son factores importantes.

3. **Realización de la reparación:** una vez localizado el problema, se realiza la reparación. Habrá que sustituir el elemento defectuoso, tomándose las precauciones oportunas. Se realizan las operaciones de montaje, desmontaje o sustitución de los elementos afectados, utilizando la documentación técnica y las herramientas apropiadas.

4. **Comprobación del funcionamiento correcto:** finalizada la reparación, hay que comprobar el correcto funcionamiento del sistema de comunicación industrial. Con ello, se verifica que la reparación ha resuelto realmente el problema. Para realizarlo, debe probarse el sistema de comunicación industrial bajo las condiciones reales de uso y ejecutarse nuevamente las pruebas de diagnóstico. Debe verificarse la conexión a las redes externas y el correcto funcionamiento de las líneas de transmisión, prestando especial atención a la presencia de errores.

5. **Preparación de un informe:** donde se recoja, en formato normalizado, la información suficiente para realizar la facturación de la intervención y la actualización del historial de averías.

7.1.1. Tipos de averías

Los sistemas de comunicación industrial no son infalibles. Su compleja combinación de elementos electrónicos *(hardware)* y lógicos *(software)* hace que, en algún momento, falle algún elemento. El objetivo es encontrar qué elemento *hardware* o *software* está produciendo el fallo. Para ello, existe una serie de herramientas que proporcionan, a partir de los síntomas observados, indicios sobre la causa del fallo.

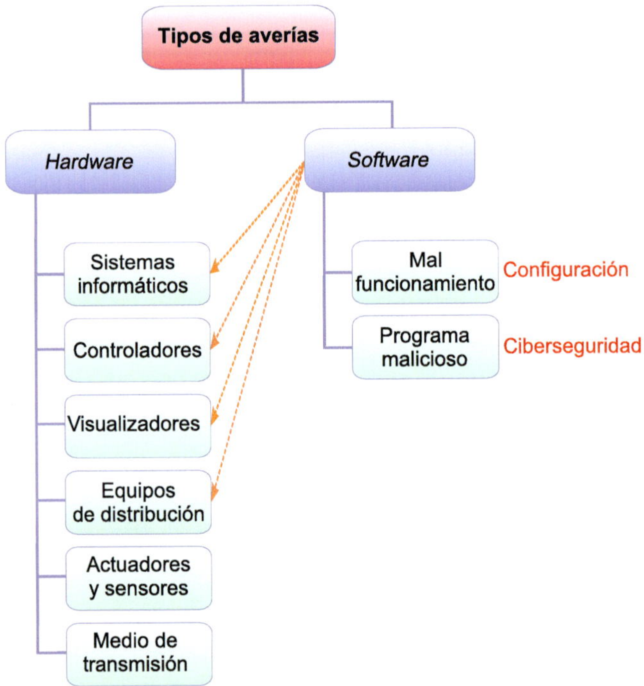

Figura 7.1. *Tipos de averías.*

El esquema de la Figura 7.1 resume los tipos de averías que pueden darse en un sistema de comunicación industrial. Las averías *software* suelen deberse al borrado, corrupción o, en general, mal funcionamiento de un programa y se manifiestan, normalmente, durante el funcionamiento del sistema.

Recuerda:

En ocasiones, las averías *software* son provocadas por programas maliciosos como virus informáticos, etc. Para evitar su intrusión, se instalan programas de protección informática.

Por el contrario, la mayor parte de las averías *hardware* se manifiestan durante el arranque del equipo. La detección de averías *hardware* suele ser inmediata porque, normalmente, solo afecta a ese dispositivo.

No obstante, en algunos casos, las averías solo se manifiestan una vez arrancado el equipo. En estos casos, puede surgir la duda de si se trata de un problema de *software* o de *hardware*. Si el equipo arranca, antes de achacar la avería al *hardware,* es importante siempre verificar que se tienen instalados los *drivers* más actualizados.

7.2. Protocolos de pruebas

Hay dos protocolos importantes del modelo TCP/IP que se utilizan para testear las redes de comunicaciones industriales basadas en Ethernet. Estos son:

- **ICMP** *(internet control message protocol).*
- **SNMP** *(simple network management protocol).*

7.2.1. Protocolo ICMP

El **protocolo ICMP** *(internet control message protocol)* es un protocolo de control y notificación de errores implementado en el nivel de internet del modelo TCP/IP. Se utiliza entre dos nodos, o entre un nodo y un dispositivo de encaminamiento, para comunicar mensajes de estado y error.

ICMP se diferencia de los protocolos TCP y UDP en que no se utiliza directamente por las aplicaciones de usuario en la red. La única excepción son las herramientas *ping* y *traceroute,* que envían mensajes de petición ICMP para determinar si un nodo está disponible o si un dispositivo de encaminamiento está sobrecargado. También informa del tiempo utilizado por los paquetes en ir y regresar a ese nodo, así como la cantidad de nodos por los que pasa.

Recuerda:

Aunque ICMP informa sobre incidencias en la red, no toma decisiones. Las decisiones son responsabilidad de las capas superiores.

ICMP es parte del conjunto de protocolos IP, es decir, utiliza IP para el envío de sus mensajes. La versión de ICMP para IPv4 se conoce como ***ICMPv4*** y para IPv6 como ***ICMPv6.*** Los mensajes ICMP son construidos en la capa de internet, por tanto, los mensajes ICMP viajan en el campo de datos de un datagrama IP, como puede apreciarse en la Figura 7.2.

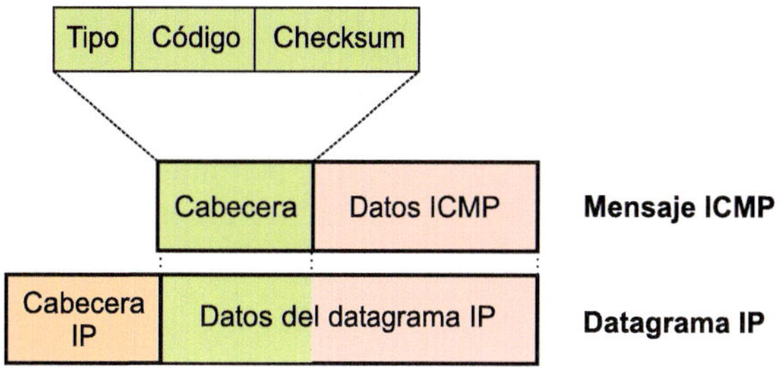

Figura 7.2. *Formato del mensaje ICMP.*

Los mensajes ICMP están formados por una **cabecera fija** y un **campo de datos** cuyo formato depende del tipo de mensaje ICMP. En la cabecera, se especifica el tipo de mensaje, siendo uno de ellos el **tiempo de vida.**

El tiempo de vida es usado por la herramienta *traceroute* en Linux/UNIX o *tracert* en Windows para determinar la ruta que siguen los paquetes. Para ello, envía un datagrama IP al nodo destino con tiempo de vida 1. El primer dispositivo de encaminamiento que lo recibe decrementa el tiempo de vida, que se pone a cero. Esto provoca que se descarte dicho datagrama y que se devuelva un mensaje ICMP del tipo tiempo de vida excedido. De este modo, se identifica el primer dispositivo de encaminamiento de la ruta. Este proceso se repite incrementando en una unidad el tiempo de vida del datagrama para cada envío. Así consiguen identificarse todos los dispositivos de encaminamiento que trazan la ruta desde el origen hasta el destino.

A continuación, se presenta un ejemplo de ejecución del comando *tracert* de Windows para conocer la ruta de conexión con el PLC (IP 192.168.2.25). El PLC se encuentra conectado al PLC a través de una puerta de enlace *(gateway)* con IP 192.168.2.1.

```
C:\>tracert 192.168.2.25

Traza a 192.168.2.25 sobre caminos de 30 saltos como
máximo.

1  <1 ms  *      <1 ms gateway-1.cvm.es [192.168.2.1]
2   2 ms  2 ms   2 ms plc-01.cvm.es [192.168.2.25]

Traza completa.
```

La primera columna indica el número salto; las tres columnas siguientes, el tiempo de respuesta para los paquetes enviados (un asterisco indica que no se obtuvo respuesta), y la última columna, el nombre y la dirección IP del nodo por el que pasa.

7.2.2. Protocolo SNMP

El **protocolo SNMP** *(simple network management protocol),* analizado en la Unidad 6, permite supervisar los dispositivos de red conectados en la infraestructura como encaminadores, conmutadores, servidores, controladores, equipos de escritorio, etcétera.

La información se envía con unos parámetros estandarizados para que los fabricantes puedan implementar este protocolo en sus dispositivos. Esto permite monitorizar redes formadas por equipos de distintos fabricantes.

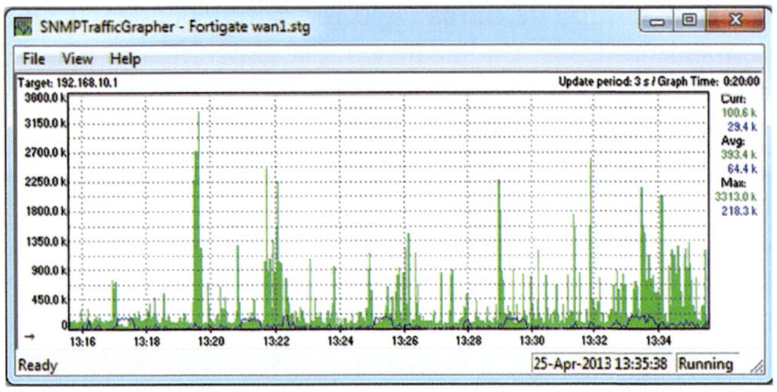

Figura 7.3. *Gráfico del tráfico de red obtenidos por SNMP.*

7.3. Técnicas de actuación

En cualquier red, por simple o compleja que esta sea, pueden distinguirse tres elementos bien diferenciados: nodos (sistemas informáticos, controladores, visualizadores, etc.), enlace o medio de transmisión y equipos de interconexión (encaminadores, conmutadores, etc.). Cuando se produce un fallo, la tarea principal del servicio de mantenimiento es localizar qué elemento falla y cuál es el tipo de avería, para proceder a su corrección. Algunas veces, a pesar de que todos los dispositivos parecen funcionar bien, no consigue establecerse el enlace correctamente. Esto suele deberse a que están usándose mal o no se conocen suficientemente sus características. Afortunadamente, todos los elementos están protegidos para no ser dañados ante un uso incorrecto.

El detectar un fallo suele ser sencillo, el problema es aislarlo. La primera fase es determinar si es producido por un nodo, por el enlace o por un equipo de interconexión. La mayoría de los dispositivos actuales disponen de un sistema de autocomprobación que permite verificar su correcto funcionamiento. Si los test son satisfactorios, pero no se establece la comunicación, entonces, el problema se encuentra en el medio de enlace entre los dispositivos que no se conectan.

La forma más sencilla de determinar en qué punto se encuentra el fallo es generando bucles en lugares críticos. Estos bucles permiten asilar el elemento que falla y, por tanto, identificarlo, como puede apreciarse en el ejemplo la Figura 7.4, que corresponde a una pequeña red de comunicaciones industriales.

Esta técnica es muy simple y puede realizarse de dos maneras que han de conducir al mismo resultado:

1. **Bucles hacia delante:** partiendo desde un extremo (en la Figura 7.4, desde el servidor principal), se realiza el primer bucle posible. De tal manera que

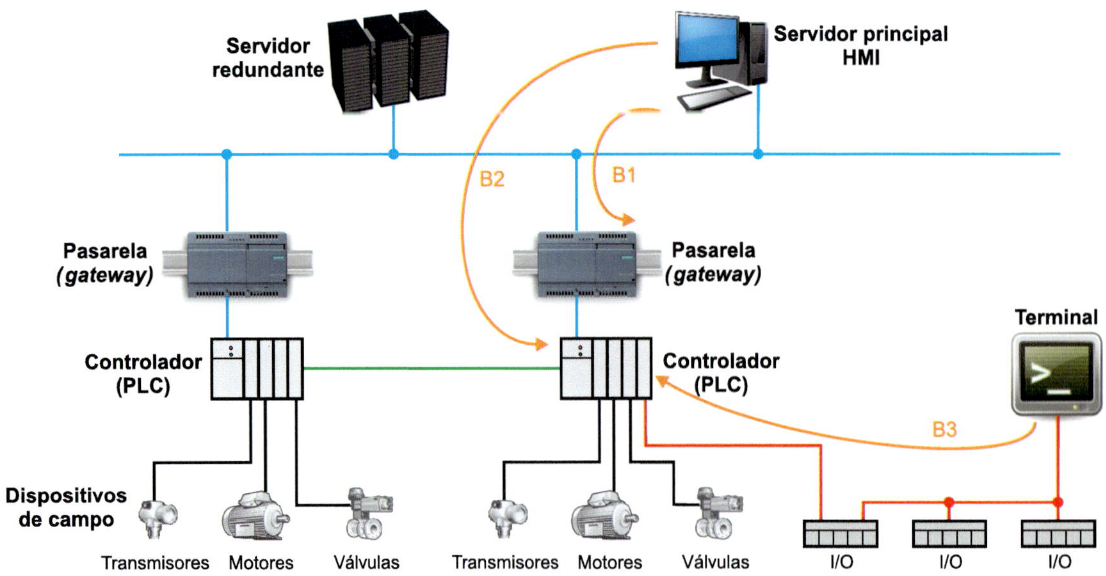

Figura 7.4. *Aislamiento de averías mediante el procedimiento de bucles locales y remotos.*

todo lo transmitido vuelva a recibirse. Si la recepción es correcta, el elemento funciona bien y se pasa al segundo bucle, y así sucesivamente hasta que la recepción no sea correcta.

2. **Bucles hacia atrás:** partiendo del punto más alejado del que está transmitiéndose, se realizan los bucles hasta el punto donde la recepción es correcta (coincidiendo lo enviado con lo recibido). De este modo, se aísla el elemento que falla.

Ambos métodos pueden emplearse y así se obtiene una mayor seguridad de haber encontrado el elemento que falla. Además, permite detectar si dos o más elementos fallan simultáneamente. Con estos dos métodos, se emplean técnicas diferentes según que el medio sea *half-duplex* o *full-duplex*.

Recuerda:

Al realizar los test de bucles locales y remotos, es imprescindible saber interpretar los resultados, pues, de otra manera, se llegaría a conclusiones erróneas. Sobre todo si, al hacer los bucles, hay elementos que no se tienen en cuenta al pensar que no influyen.

Además de los procedimientos estudiados, a continuación, van a analizarse algunos más concretos y específicos (puntos de actuación).

7.3.1. Análisis de los nodos de red

Cualquier red de comunicaciones industriales consta al menos de: varios nodos de conmutación, medios de transmisión y otros elementos, como nodos de acceso, sistemas de gestión, etc. En los nodos de acceso o de conmutación, se conectan los equipos terminales de usuario o periféricos para poder establecer el intercambio de comunicación.

En la mayoría de las redes, sucede que un pequeño número de nodos manejan una gran cantidad de tráfico (conmutadores, encaminadores, concentradores, etc.), por lo que hay que prestarles especial atención. Monitorizando su actividad durante el tráfico normal y en los momentos de mayor actividad, para ver cómo se comportan en situaciones de carga extrema.

También es importante identificar a los nodos implicados en la creación de errores en la red y catalogarlos según la capa OSI en la que tengan lugar. Por otro lado, pueden clasificarse los dispositivos, según se limiten a transmitir o a recibir información, en dos categorías: pasivos o activos.

Los servidores, impresoras y faxes, normalmente, son compartidos por muchos usuarios, por lo que es importante repartir las cargas de trabajo adecuadamente para que no se saturen. Al mejorar el tráfico entre usuarios y periféricos, consigue mejorarse la eficiencia y rendimiento de la red. La estructura de los paquetes también influye en el rendimiento de la red. Dependiendo del tipo de red, la topología, la técnica de conmutación y el protocolo empleado, resultará más adecuada una estructura que otra.

7.3.2. Equipos de interconexión

Los dispositivos de una red de comunicaciones industrial están interconectados entre sí y se acceden a unos o a otros, dependiendo de la configuración que el administrador de la red haya realizado. Resulta esencial mantener un inventario de todos los equipos de interconexión, con la configuración de puertos, direcciones asociadas, versión de *software* instalado, posición física y diagramas y esquemas de cableado. De este modo, en el caso de producirse una avería, es más fácil identificar y asociar los mensajes de error con un determinado dispositivo. Unos diagramas completos y actualizados son de gran ayuda para hacer un seguimiento cuando surgen problemas en la red.

En el caso de redes virtuales, la complejidad de la gestión se incrementa, ya que un problema puede afectar a una configuración lógica y no a otra. En este caso, las herramientas de análisis deben ser más sofisticadas y el administrador de red debe hacer un estudio más exhaustivo del problema para determinar la avería.

7.3.3. Sistemas informáticos

Los sistemas informáticos pueden presentar problemas de configuración y de sobrecarga, además de la propia avería física. Los problemas de configuración se manifiestan al iniciar algún proceso por primera vez y los de sobrecarga en casos límite de tráfico. En el primer caso, la solución pasa por modificar los parámetros asignados y el segundo por asignar mayor ancho de banda o redistribuir el tráfico. Las averías físicas son muy fáciles de identificar y su solución viene dada por su reparación, sustituyendo los elementos defectuosos.

Segmentar la red en una LAN suele dar muy buen resultado, ya que puede evitarse el tráfico innecesario al restringirlo a aquellos usuarios a los que va dirigido. Aumentar el número de puertos de acceso a un servidor es una alternativa, ya que se reparte la carga. Si la segmentación no resuelve los cuellos de botella, se hace necesario incrementar la velocidad de transmisión y de conmutación recurriendo a otras interfaces más rápidas.

7.3.4. Restablecimiento del servicio

Mantener una red correctamente funcionando no es complicado si se dispone de los medios adecuados. Sin embargo, debe tenerse en cuenta la posibilidad de que se produzca un fallo. Por ello, es importante contar con los medios de reserva adecuados y disponer de una estrategia para solucionarlo lo antes posible.

Algunos tipos de fallos pueden solucionarse rápidamente si no se necesita el 100 % de las prestaciones. Otras veces puede utilizarse una conexión multipunto para sustituir a varios enlaces punto a punto, teniendo en cuenta el retardo que se producirá por concentrar varios dispositivos sobre el mismo enlace.

Cuando se envía información a través de redes públicas diseñadas para la transmisión de datos, estas contingencias están previstas. En el caso de fallo de algún enlace o nodo, de manera automática, se desvía el tráfico por rutas alternativas, sin producirse pérdidas de información.

Como siempre, es mejor realizar una política preventiva con el fin de evitar los fallos. Revisando periódicamente y sometiendo a diversas pruebas cada uno de los elementos que integran la red. Ahora bien, en el caso de que el fallo se produzca, es necesario conocer los equipos y métodos anteriormente explicados para solucionarlo con la mayor eficacia.

7.3.5. Actualización, sustitución y configuración

En la evaluación del análisis de la red, puede dar como resultado la necesidad de su actualización o renovación completa. La **actualización** consiste en agregar o en sustituir elementos para mejorar el rendimiento global de la red. La actualización permite alargar la vida útil y productiva más allá del tiempo inicial estimado.

A la hora de actualizar un elemento de la red, es importante comprobar en la web del fabricante, o en un comercio, sus opciones de actualización, ya que es esencial adquirir solo elementos que sean compatibles.

Las reparaciones en una red de comunicaciones industrial, en la mayoría de las ocasiones, suelen consistir en una **sustitución del elemento** que está fallando. Una vez reparada la avería, debe realizarse una revisión en profundidad, primero verificando que el elemento sustituido funciona correctamente y, posteriormente, que los demás elementos que integran la red siguen funcionando.

A la hora de seleccionar el elemento nuevo que sustituirá al averiado, deben tenerse dos consideraciones:

1. **Compatibilidad:** el nuevo elemento debe ser totalmente compatible con el original para no introducir nuevos fallos en el sistema. Por ejemplo, si se trata de un adaptador de red Wi-Fi, buscar uno con la misma versión de la norma.
2. **Reinstalación de controladores:** hay que tener en cuenta que, si el nuevo elemento es de un fabricante o modelo distinto al original, será necesario instalar los nuevos *drivers* para que este funcione. Es recomendable desinstalar previamente los *drivers* del original para no saturar el equipo con ficheros inútiles.

Recuerda:

Cuando se sustituye un elemento defectuoso, es importante buscar otro que sea compatible con el original.

7.3.6. Comprobación

Después de actualizar, sustituir o configurar un elemento de una red de comunicaciones industrial, se procede a su **comprobación.** La comprobación, básicamente, consta de tres pruebas:

1. **Pruebas de conectividad física:** se realizan para verificar que los medios de transmisión se encuentran en servicio, si se detecta lo contrario, tal vez el problema es el mismo medio.
2. **Pruebas de conectividad lógica:** ofrecen una gran variedad, ya que pueden ser punto a punto o salto por salto. Las pruebas punto a punto se realizan entre dispositivos finales y las salto por salto se realizan entre el dispositivo origen y cada elemento intermedio en la comunicación. Los comandos más utilizados son: *ping* y *traceroute*.
3. **Pruebas de medición:** se prueban los tiempos de respuesta en ambos sentidos de la comunicación, la pérdida de paquetes, la ruta que sigue la información, etcétera.

Para verificar las conexiones físicas, es suficiente con asegúrese de que los leds de los enlaces de los sistemas informáticos y las interfaces de los dispositivos de interconexión (encaminadores, conmutadores, etc.) estén encendidos.

Una vez verificado que las conexiones son correctas, se prueba la conectividad. La conectividad básica se verifica ejecutando un *ping* a la dirección IP de un dispositivo en otra parte de la red. Si el resultado es satisfactorio, la conexión y la configuración son correctas. En caso contrario, para encontrar el problema, seguir la secuencia de verificación descrita Apartado 7.3.

7.3.7. Pruebas de conectividad lógica

Se entiende por pruebas de **conectividad lógica** de un sistema que ha de comprobarse que los elementos de dicho sistema tienen correctamente configurados sus parámetros de red. De este modo, pueden comunicarse con otros equipos de la red o con otros de fuera de ella.

Cuando un sistema no puede comunicarse con los elementos de la red, la primera tarea es verificar su configuración. Para ello, habrá que confirmar que los parámetros de red son correctos. Los parámetros de red básicos que han de verificarse son:

- **Dirección IP.**
- **Máscara de subred.**
- **Puerta de enlace.**
- **Servidores DNS.**

Para asegurarse de que los parámetros de red configurados en el sistema son los adecuados, hay que tener información sobre la estructura lógica de la red. Además, hay que tener en cuenta si en la red existe un servidor DHCP que permite obtener los parámetros de red de forma automática y, en ese caso, comprobar que esté en funcionamiento. En ocasiones, los equipos no consiguen comunicarse con el servidor DHCP y no adquieren los parámetros de configuración de red. En estos casos, suele bastar con reiniciar el equipo (o la interfaz de red) para que se soliciten de nuevo.

Por el contrario, si los parámetros de red se configuran manualmente, hay que verificar la conectividad para la red local y para internet.

- **Red local:** asegurarse de que estén bien configuradas la dirección IP y la máscara de subred. Esto suele ser la principal causa de la falta de conectividad. Un número cambiado en alguno de los octetos que definen la dirección IP provoca que el equipo no tenga conexión.
- **Internet:** si un equipo tiene conexión a la red local, pero no tiene acceso a internet, el problema suele deberse a una incorrecta configuración de la puerta de enlace o de los servidores DNS.

Para verificar la conectividad lógica de un sistema, se emplea el comando *ping*. Este comando, presente en todos los sistemas operativos actuales, es la herramienta más utilizada por los técnicos de redes para verificar su funcionamiento. El comando *ping* emplea el protocolo ICMP, especificando como destino la dirección de otro equipo de la red que se sepa con certeza que está operativo. Si el comando *ping* no recibe respuesta, se tiene un indicador de que el problema está en algún elemento del nivel físico o del nivel de enlace, como el cableado, el adaptador de red, etc., o en la configuración de red del equipo. Por el contrario, si el comando *ping* obtiene respuesta, es que el equipo está funcionando correctamente dentro de la red y habrá que buscar el origen del problema en otra parte de la red o en los niveles superiores del modelo TCP/IP.

La Figura 7.5 muestra el alcance del comando *ping* en el modelo en capas TCP/IP. Por ejemplo, si el nodo destino es un PLC con IP 192.168.2.25, puede verificarse su conectividad con:

ping 192.168.2.25

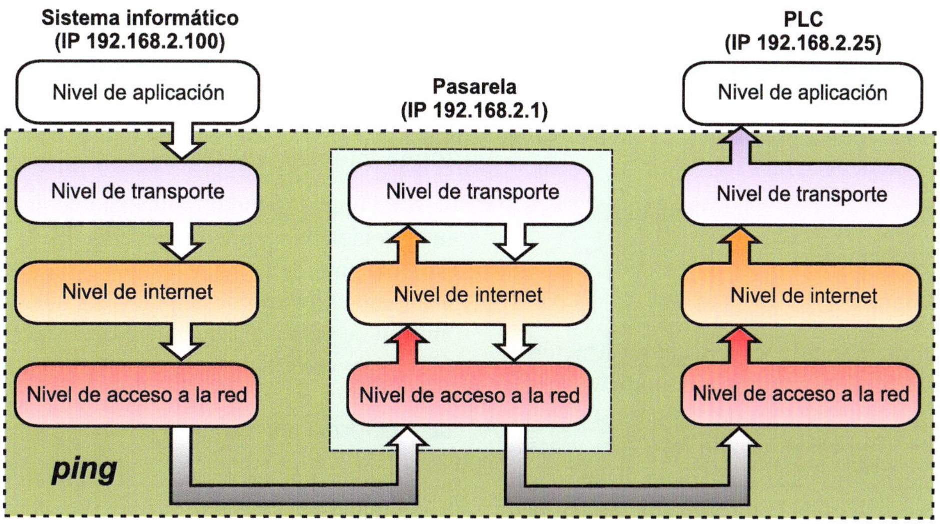

Figura 7.5. *Alcance del comando* ping *en el modelo en capas TCP/IP.*

Si la conexión al PLC es correcta, se obtendrá respuesta. En caso contrario, el fallo estará en algún punto intermedio y se comprobaría la conectividad con algún dispositivo intermedio, por ejemplo, con la pasarela *(gateway):*

```
ping 192.168.2.1
```

7.4. Registros de averías

Cuando se produce un problema en la red de comunicaciones industriales y es solucionado, es recomendable documentarlo. Documentar las intervenciones realizadas en un **registro de averías** permite evaluar la infraestructura física, el estado funcional de la red y emitir conclusiones y recomendaciones acerca de la capacidad para el soporte de las necesidades actuales y de crecimiento futuro.

Al generar un informe de la intervención, debe asignarse un número de incidencia para su debido seguimiento, desde ese momento, una incidencia queda abierta hasta que es corregida. Este es un medio para que los usuarios del servicio puedan conocer el estado actual del fallo que han reportado. El ciclo de vida de la administración de las incidencias se divide en cuatro áreas, de acuerdo con la recomendación X.790 de la ITU-T:

1. **Creación de la incidencia:** una incidencia es creada después de haber recibido una notificación sobre la existencia de un problema en la red, ya sea por una alarma, una llamada telefónica de un usuario, un correo electrónico o por otros medios. Cuando se crea una incidencia, debe contener al menos la siguiente información:
   - Fecha y hora de la incidencia.
   - El nombre de la persona que creó la incidencia.
   - El nombre de la persona que atendió el problema o que abrió su incidencia.
   - Información técnica para ubicar el área del problema.
   - Comentarios acerca de la problemática.
   - Cómo se ha actuado.
   - Tiempo dedicado en la resolución.
2. **Seguimiento de la incidencia:** la administración de las incidencias debe permitir al administrador dar seguimiento de cada acción tomada para solucionar el problema y conocer el estado histórico y actual de la incidencia. Para cada incidencia, debe mantenerse un registro de toda la información relacionada –pruebas de diagnóstico, cómo fue solucionado el problema, tiempo que llevó la solución, etc.– y esta debe poder consultarse en cualquier momento por el administrador.
3. **Manejo de las incidencias:** el administrador debe ser capaz de tomar ciertas acciones cuando una incidencia está en curso, como escalar la incidencia, solicitar que sea cancelada una incidencia que no ha sido cerrada aún, poder hacer cambios en los atributos de la incidencia, como lo es el teléfono de contacto, poder solicitar hora y fecha de la creación o finalización de una incidencia, etcétera.
4. **Finalización de la incidencia:** una vez que el problema de la incidencia ha sido solucionado, el administrador o la persona responsable del sistema de gestión de incidencias debe dar por cerrada la incidencia. Una práctica recomendable es que, antes de cerrar una incidencia, el administrador debe asegurarse de que efectivamente el problema reportado ha sido debidamente corregido.

A partir de todos estos datos y otros que la organización crea conveniente, el encargado de mantenimiento podrá realizar un **histórico** de averías y un **estudio estadístico** sobre ellas. Del histórico de averías, se obtendrá la fiabilidad de cada uno de los elementos y, por tanto, de todo el sistema. Por otra parte, el estudio estadístico arrojará datos muy interesantes para tener en cuenta a la hora de planificar una red de comunicaciones industriales y su mantenimiento preventivo o predictivo. El estudio dará una idea de qué elementos se estropean más y con qué frecuencia. Con todos los resultados obtenidos del estudio estadístico y del histórico de averías, se confecciona un **plan de mejora.**

Actualmente, las grandes empresas e instituciones necesitan de una plataforma informática para la gestión de las intervenciones. Estas plataformas proporcionan al usuario un mecanismo rápido y fácil para solicitar una incidencia y al servicio de mantenimiento, un sistema eficiente de planificación de las tareas. Además, como quedan almacenadas todas las intervenciones producidas, puede generarse el estudio estadístico y los históricos en cualquier momento de forma automática.

La Figura 7.6 muestra un ejemplo de solicitud para crear una incidencia en una plataforma. En la solicitud, se especifica el tipo de avería, el nombre del usuario que la crea, así como una breve descripción del fallo. La fecha y hora se añaden de forma automática cuando se envía la incidencia. Con todos estos datos, el servicio de mantenimiento tomará las acciones oportunas (según lo planificado previamente) de una forma más rápida y eficaz.

Una vez implementadas estas plataformas, pueden añadirse más funcionalidades como: la gestión de inventario, la gestión de direcciones IP, la gestión de usuarios y aplicaciones, etc. (Figura 7.7).

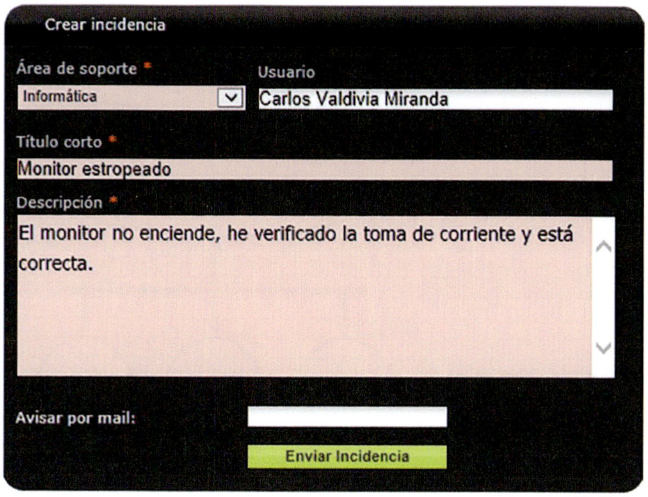

Figura 7.6. *Plataforma informática para la gestión de averías.*

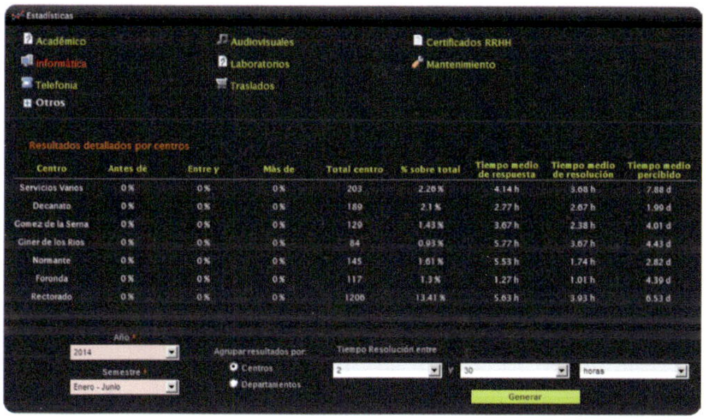

Figura 7.7. *Las plataformas de gestión de las incidencias facilitan el estudio estadístico y la generación de históricos.*

7.5. Recomendaciones de seguridad

El crecimiento de internet y la aparición de infinidad de dispositivos con conectividad han hecho que las industrias dejen de ser sistemas aislados. La actual industria 4.0, donde se ofrecen servicios personalizados directamente a los clientes, ha traído de la mano nuevos retos de **seguridad** que afectan también a las comunicaciones industriales.

Las infraestructuras industriales han pasado a convertirse en un importante objetivo de ataques como espionaje industrial. Para proteger las plantas de producción de posibles ciberataques, se recomienda tomar seis medidas:

1. Administrar el acceso físico.
2. Segmentar las redes y restringir los dispositivos que pueden conectarse a ellas.
3. Gestionar las comunicaciones entre dispositivos y aplicaciones.
4. Administrar la seguridad de la cuenta de usuario.
5. Gestionar parches, definiciones de antivirus y aplicaciones en los dispositivos del sistema.
6. Monitorear los eventos y la seguridad de red.

Al diseñar una arquitectura de red, desde el punto de vista de la seguridad, siempre se recomienda establecer un modelo con segmentos de red diferenciados. Al dividir la red en segmentos, con distintas funciones y objetivos, es más fácil aplicar las medidas de seguridad y evitar flujos de información innecesarios.

En la segmentación de una red de comunicaciones industriales, el primer paso es separar el segmento de la red corporativa, puesto que la naturaleza del tráfico está perfectamente diferenciado. En la zona de red corporativa, son necesarios servicios como acceso a internet, correo electrónico, FTP, etc., que suponen un riesgo para la zona de red del sistema de control industrial (SCI).

Por lo tanto, en la planificación de una infraestructura SCI, es recomendable establecer distintos niveles en la arquitectura de red, identificando cada segmento según su cometido. El estándar de la *international society of automation* (ISA), en su norma ISA-95, propone una arquitectura separada por niveles para la integración de los sistemas empresariales a nivel IT *(information technology)* con los sistemas de control OT *(operation technology).*

7.5.1. Norma ISA-95

La **norma ISA-95** define cinco niveles de operaciones, bajo los cuales se agruparán en segmentos de red elementos de la arquitectura con funciones diferenciadas, tal y como puede verse en la Figura 7.8. Esta propuesta de segmentación facilita el diseño de estrategias de seguridad adoptando medidas específicas a cada nivel y estableciendo mecanismos seguros para el flujo de información entre ellos.

A continuación, se describen los cinco niveles de operaciones de la arquitectura ISA-95:

- **Nivel 0. Proceso:** se trata del propio proceso productivo industrial, la parte más física de la propia empresa como maquinaría y recursos humanos necesarios.
- **Nivel 1. Automatización:** son los dispositivos que procesan y manipulan el producto en sí. Viene a ser el *hardware* de la propia industria. En este nivel, se sitúan sensores, actuadores, robots e instrumentación. También se incluyen las RTU que permiten la adquisición remota de datos para enviarlos a los dispositivos del nivel 2 o a los PLC y DCS que, mediante programas de control, procesan los datos de entrada, aunque, dependiendo de su grado de automatización, también pueden ubicarse en el Nivel 2.

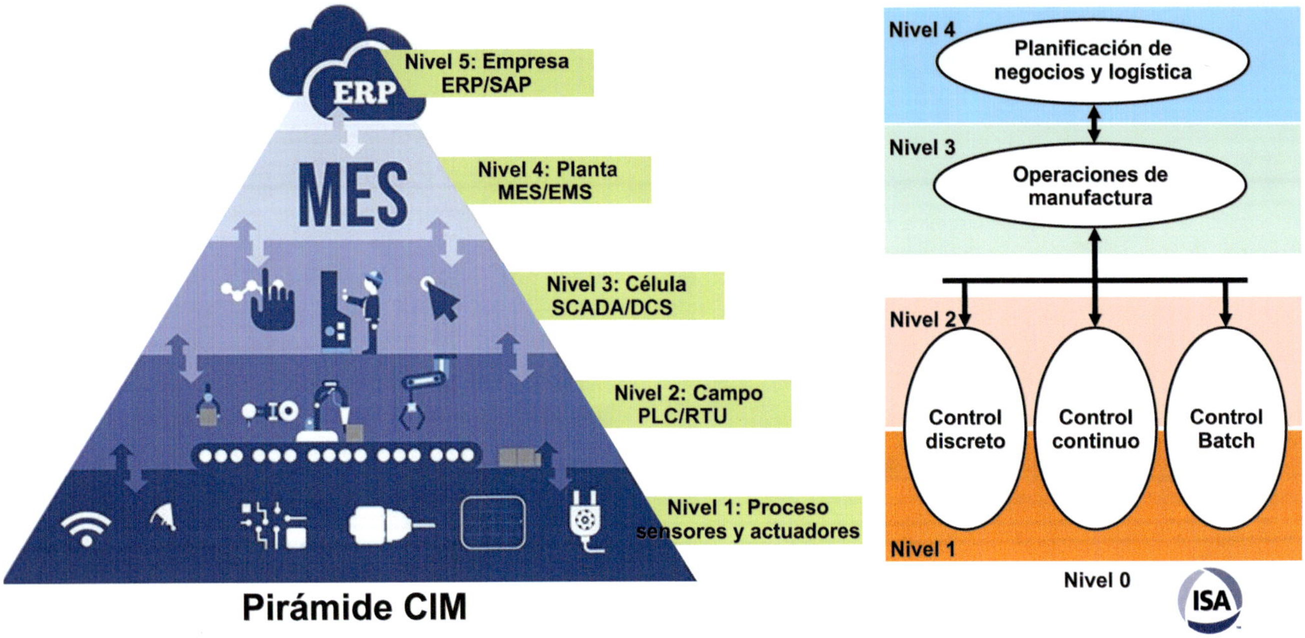

Figura 7.8. *Relación entre la pirámide CIM y la norma ISA-95.*

- **Nivel 2. Monitorización:** son los primeros dispositivos de interacción hombre-máquina. Incluyen los elementos que monitorizan y controlan el proceso productivo en tiempo real (SCADA, HMI).
- **Nivel 3. Control de procesos:** se sitúan los dispositivos que controlan el flujo de datos del proceso productivo, las recetas y almacena la información sobre él (trazabilidad, calidad, etc.). Estos son MES, Batch, Historian, LIMS, etcétera.
- **Nivel 4. Red corporativa:** son el soporte a la toma de decisiones de la dirección ejecutiva. Incluye programas contables, logística, inventario, etc., que se enlazan con las bases de datos MES, ERP, CMR, etcétera.

7.5.2. Seguridad en una red industrial

La **seguridad en una red industrial** puede conseguirse usando las soluciones habituales diseñadas para la división y protección de segmentos de red, donde se tendrán en cuenta:

- **Segmentación en zonas:** dividir la red de comunicaciones industrial en zonas diferenciadas según su función, para ajustarse lo más posible a la propuesta de referencia ISA-95. Tal y como se muestra en la Figura 7.9, como mínimo, deben crearse tres zonas que separen red de control (OT), DMZ y LAN corporativa (IT). Esta medida permite contener un posible ataque dentro de una misma zona, dificultando el salto a otras zonas.

En seguridad informática, una zona desmilitarizada o DMZ *(demilitarized zone)* o red perimetral es una red local que se ubica entre la red interna (en este caso la red de control) y una red externa (en este caso, la LAN corporativa). El objetivo de una DMZ es permitir las conexiones desde la red interna y la externa a la DMZ. Mientras que, en general, las conexiones desde la DMZ solo se permitan a la red externa, es decir, los equipos de la DMZ no pueden conectarse con la red interna. Esto permite que los equipos de la DMZ puedan dar servicios a la red externa a la vez que protegen la red interna, en el caso de que intrusos comprometan la seguridad de los equipos situados en la zona desmilitarizada. Cualquier usuario de la red externa que quiera conectarse ilegalmente a la red interna, la zona desmilitarizada se convierte en un callejón sin salida. Es habitual crear una DMZ a través de las opciones de configuración del *firewall* o cortafuegos, donde cada red se conecta a un puerto distinto del cortafuegos.

Recuerda:

El término *zona desmilitarizada,* aplicado a la seguridad informática, procede de la franja de terreno neutral que separa a los países inmersos en un conflicto bélico.

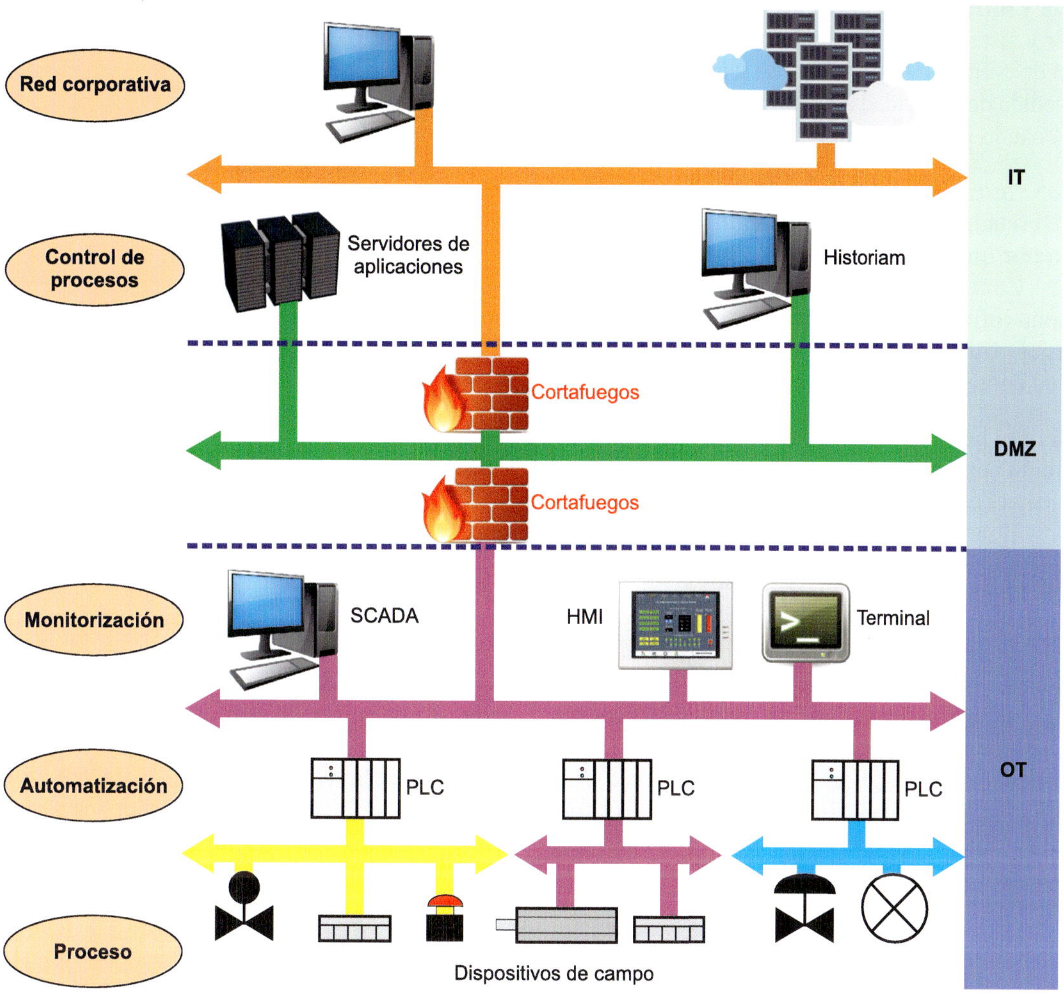

Figura 7.9. *Arquitectura de red de un SCI ajustada al modelo de referencia ISA-95.*

- **Cifrado de la comunicación y separación lógica entre segmentos de red:** mediante el uso de tecnologías de VLAN y VPN. Esta medida también sirve para evitar el salto de un ataque entre niveles.

  Una red privada virtual o VPN *(virtual private network)* se utiliza, sobre todo, para conectar dos redes privadas a través de una red pública de datos. La VPN es una red lógica o virtual creada sobre una infraestructura compartida, pero que proporciona los servicios de protección necesarios para una comunicación segura.

  Las VLAN *(virtual LAN)* permiten agrupar usuarios de un mismo grupo de trabajo con total independencia de su ubicación física y topología de la red. El equipo de interconexión de redes que lo permite es el conmutador *(switch)*. Por ejemplo, la Figura 7.10 muestra cómo sería la segmentación con VLAN. De modo que, independientemente de si los equipos están o no físicamente distanciados, a nivel lógico, van a considerarse dentro de la misma LAN, creando dominios de difusión a nivel del conmutador.

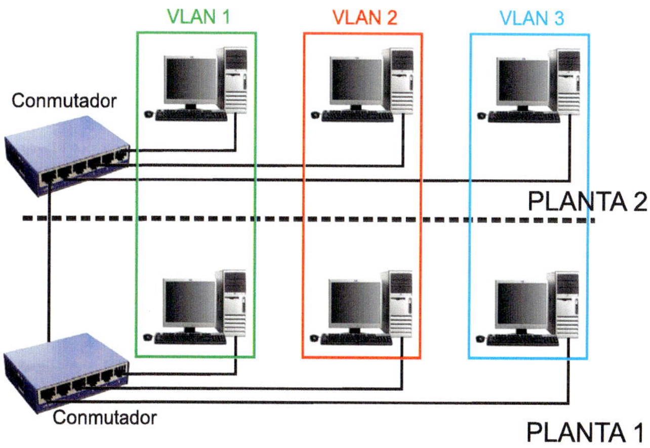

Figura 7.10. *Segmentación con VLAN.*

- **Control y filtrado de tráfico:** a través de cortafuegos, *proxies* y sistemas de detección de intrusos (IDS) o gestión de eventos e información de seguridad (SIEM). Esta medida de seguridad ayudará a la detección de intrusos cuando intenten cambiar de zona.

  Los IDS *(intrusion detection systems)* son elementos que escuchan y analizan toda la información que circula por una red de datos e identifican posibles ataques. Cuando se produce un ataque, el sistema reacciona informando al administrador y cierra las puertas al posible intruso reconfigurando elementos de la red como cortafuegos y encaminadores.

- **Ampliar la seguridad a las capas de enlace y de aplicación:** extender las medidas de seguridad a nivel de capa de enlace con controles de acceso como 802.1x y filtrado por dirección MAC y a nivel de aplicación con uso de cortafuegos de aplicaciones como WAF *(web application firewall).*

- **Control de acceso:** configurar en los encaminadores las listas de control de acceso o ACL *(access control list)* para identificar el tráfico. Esta identificación puede usarse para filtrar el tráfico y conseguir una mejor administración del tráfico global de la red. Por ejemplo, pueden crearse listas de aprobación o listas blancas *(whitelist)* que permiten *(permit)* o deniegan *(deny)* alguna actividad en particular.

- **Redes inalámbricas:** utilizar mecanismos IEEE 802.1x para la autenticación haciendo uso de protocolos EAP-TLS *(extensible authentication protocol with transport layer security)* basados en certificados en lugar de contraseñas. La ventaja de un certificado, en comparación con una contraseña, es que no requiere la intervención del usuario y puede decirse que incluye un grado más alto de seguridad, debido a que las credenciales son mucho más aleatorias que las contraseñas seleccionadas por los usuarios. Para usar EAP-TLS, se requiere el soporte de un servidor de autentificación, denominado *servidor RADIUS (remote authentication dial-in user server).* RADIUS proporciona no solo las capacidades de autenticación, sino también la capacidad de generar claves de cifrado que son específicas para cada usuario en particular.

  Si se añade la autenticación de contraseñas, además de certificados, surge PEAP *(protected extensible authentication protocol)* o protocolo de autenticación protegida extensible.

Se recomienda situar los puntos de acceso en redes aisladas o con mínimos puntos de interconexión a la red de control SCI (evitándolo si es posible). Utilizar un protocolo robusto para las comunicaciones inalámbricas como WPA2, así como usar un SSID característico y único, desactivando su *broadcast* e igualmente habilitar filtrado por dirección MAC.

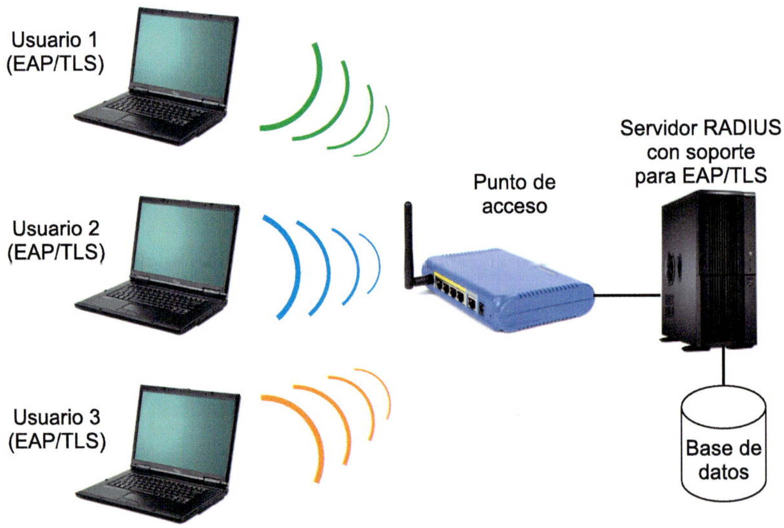

Figura 7.11. *Conexión de varios usuarios con certificado (EAP-TLS).*

MAPA CONCEPTUAL

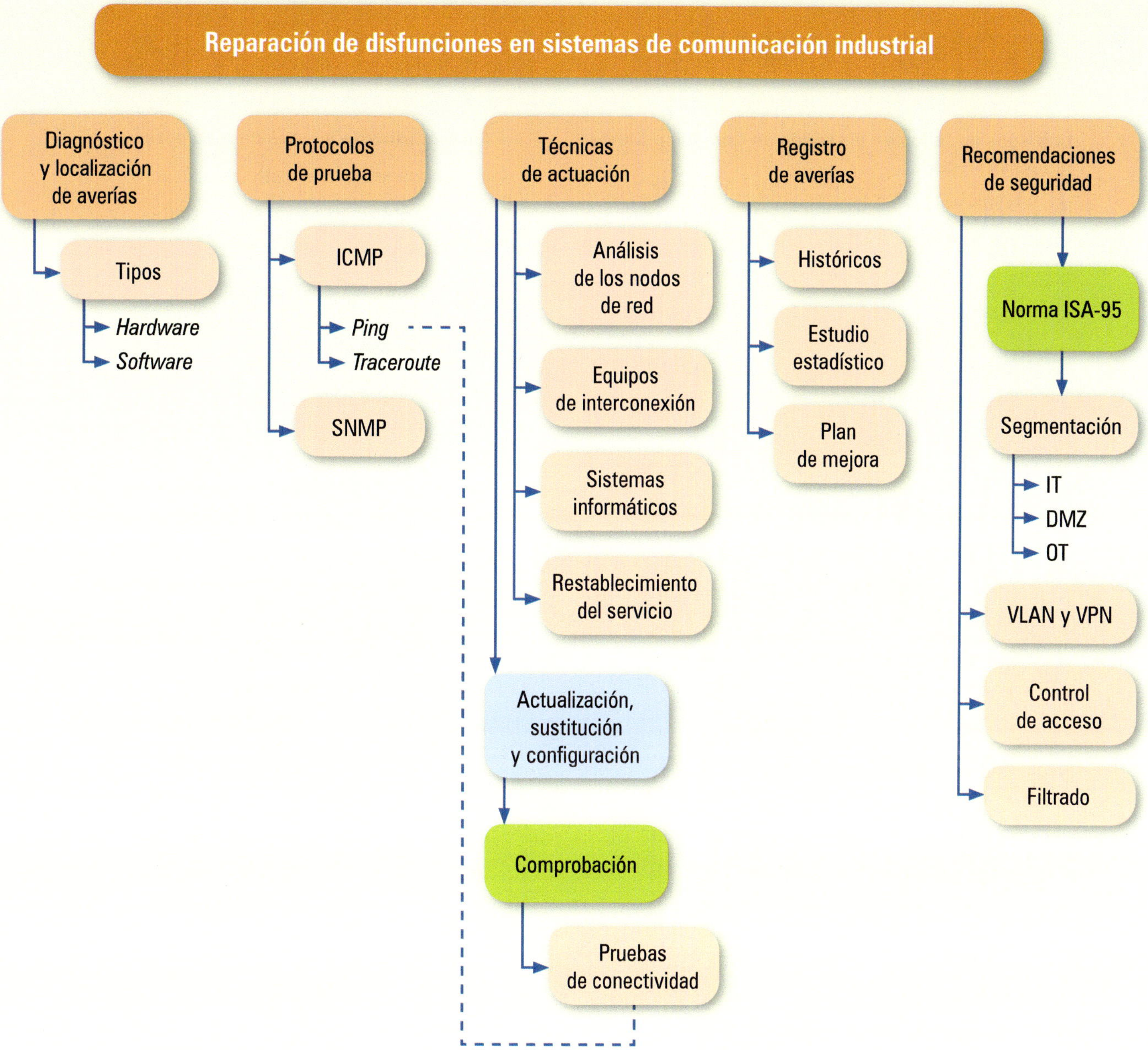

Actividades de comprobación

7.1. Los tipos de fallos en las redes de comunicaciones industriales son…

a) … *software*.

b) … *hardware*.

c) Las respuestas a) y b) son correctas.

d) … cuatro.

7.2. ICMP es un…

a) … capturador de tráfico.

b) … analizador de red.

c) … protocolo de control y notificación de errores.

d) … protocolo de supervisión de los dispositivos de red.

7.3. Al sustituir un elemento de una red de comunicaciones industriales,…

a) … hacerlo lo antes posible.

b) … buscar otro compatible.

c) … configurar de nuevo toda la red.

d) … reiniciar todos los dispositivos de la red.

7.4. Un histórico de averías da idea sobre…

a) … cuándo un elemento va a fallar.

b) … la fiabilidad de los elementos.

c) Las respuestas a) y b) son correctas.

d) … cómo actuar en cada avería.

7.5. La norma ISA-95…

a) … define cinco niveles de actuación.

b) … es una arquitectura para la integración de sistemas.

c) … facilita el diseño de estrategias de seguridad.

d) Todas las respuestas son correctas.

7.6. Una VLAN fundamentalmente permite…

a) … generar grupos de trabajo de interés común creando redes lógicas.

b) … crear redes industriales.

c) … configurar un conmutador *(switch)*.

d) … verificar el estado de la red.

Actividades de ampliación

7.7. Investiga, consultando páginas web en internet, sobre fallos en redes de comunicaciones industriales. Entra en foros e infórmate de la problemática que tienen los usuarios. El objetivo es conocer los diferentes tipos de fallos, cuáles son más frecuentes, las soluciones de cada caso, etcétera.

7.8. Compara la red industrial del aula con el modelo de referencia ISA-95. ¿Se ajusta la modelo? Si no es así, ¿qué modificaciones harías para que se ajuste?

7.9. Crea un registro de averías de una red de comunicaciones industriales, genera un histórico y realiza un estudio estadístico. ¿Qué elemento del sistema se avería con más frecuencia?

7.10. Verifica la conectividad lógica de un equipo de la red a la que estés conectada usando el comando *ping*. Interpreta los datos que aparecen en la ruta de conexión.

las diferentes técnicas para verificar el estado y el rendimiento de una red:

- **Monitores de rendimiento:** permiten analizar el rendimiento del servidor de red. Es muy útil para verificar que funciona en unos rangos aceptables.
- **Monitores de red:** analizan secuencias de datos de la red desde y hasta el servidor. Se utilizan para verificar que no hay problemas potenciales.

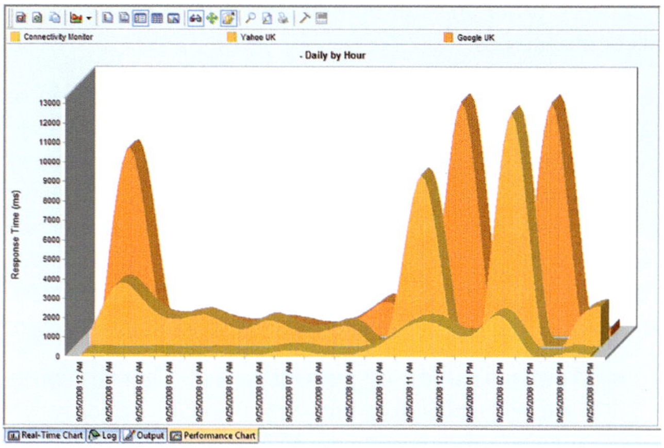

Figura 6.3. *Monitor de red.*

- **Monitores de servicios:** permiten monitorizar el estado de los servicios de la red como web, FTP, correo electrónico, etcétera.
- **Protocolo básico de gestión de red (SNMP):** sondea la red periódicamente para verificar su estado. El protocolo SNMP *(simple network management protocol)* se utiliza sobre todo para supervisar dispositivos de red como conmutadores o encaminadores, aunque puede utilizarse para monitorizar servidores y controladores. La información se envía con unos parámetros estandarizados para que los fabricantes puedan implementar este protocolo en sus dispositivos. Esto permite monitorizar redes formadas por equipos de distintos fabricantes.
- **Analizadores de red:** supervisan el tráfico de una red de comunicaciones (capturando la información que circula por la red) para verificar su estado. Las principales herramientas son los capturadores de tráfico *(sniffers)* y los escaneadores de puertos.
- ***Logs* del sistema:** son ficheros en los que se registra lo que sucede por la red durante un intervalo de tiempo específico. Son generados por el sistema operativo o por otras aplicaciones cuando ocurren eventos. Estos datos pueden ser analizados por el administrador de la red para verificar que todo funciona correctamente.

Recuerda:

La red Ethernet y su protocolo de comunicaciones TCP/IP están convirtiéndose en el estándar de las comunicaciones, no solo a alto nivel, sino también en el nivel más bajo, en el bus de campo.

6.1.1. Herramientas de simulación

Existen herramientas de gran ayuda para verificar que las comunicaciones y la implementación de los protocolos se han realizado de forma correcta. Algunas de estas herramientas proporcionan entornos de **simulación** para realizar todo tipo de pruebas, sin tener que interferir con entornos reales. Gracias a estas pruebas de simulación, pueden extraerse conclusiones muy valiosas, luego aplicables en el sistema real.

Hay una gran variedad de estándares y de protocolos, pero la mayoría de las comunicaciones industriales se basan en arquitecturas maestro-esclavo. Normalmente, los dispositivos de campo suelen ser esclavos, por ello, existen numerosas herramientas para simular esa topología con diferentes protocolos como:

- **MatrikonOPC Explorer:** es una herramienta gratuita que permite simular un dispositivo esclavo con todas las funcionalidades propias del protocolo OPC. Cuenta, además, con funciones avanzadas entre las que se incluyen la posibilidad de realización de pruebas de carga y test de servidores OPC, ayudando a encontrar la configuración más óptima.
- **Mod_RSsim:** es una herramienta gratuita que permite modificar los valores de las variables en comunicaciones Modbus (en sus versiones serie y Ethernet) entre una RTU y un SCADA/HMI, añadir ruido a las transmisiones, etcétera.

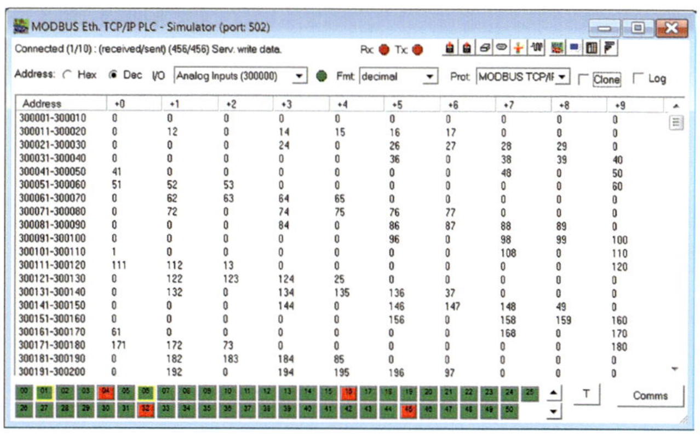

Figura 6.4. *Herramienta de simulación de un esclavo Modbus TCP.*

Por otro lado, también están las herramientas creadas exclusivamente para trabajar como maestros. Algunas de estas herramientas son:

- **MatrikonOPC Simulation Server** y **KEPServer-EX** para OPC.
- **ProfiBus-DP Master Simulator** para el protocolo ProfiBus® DP.
- **ProfiNet Master Simulator Plus** para ProfiNet®.

Por último, cuando se necesita simular entornos maestro-esclavo completos, es necesario un *software* que proporcione ambos dispositivos. Algunos ejemplos de estas herramientas son:

- **Modbus Tools:** esta herramienta se divide en dos módulos, el maestro *Modbus poll* y el esclavo *Mod bus slave*.
- **Simply Modbus:** esta herramienta se divide en tres módulos, el emulador de cliente TCP (para Modbus en su versión Ethernet), el emulador maestro RTU/ASCII y el emulador esclavo RTU/ASCII (para Modbus en las versiones serie).

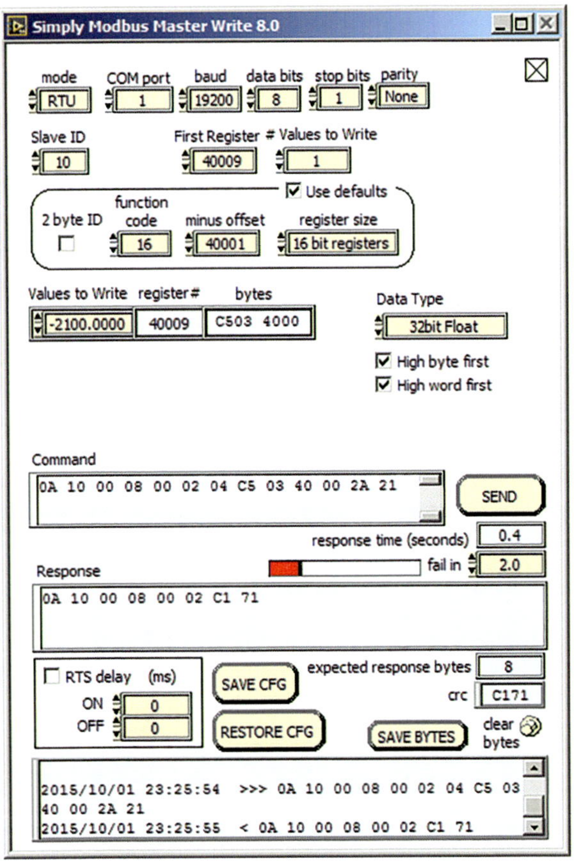

Figura 6.5. *Simply Modbus permite simular entornos maestro-esclavo completos.*

6.2. Monitorización

Las redes de datos en las comunicaciones industriales son imprescindibles y su evolución es continua, tanto en el número y distribución de los dispositivos, como el tipo de servicios utilizados. En este marco, la **monitorización** de las redes cobra cada vez más importancia y forma parte de sus tareas de verificación y de mantenimiento. Aparte de la función de supervisión, también ayuda a la detección precoz de problemas de malfuncionamiento en alguno de sus componentes.

Los procedimientos y estrategias de monitorización se basan, en su gran mayoría, en componentes *software*. Este *software,* en la mayoría de los casos, es el mismo o muy similar al usado en redes informáticas. Existen herramientas de monitorización comerciales, algunas de ellas proporcionadas por el propio fabricante del dispositivo y utilizadas para monitorizar sus equipos. Sin embargo, a continuación, se expondrán algunas de las herramientas de monitorización:

- **Monitorización de servicios:** estas herramientas *software* permiten monitorizar el estado de los servicios de la red como web, FTP, etc. Están orientadas solo al chequeo de puertos y son muy fáciles de utilizar, pero poco adaptables. Suelen ser *software* propietario con licencias baratas y *software* libre.

  Las herramientas más conocidas son las aplicaciones sencillas de escritorio como Netoscope y Mars (escrito en Java).

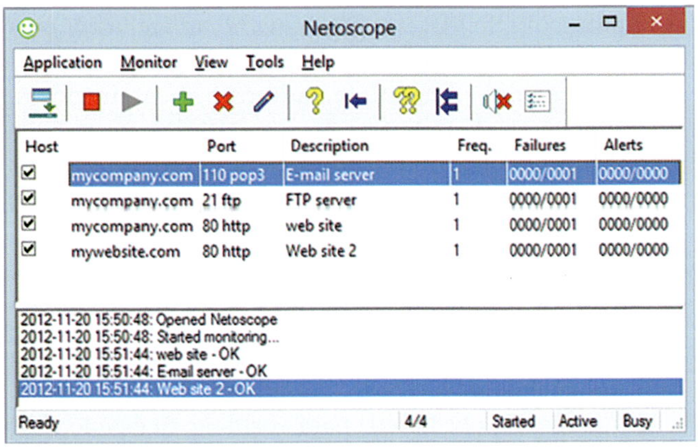

Figura 6.6. *Herramienta Netoscope para monitorizar los servicios.*

- **Capturadores de tráfico:** denominados también por su término en inglés *sniffers* (husmeadores). Estas herramientas *software* se utilizan para capturar el tráfico (tanto entrante como saliente) que pasa por el equipo donde está instalada, con la finalidad de analizarlo posteriormente. Cuando se necesita

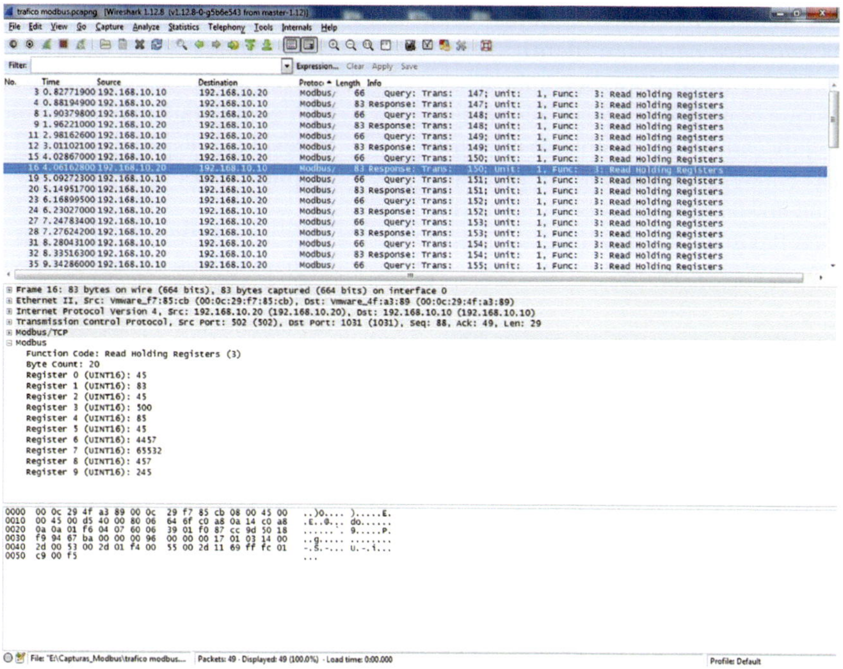

Figura 6.7. *Herramienta Wireshark para capturar el tráfico de la red.*

capturar el tráfico de otros equipos de la red o incluso de un segmento completo, se utiliza un conmutador *(switch)* que permita la configuración de un puerto de monitorización *(port mirroring)*.

La herramienta más popular y de libre distribución para la captura de tráfico de red es Wireshark. Esta aplicación multiplataforma no solo permite capturar el tráfico que se envía y recibe, sino que ofrece funcionalidades muy avanzadas para su análisis. Por tanto, se convierte en una herramienta muy útil tanto para labores de monitorización como de detección y análisis de problemas en la red. La Figura 6.7 muestra un ejemplo de uso en una red con protocolo Modbus TCP.

- **Escaneadores de puertos:** estas herramientas *software* se utilizan para monitorizar el uso de los puertos en los dispositivos de red. Normalmente, el uso inadecuado de puertos está asociado a algún problema con *software* malicioso, por ello, muchos administradores de red escanean los puertos de los dispositivos de la red en busca de indicios de su existencia.

Una de las aplicaciones más conocidas y muy ligada a entornos UNIX es nmap, aunque existe una versión para Windows. Esta aplicación puede utilizarse desde cualquier equipo de la red, ya que el programa permite especificar el rango de direcciones IP para el que desea llevarse a cabo el escaneo. Sin embargo, al utilizar herramientas genéricas dentro de entornos industriales, como nmap, siempre debe realizarse bajo supervisión directa. Al no estar diseñadas específicamente para la industria, podrían generar comportamientos indebidos (parada de producción, mal funcionamiento de dispositivos, etcétera).

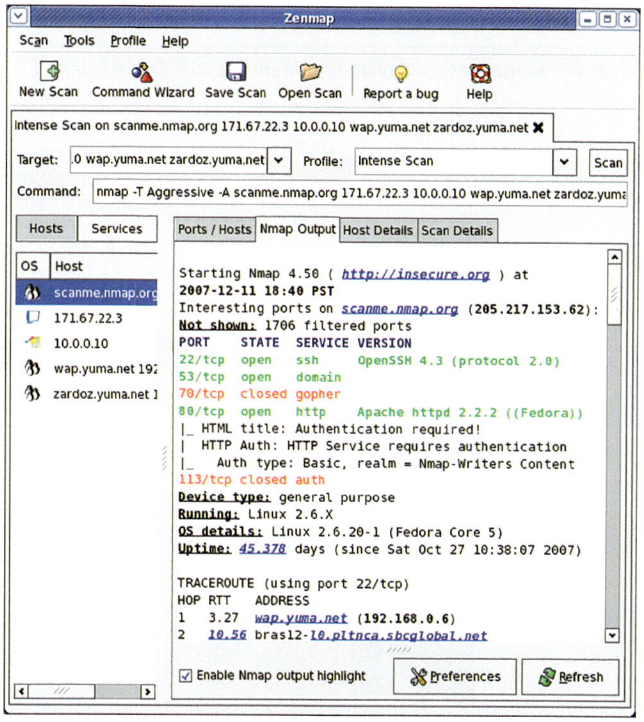

Figura 6.8. *Herramienta nmap para escanear los puertos.*

- **Macrosistemas de monitorización complejos:** estas herramientas *software* permiten identificar y resolver problemas de infraestructura. Son aplicaciones muy potentes que consumen muchos recursos. Las licencias son muy caras e inaccesibles o no rentables para muchas empresas. Proporcionan muchas funcionalidades que no son necesarias en numerosos entornos y son poco flexibles. Algunas de estas aplicaciones son HP OpenView y Tivoli.

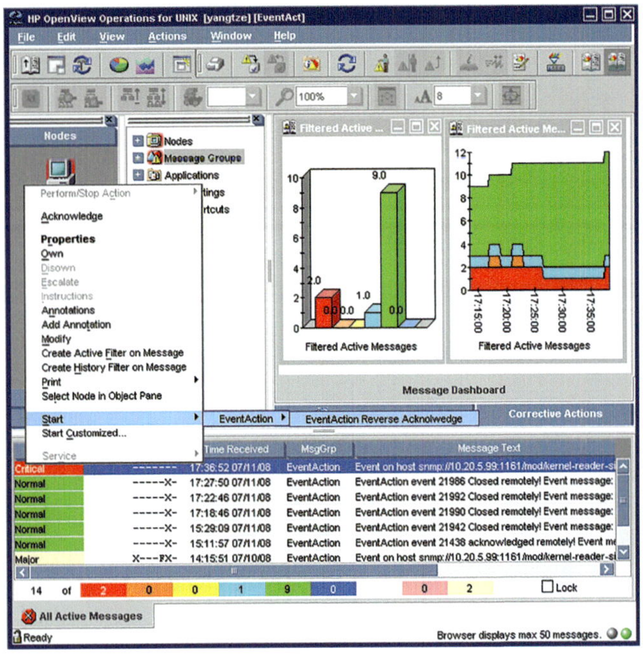

Figura 6.9. *Herramienta de monitorización compleja HP OpenView.*

- **Sistemas de monitorización basados en *software* libre:** aplicaciones de licencia libre como Nagios® cubren las necesidades básicas de forma sencilla. Son completamente adaptables y modificables para necesidades específicas (fácil integración con *scripts* y aplicaciones externas).

Nagios® vigila los equipos *(hardware)* y servicios *(software)* que se especifiquen, alertando cuando su comportamiento no sea el deseado. Funciona con independencia del sistema operativo, permite la monitorización remota mediante túneles SSL cifrados o SSH y la posibilidad de programar *plugins* específicos para nuevos sistemas. En definitiva, se trata de un *software* que proporciona una gran versatilidad para consultar prácticamente cualquier parámetro de interés de un sistema. Además, genera alertas, que pueden ser recibidas por los responsables correspondientes mediante (entre otros medios) correo electrónico y mensajes SMS, cuando estos parámetros exceden de los márgenes definidos por el administrador de la red. La Figura 6.11 resume su arquitectura.

6.2.1. Administración de una red con SNMP

El **protocolo de simple administración de red** o **SNMP** *(simple network management protocol)* forma parte de los protocolos del nivel de aplicación del modelo TCP/IP. Sigue la arquitectura cliente-servidor para proporcionar un estándar de administración de redes. La administración de redes engloba la suma de todas las actividades para realizar la administración de fallos, la configuración, la seguridad,

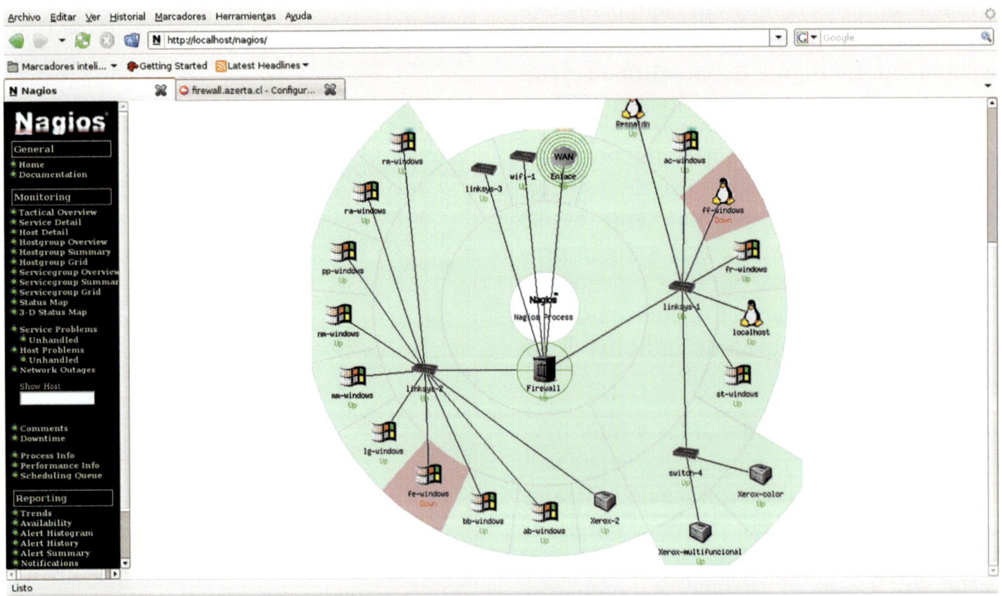

Figura 6.10. *Herramienta de monitorización libre Nagios® sobre un navegador web.*

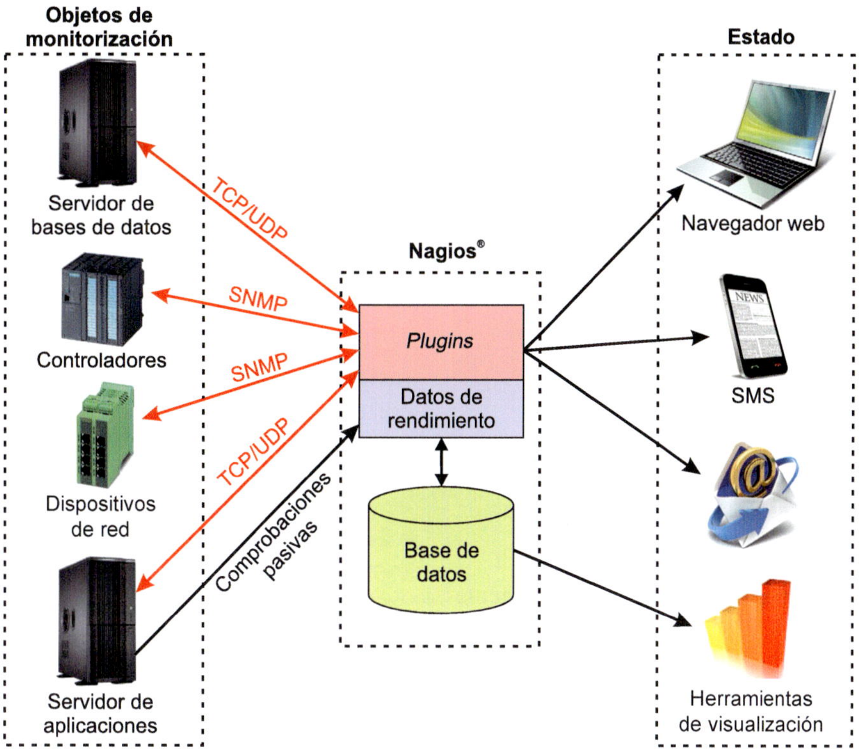

Figura 6.11. *Arquitectura de la herramienta de monitorización Nagios®.*

la monitorización de red, el rendimiento y la contabilidad de una red de datos.

Este protocolo se utiliza sobre todo para supervisar dispositivos de red como encaminadores o conmutadores, aunque puede utilizarse para monitorizar servidores, controladores, equipos de escritorio, etc. La información se envía con unos parámetros estandarizados para que los fabricantes puedan implementar este protocolo en sus dispositivos. Esto permite monitorizar redes formadas por equipos de distintos fabricantes. Una red monitorizada a través del protocolo SNMP define dos elementos claves:

1. **NMS *(network management station)*:** son los equipos encargados de la supervisión.

2. **Agentes SNMP:** es el componente *software* instalado en los equipos que desean monitorizarse. Proporcionan la información solicitada por los NMS.

Para su funcionamiento, tanto los agentes SNMP como los NMS utilizan una estructura de datos normalizada llamada ***MIB*** *(management information base)* y un reducido número de comandos para intercambiar la información. El intercambio de información se realiza mediante el protocolo UDP en la capa de transporte e IP en la capa de red. La Figura 6.12 ilustra esta arquitectura de monitorización.

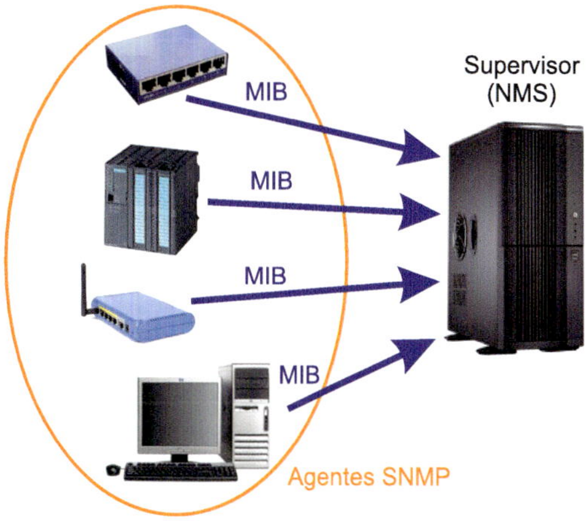

Figura 6.12. *Monitorización con SNMP.*

La mayor parte de los dispositivos de red como conmutadores configurables, encaminadores y puntos de acceso inalámbrico incluyen entre sus características la activación de la función agente SNMP. El equipo utilizado en la red como supervisor o NMS requiere la instalación del *software* específico de monitorización mediante SNMP. Existe una gran variedad de aplicaciones que cumplen esta función, algunas de ellas de libre distribución. Por ejemplo, en

Linux, para habilitar la función de agente SNMP se utiliza la aplicación snmpd. Luego, los datos proporcionados por los agentes SNMP pueden ser utilizados por las herramientas de monitorización. Una de ella es MRTG *(multi router traffic grapher)*, que permite supervisar la carga de trabajo de cualquier dispositivo de red.

El protocolo SNMP ofrece dos modos de funcionamiento: el **modo normal** *(polling)*, donde el NMS envía una solicitud de información o un comando de configuración al agente SNMP y este le responde, y el **modo trap,** donde el agente se pone en contacto con el administrador para informarle de una anomalía detectada.

La comunicación entre un agente SNMP y un NMS se realiza a través de cinco tipos de mensajes, que proporcionan toda la información necesaria para la monitorización de la red:

1. ***Get-Request:*** es un mensaje del NMS a un agente SNMP en el que se solicita un conjunto de MIB específicos. Por ejemplo, el nombre de un dispositivo, su ubicación, su número de interfaces físicas, etcétera.
2. ***Get-Next-Request:*** es un mensaje del NMS a un agente SNMP en el que se solicita algún dato sobre tablas. Por ejemplo, recuperar una tabla de encaminamiento IP, etcétera.
3. ***Set-Request:*** es un mensaje en el que se solicita a un agente SNMP que modifique el valor de un MIB específico. Por ejemplo, que un dispositivo cambie el estado de una interfaz, etcétera.
4. ***Get-Response:*** es la respuesta del agente SNMP a cada *Get-Request, Get-Next-Request* o *Set-Request*. La respuesta *Get-Response* contiene los valores solicitados o indica que un MIB ha cambiado.
5. ***Trap:*** es un mensaje espontaneo (no solicitado) del agente SNMP al NMS al detectar un evento. Por ejemplo, la conexión/desconexión de una estación o una alarma.

Todos los agentes SNMP se configuran con una cadena de verificación llamada ***cadena de comunidad.*** Esta cadena se incluye en todas las solicitudes del administrador para obtener o definir la información de MIB. El agente SNMP la verifica antes de responder.

6.3. Instrumentos de medida

Tanto para la instalación como para la puesta en servicio y tareas de mantenimiento, es necesario contar con los **instrumentos de medida** apropiados. Su conocimiento y correcta utilización es una gran ayuda para el profesional, que puede ver reducido el tiempo de intervención. Unos son más sencillos y otros son más sofisticados y complejos de manejar, por lo que en cada situación hay que utilizar el más apropiado. La Figura 6.13 muestra el uso y nivel de formación de los distintos instrumentos de medida.

Hay que tener en cuenta que hay elementos que trabajan con señales digitales (terminales, sistemas informáticos y otros dispositivos telemáticos) y otros con señales analógicas (medios de transmisión). Por tanto, se distinguen entre equipos de medida digitales y analógicos.

Entre los dispositivos digitales, hay que destacar tres:

1. **Monitor de actividad:** es un sencillo dispositivo que permite visualizar y acceder a las señales de la interfaz digital de comunicaciones (V.24, V.35, RS-232, USB, etc.). Se coloca entre el DTE y el módem DCE, permitiendo, además, cortar o dar paso a cualquier señal.
2. **Medidor de tasa de error o BERT *(bit error rate tester)*:** es un equipo especializado que permite la comprobación del estado de los enlaces utilizados en la transmisión de datos. Es intercambiable con el DTE y las medidas realizadas son compatibles con las recomendaciones de la UIT-T. Efectúa medidas sobre la distorsión de la polarización, distorsión isócrona, tasa de error, tiempo de retardo, secuencias transmitidas, etcétera.

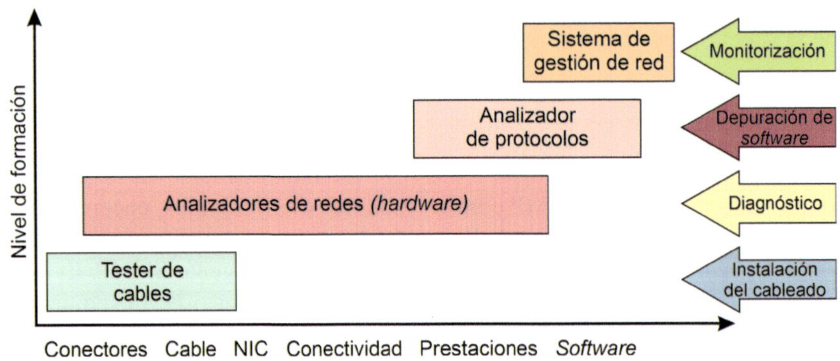

Figura 6.13. *Instrumentos para la instalación, gestión y mantenimiento de redes.*

3. **Analizador de protocolos:** es el dispositivo más sofisticado y proporciona la información más completa de lo que está sucediendo. Permite visualizar toda la información que está circulando por el canal, en ambos sentidos y en tiempo real. Estos dispositivos disponen de una memoria donde se almacenan varias tramas para analizarlas después o sacar un listado de ellas. Son complicados de manejar. Existen adaptadores que permiten usar un sistema informático para este propósito.

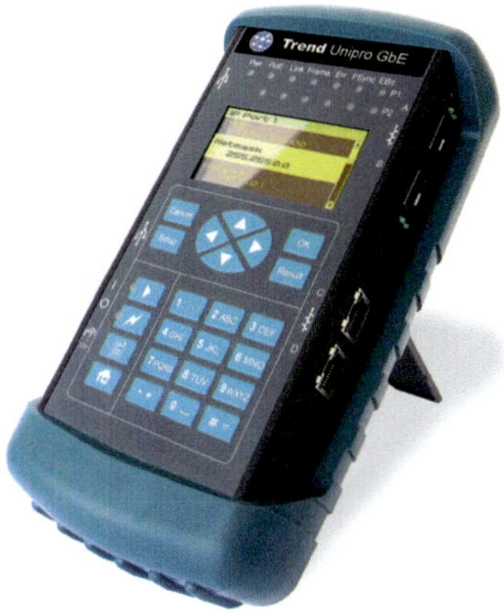

Figura 6.14. *BERT permite la comprobación del estado de los enlaces.*

Entre los dispositivos analógicos, además del polímetro y de los comprobadores de cables, se usan tres equipos:

1. **Osciloscopio:** permite visualizar señales eléctricas variables en el tiempo, detectando así retardos, saltos de fase, distorsión armónica, interferencias, etc. Son equipos muy complejos y completos que permiten casi cualquier tipo de medida sobre las señales. La mayoría de los osciloscopios actuales permiten indicar el protocolo de la señal que está visualizándose y muestran los datos contenidos en la señal (figura 6.15).

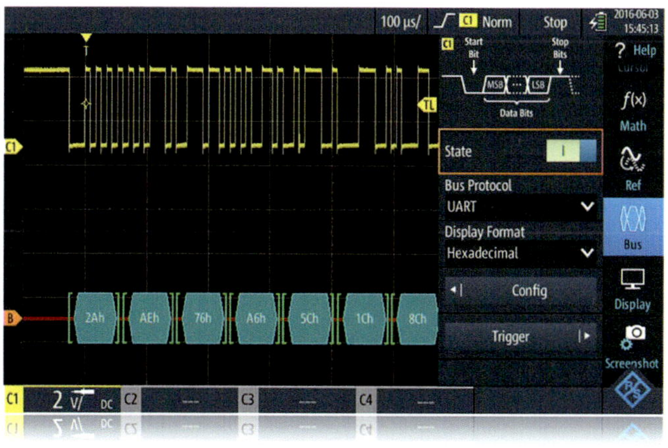

Figura 6.15. *El osciloscopio permite ver cómo varían las señales eléctricas.*

2. **Decibelímetro:** proporciona el nivel de la señal en diferentes puntos. Normalmente, no lo usa el personal de redes de comunicaciones industriales, es más propio del área de telefonía. Incorporan medidas complementarias, tales como medida de la frecuencia, voltaje, corriente, resistencia, etc. Pueden ser útiles para detectar la señal de portadora y su calidad, determinado si su valor está dentro de los márgenes recomendados.

3. **Reflectómetro:** permite verificar las características de un cable. Se basa en inyectar una señal en uno de los extremos y medir su comportamiento a lo largo de todo el recorrido. Analizando la onda reflejada, puede determinar si existe alguna rotura en el cable, un cortocircuito o un cambio de sus parámetros y a qué distancia aproximada se localiza el fallo. Todos los elementos que componen la red de cable (SCE o sistema de cableado estructurado) se verifican así de una manera rápida y eficaz. El instalador puede comprobar el estado de todo tipo de cables y el *hardware* de la red. Permite certificar la instalación porque garantiza que no hay cortocircuitos, ni interrupciones en el cableado.

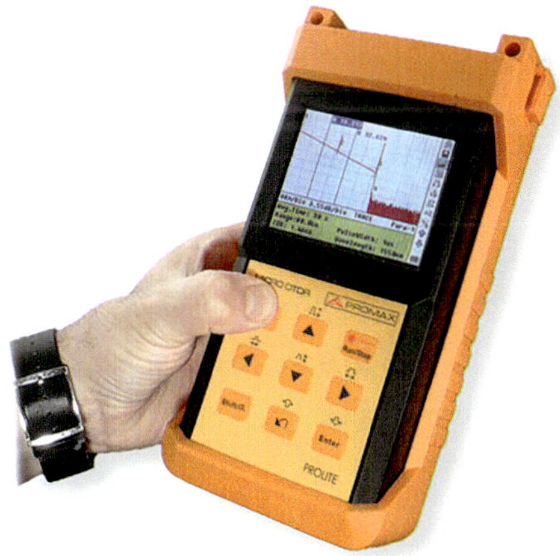

Figura 6.16. *El reflectómetro calcula la distancia a la que se localiza un fallo en los cables.*

6.4. Reglamentación vigente

En la instalación de una red de comunicaciones industriales, siempre hay que cumplir la **reglamentación vigente.** A continuación, se enumeran las normas más importantes que afectan a las redes de comunicaciones industriales:

- **Real Decreto 7/1988, de 8 de enero:** hace referencia a las exigencias de seguridad del material eléctrico. Es necesario tener en cuenta las posteriores modificaciones que ha sufrido por parte de Real Decreto 154/1995, de 3 de febrero.

- **EN ISO 16484:2017:** relativa a la automatización de edificios y de los sistemas de control.
- **EN 62061:2005:** reúne la norma referente a la seguridad de las máquinas y a la seguridad funcional de sistemas de mando eléctricos, electrónicos y programables. Además, considera el ciclo de vida completo, desde la fase de diseño a la puesta fuera de servicio.
- **Real Decreto 1580/2006, de 22 de diciembre:** por el que se regula la compatibilidad electromagnética de los equipos eléctricos y electrónicos.
- **IEC-1131:** sobre la estandarización de los lenguajes de programación y sobre los diferentes tipos de autómatas programables y sus periféricos.
- **Real Decreto 842/2002, de 2 de agosto:** Reglamento Electrotécnico Para Baja Tensión (REBT) e instrucciones técnicas complementarias (ITC), con su correspondiente guía técnica asociada.

Otras normativas relacionadas con la salud y seguridad laboral y con un entorno ergonómico en el puesto de trabajo son:

- **Ley 31/1995, de 8 de noviembre,** de Prevención de Riesgos Laborales.
- **Real Decreto 39/1997, de 17 de enero.** Reglamento de los servicios de prevención.
- **Real Decreto 1299/2006, de 10 de noviembre.** Cuadro de enfermedades profesionales.
- **Real Decreto 486/1997, de 14 de abril,** por el que se establecen las disposiciones mínimas de seguridad y salud en los lugares de trabajo.
- **Real Decreto 488/1997, de 14 de abril,** sobre disposiciones mínimas de seguridad y salud relativas al trabajo con equipos que incluyan pantallas de visualización de datos.
- **UNE 81425:1991.** Principios ergonómicos que han de considerarse en el proyecto de los sistemas de trabajo.
- **UNE-EN 28996:1995.** Ergonomía. Determinación de la producción de calor metabólico.
- **UNE-EN 27243:1995.** Ambientes calurosos. Estimación del estrés térmico del hombre en el trabajo basado en el índice WBGT (temperatura húmeda y temperatura de globo).
- **UNE-EN ISO 7730:1996.** Ergonomía del ambiente térmico. Determinación analítica e interpretación del bienestar térmico mediante el cálculo de los índices PMV y PPD y los criterios de bienestar térmico local.
- **UNE-EN 614-1:2006.** Seguridad de las máquinas. Principios de diseño ergonómico.
- **UNE-EN 29241:1994.** Requisitos ergonómicos para trabajos de oficina con pantallas de visualización de datos (PVD).
- **UNE-EN ISO 13406-1:2000.** Requisitos ergonómicos para trabajos con pantallas de visualización de panel plano.
- **UNE-EN ISO 10075-1:2017.** Principios ergonómicos relativos con la carga mental. Conceptos generales, términos y definiciones.

MAPA CONCEPTUAL

Verificación del funcionamiento del sistema de comunicación industrial

- Técnicas de verificación
  - Configuración
    - Escaneo de la red
    - Asignación de IP
    - Actualización del *firmware*
    - SNMP *scripting*
    - Servicios adicionales
  - Verificación
    - Monitores de rendimiento
    - Monitores de red
    - Monitores de servicio
    - SNMP
    - Analizadores de red
    - *Logs* del sistema
  - Herramientas de simulación
    - Arquitectura maestro-esclavo
- Monitorización
  - Servicios
  - Capturadores de tráfico
  - Macrosistemas
  - Escaneadores de puertos
  - Basados en *software* libre
    - Nagios®
  - SNMP
    - Agentes SNMP
    - NMS
- Instrumentos de medida
  - Digitales
    - Monitor de actividad
    - BERT
    - Analizador de protocolos
  - Analógicos
    - Osciloscopio
    - Decibelímetro
    - Reflectómetro
- Reglamentación vigente
  - Redes de comunicaciones industriales
  - Salud y seguridad laboral

Actividades de comprobación

6.1. Un reflectómetro...

a) ... permite verificar las características de un cable.
b) ... es un comprobador de dispositivos.
c) ... analiza la onda reflejada.
d) Todas las respuestas son correctas.

6.2. Un sistema de monitorización...

a) ... permite supervisar la red.
b) ... repara la red.
c) ... actualiza el *firmware*.
d) ... permite atacar a una red de comunicaciones industrial.

6.3. El protocolo SNMP...

a) ... tiene dos elementos claves.
b) ... es un *sniffer*.
c) ... se implementa por *hardware*.
d) ... escanea los puertos.

6.4. Para analizar el tráfico de una red, se usa...

a) ... escaneadores de puertos.
b) ... capturadores de tráfico.
c) ... agentes SNMP.
d) ... monitores de servicios.

6.5. Un analizador de red...

a) ... supervisa el tráfico de una red.
b) ... monitoriza el estado de los servicios de una red.
c) ... analiza secuencias de datos de una red.
d) ... monitoriza el estado de un sistema.

6.6. La norma relativa a la automatización de edificios y de los sistemas de control es...

a) ... UNE 81425:1991.
b) ... Real Decreto 488/1997, de 14 de abril.
c) ... IEC-1131.
d) ... EN ISO 16484:2017.

Actividades de ampliación

6.7. Instala y maneja una herramienta de monitorización como Nagios®. La idea es que te familiarices con su uso y con el lenguaje utilizado en este tipo de herramientas.

6.8. Realiza la instalación de un programa *sniffer* (por ejemplo, Wireshark) y visualiza el tráfico de la red. Es interesante fijarse en los datos que aparecen, ayuda a entender mejor el funcionamiento de las redes de comunicaciones industriales.

6.9. La norma UNE-EN ISO 10075-2:2017 agrupa en seis categorías todos los factores previsibles que pueden afectar a la carga mental de trabajo. Busca y lee la norma y enumera las seis categorías.

6.10. En los requerimientos ergonómicos del Real Decreto 488/1997, de 14 de abril, se establece la resolución y las medidas de las pantallas de visualización en función de su uso. Siguiendo sus indicaciones, elabora una tabla que relacione función, tamaño (diagonal), resolución y frecuencia de refresco.

Captura de tráfico de una red con protocolo Modbus TCP

El objetivo de esta actividad es capturar y analizar el tráfico de una red TCP/IP. Para ello, se propone conectar un sistema informático a un PLC mediante un cable Ethernet y usar el protocolo de comunicaciones Modbus TCP.

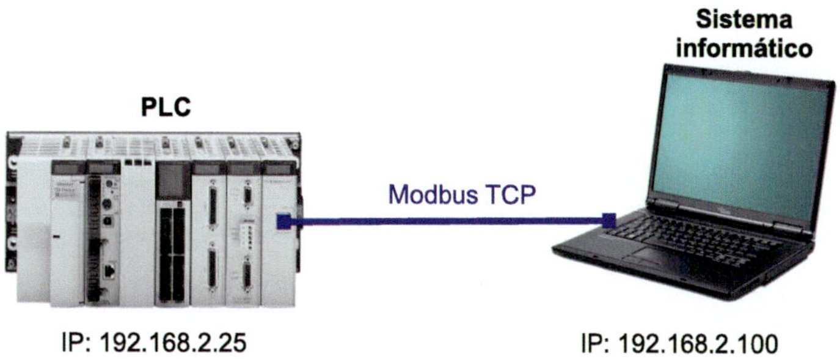

Figura 6.17. *Conexión de los equipos.*

La Figura 6.17 muestra la red y las direcciones IP configuradas en los equipos. En esta práctica, se ha seleccionado el autómata programable TSX Premium de Telemecánica y la herramienta de *software* libre Wireshark para la captura de tráfico. El código QR de la Figura 6.18 abre la URL para su descarga.

El sistema informático, a través del protocolo Modbus TCP, enviará los códigos de función 1 y 5. Con el código de función 1, el sistema informático leerá una salida discreta del autómata y, con el código de función 5, escribirá un bit en dicha salida. Conviene recordar que el protocolo Modbus denomina a las salidas discretas como *coils*.

Figura 6.18. *Web para la descarga de Wireshark.*

Una vez instalado el programa Wireshark en el sistema informático, al ejecutarlo, solicita el puerto que ha de escanearse, mostrando una gráfica con la actividad en cada puerto. Selecciona el puerto en el que esté conectado el PLC, en el caso de la Figura 6.19 es Ethernet 2.

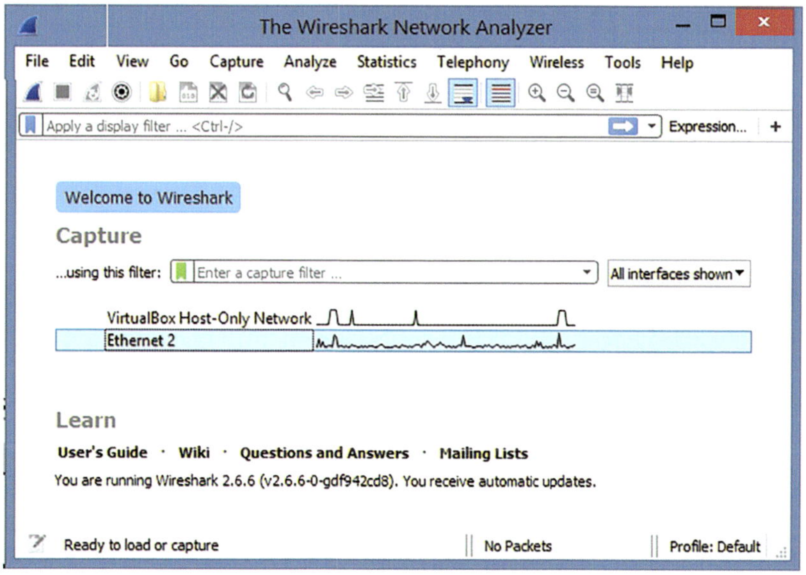

Figura 6.19. *Selección del puerto que ha de escanearse.*

Pulsando las teclas Control+E se inicia y se detiene la captura de tráfico. También puede hacerse pichando en el icono de la *aleta azul* (inicia la captura) y pinchando en el icono del *cuadrado rojo* (detiene la captura).

Inicia la captura; en la ventana de arriba, irán apareciendo los paquetes capturados en la red y, en la ventana de abajo, aparece la información concreta del paquete marcado en la ventana de arriba. Por ejemplo, en la Figura 6.20, aparece marcado en la ventana de arriba el paquete número 6 y, en la ventana de abajo, se muestra toda la información (campos) relativa a ese paquete.

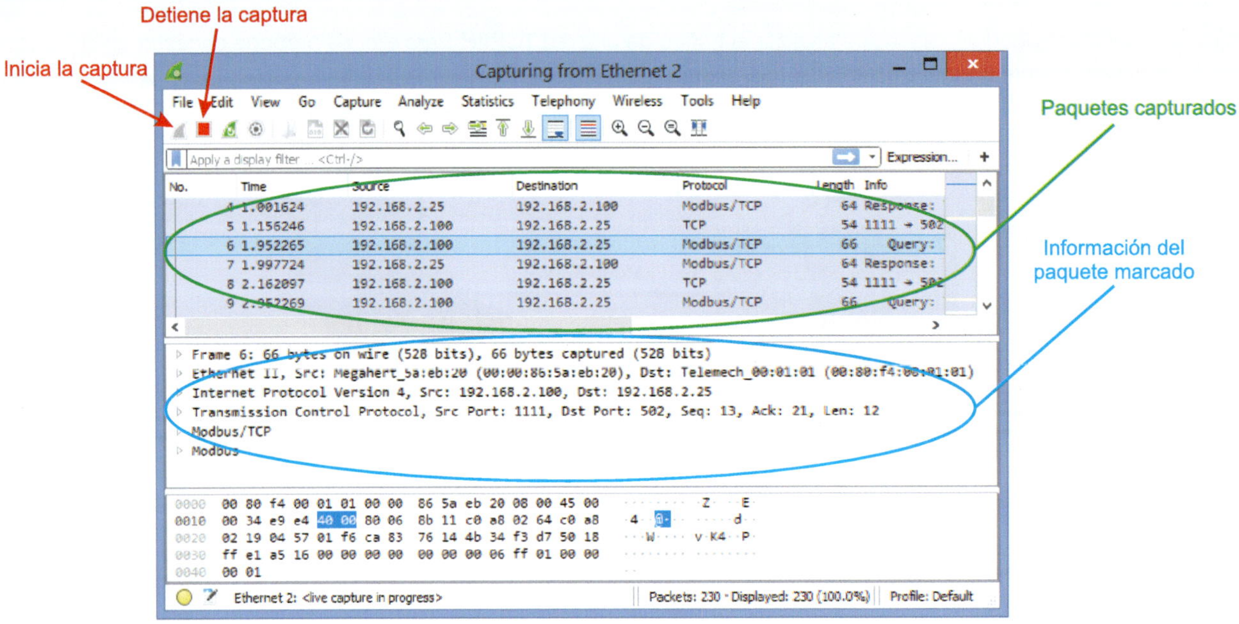

Figura 6.20. *Captura de tráfico.*

Wireshark permite buscar un paquete o una información concreta mediante filtros. Por ejemplo, puede filtrarse para que solo muestre los paquetes con protocolo Modbus TCP. Por ejemplo, escribe *modbus* en el recuadro que pone *Apply a display filter* y luego pincha en el icono de la *flecha,* verás que ahora solo se muestran los paquetes de dicho protocolo (Figura 6.21). Conviene recordar que, aunque únicamente aparezcan los paquetes filtrados, el programa sigue almacenado todos los paquetes capturados en la red.

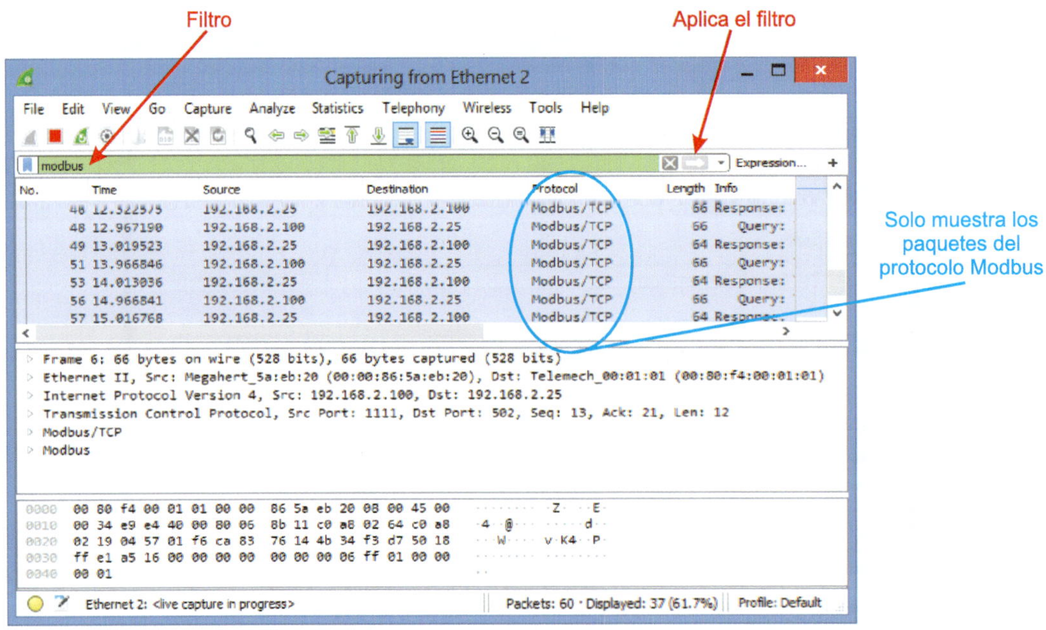

Figura 6.21. *Filtrado de los paquetes.*

Detén la captura pulsando las teclas Control+E, o pinchando en el icono del *cuadrado rojo,* y busca los paquetes en los que se envían el código de función 1 y el código de función 5. También busca los paquetes de respuesta a estas peticiones.

Examinado la información de los paquetes, localiza la solicitud de lectura *(Query)* con el código de función 1 realizada por el sistema informático, así como la respuesta *(Response)* del PLC a dicho código. Del mismo modo, localiza la solicitud de escritura con el código de función 5 y la respuesta a dicho código. Verifica que, en cada paquete, los campos origen *(Source)* y destino *(Destination)* corresponden a la IP del sistema informático y a la IP del PLC, según el caso. En la Figura 6.22, puede verse la localización de dichos paquetes.

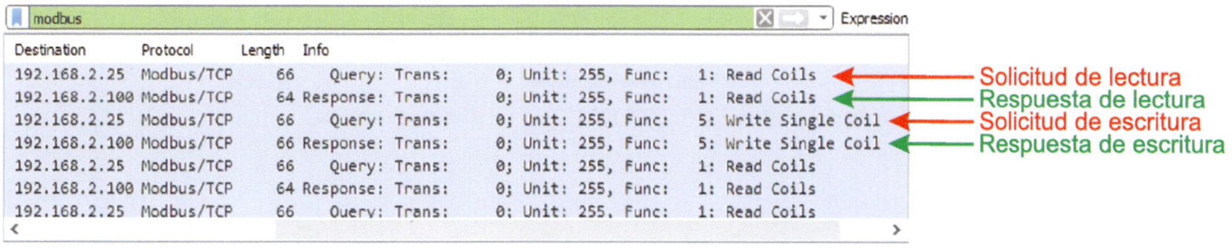

Figura 6.22. *Localización de los paquetes.*

Examina la información de estos paquetes y verifica que, cuando se modifica el estado de la salida, en la siguiente lectura, se refleja dicho cambio. Esta información se obtiene pinchando sobre cada paquete y seleccionando el campo *Modbus*. Por ejemplo, la Figura 6.23 muestra como el contenido de esta salida es cero.

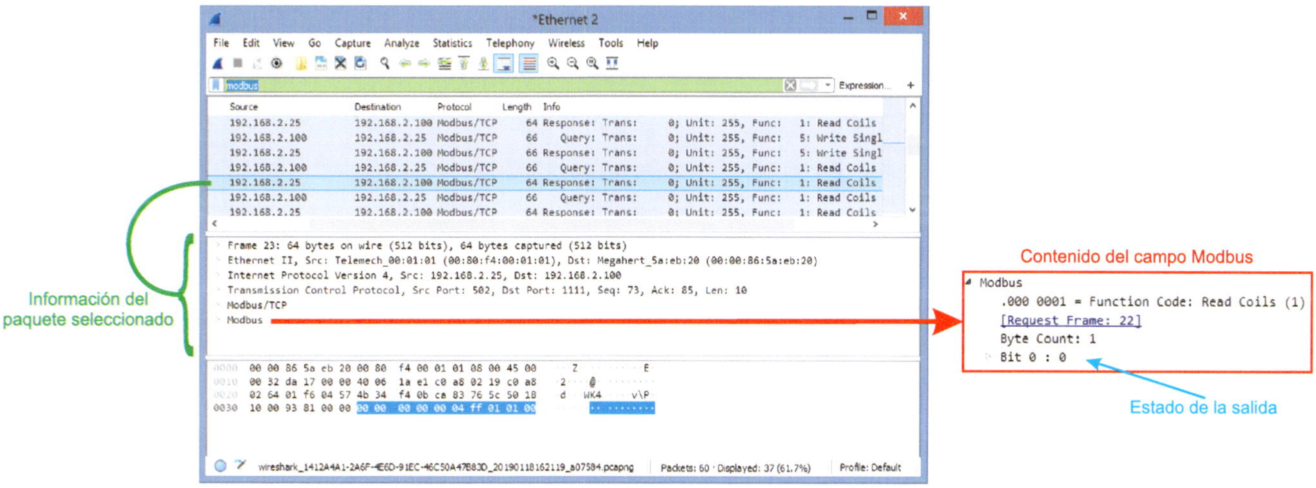

Figura 6.23. *Visualización del estado de la salida.*

Wireshark, también dispone de muchas herramientas que facilitan el análisis de los paquetes capturados. A algunas de estas herramientas se accede desde el menú *Statistics.* Por ejemplo, la opción *Flow Graph* representa el flujo de paquetes entre los equipos (Figura 6.24).

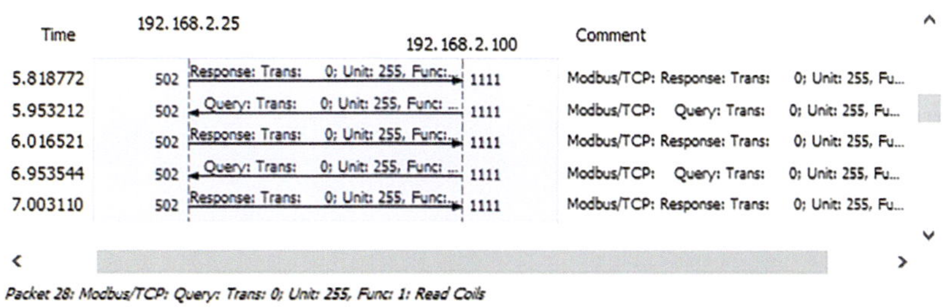

Figura 6.24. *Representación gráfica del flujo de los paquetes.*

Wireshark permite guardar los paquetes capturados y así poder analizarlos en cualquier momento. Para ello, debe estar detenida la captura y, en el menú *File,* se selecciona la opción *Export Specified Packets*. En la ventana que aparece, puede seleccionarse entre guardar todos los paquetes capturados *(All Packets-Captured)* o guardar solo los paquetes visualizados con los filtros aplicados *(All Packets-Displayed).* Para terminar, se le asigna un nombre a la captura y se selecciona la carpeta donde quiere guardarse. En el caso de la Figura 6.25, se ha seleccionado guardar todos los paquetes capturados con el nombre *Modbus_TCP_FC1_and_FC5*.

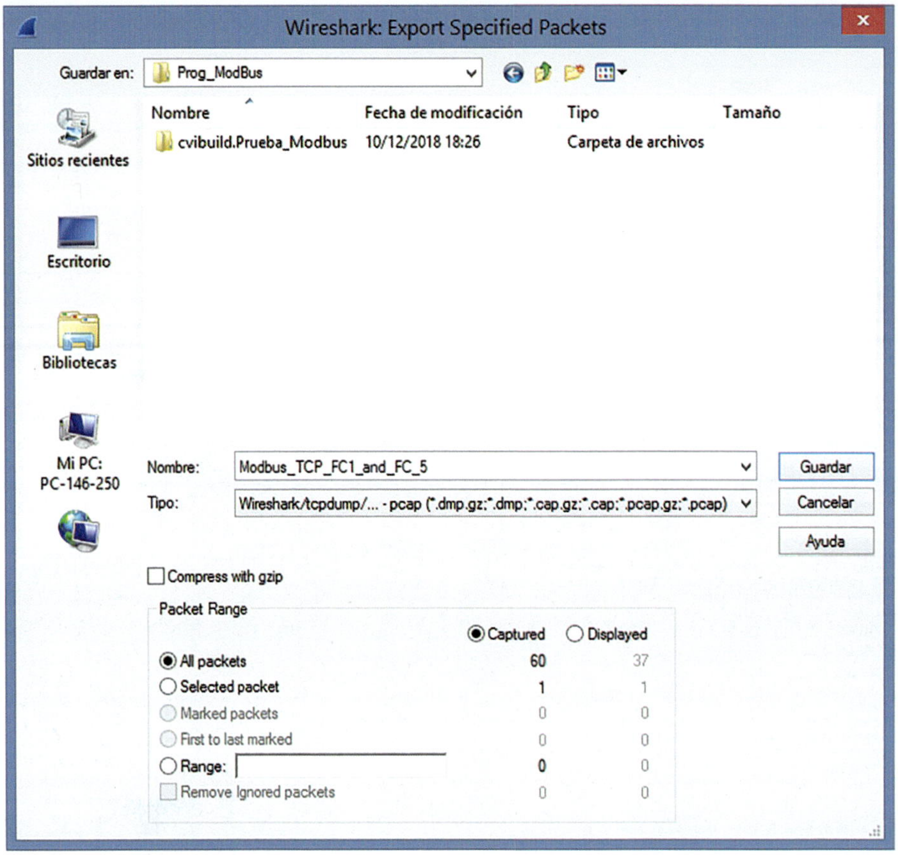

Figura 6.25. *Almacenar una captura.*

El fichero de la captura se guarda con extensión *.pcap* y puede visualizarse en cualquier momento desde la opción *Open* del menú *File*. A parte de Wireshark, existen otras aplicaciones que pueden abrir estos archivos, algunas de estas aplicaciones son: WinDump, TCPDump, Capedit y Ethereal.

Análisis de vulnerabilidades con Nessus™

El objetivo de esta actividad es realizar un análisis de vulnerabilidades de una red de comunicaciones industriales. En esta práctica, se ha seleccionado la aplicación Nessus™ de la empresa Tenable®. Nessus™ es una potente aplicación de detección de vulnerabilidades muy usada tanto por los *hackers* como por los expertos en seguridad informática cuando tienen que realizar auditorías. Internamente, hace uso de nmap para identificar puertos abiertos en el sistema y, gracias a que posee una base de datos de vulnerabilidades actualizable, ahorra tiempo y trabajo a la hora de analizar un sistema.

El código QR de la Figura 7.12 abre la URL para su descarga. Es recomendable que instale Nessus™ en una máquina nativa, y no en una virtual, puesto que la aplicación hace un uso elevado de recursos. Tras registrarse, puede usarse la herramienta de forma gratuita durante 7 días. Después del periodo de prueba, es necesario adquirir una licencia para poder seguir usándola.

Figura 7.12. *Web para la descarga de Nessus™.*

Una vez instalado, accede a Nessus™ a través de un navegador web usando la URL siguiente: https://localhost:8834. Dependiendo de la configuración, es posible que tengas que crear una excepción para poder acceder.

Además del usuario y contraseña, Nessus™ solicitará el *serial-key* que su página web envía por *e-mail* cuando se realiza el registro. Una vez hecho esto, comenzará a descargar la aplicación vía web (Figura 7.13a) y, tras terminar el proceso, muestra la ventana de *login* (Figura 7.13b).

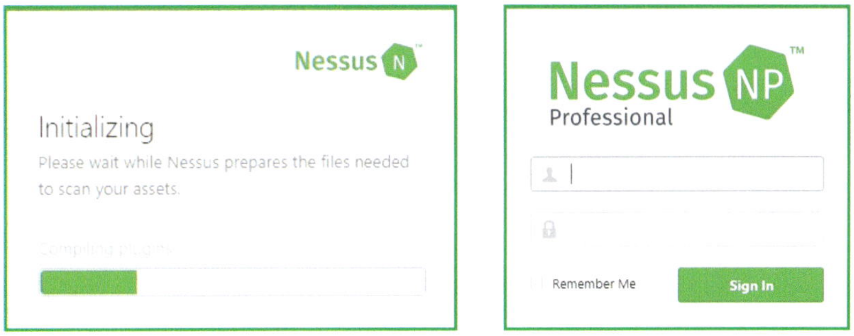

a) Descarga **b) *Login***

Figura 7.13. *Ventana de descarga y ventana de* login *vía web.*

Una vez dentro de la aplicación, pincha en el botón *New Scan* para configurar un nuevo escaneo de vulnerabilidades. Al hacerlo, aparecerá la ventana de la Figura 7.14, donde puede elegirse entre una gran variedad de opciones.

Nessus™, de forma predeterminada, incluye multitud de plantillas preconfiguradas *(Scan Templates)* para diferentes ámbitos (TI y móviles), y para diferentes tipos de vulnerabilidades (configuración de sistema, contraseñas, denegación de servicio, control de acceso, etc.). Además de las plantillas preconfiguradas, la aplicación permite crear nuevas con políticas de escaneo personalizadas que se guardan en la pestaña *User Defined.* Nessus™, también, incluye plantillas para la elaboración de informes de auditorías y de informes personalizados, en una gran variedad de formatos (HTML, csv y XML).

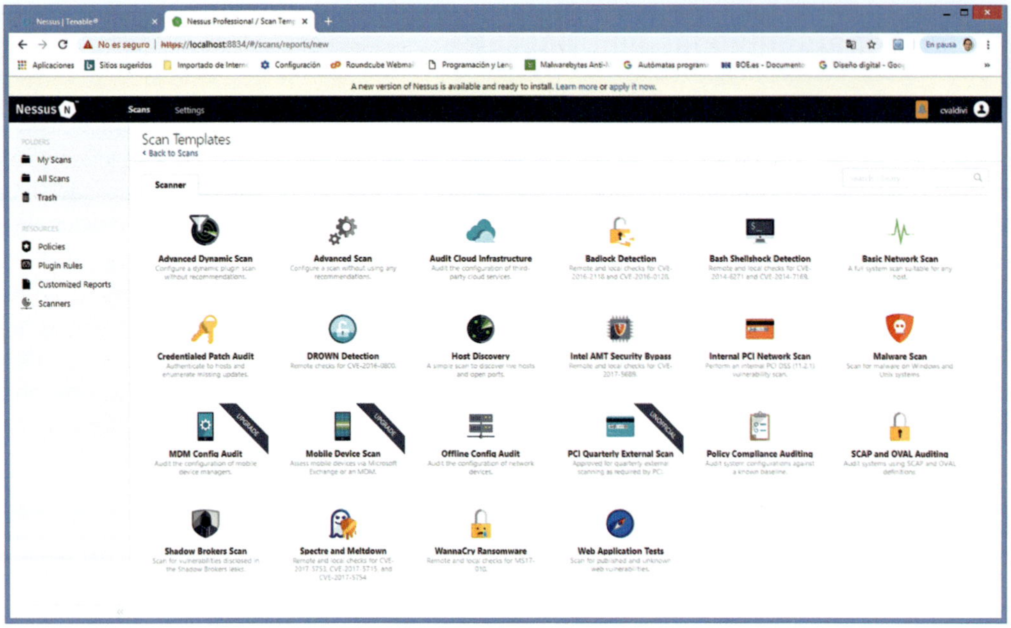

Figura 7.14. *Plantillas de diferentes escaneos de vulnerabilidades.*

Selecciona *Advanced Scan*. En la ventana que aparece (Figura 7.15), en la pestaña *Settings,* escribe un nombre para identificar el nuevo análisis, por ejemplo *Red de comunicaciones industrial,* una descripción y la carpeta donde se almacenará. En *Targets,* escribe la IP del equipo o equipos y dominio de red que ha de analizarse. Por ejemplo, en la Figura 7.15, se ha configurado para analizar todos los equipos desde la IP 163.117.146.1 hasta la IP 163.117.146.250. En el caso de ser varios equipos, también puede subirse un fichero de texto plano con dichas direcciones.

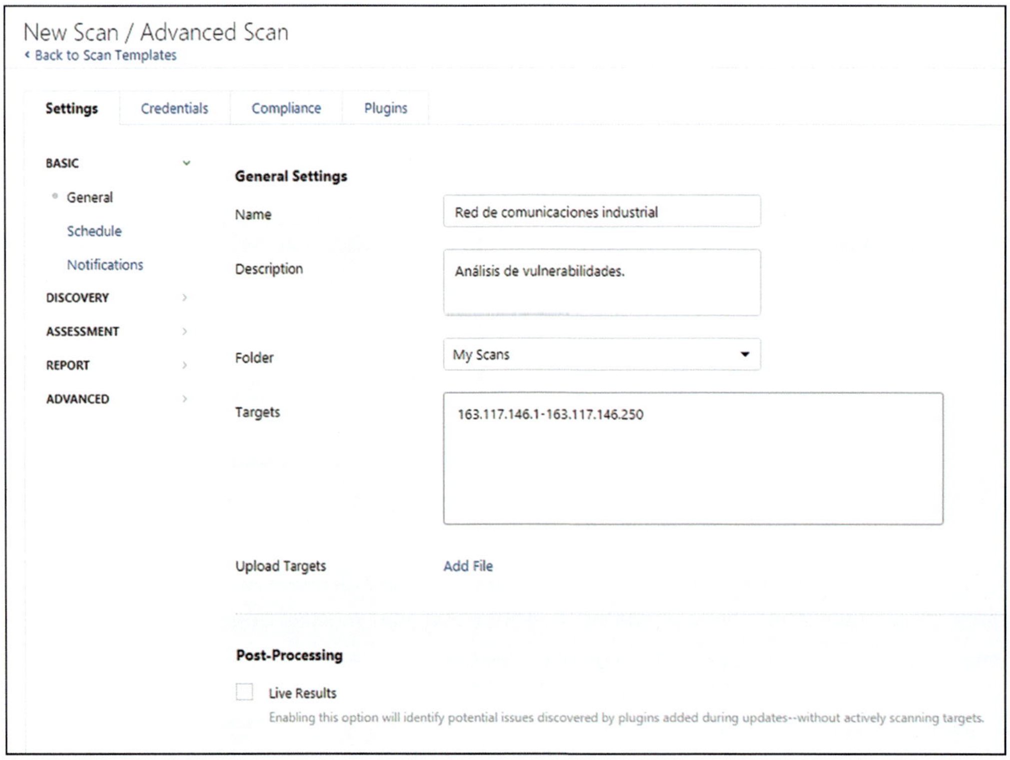

Figura 7.15. *Configuración de un análisis nuevo.*

Para trabajar con Nessus™, deben crearse políticas de escaneo. En las políticas de escaneo, puede configurarse una agenda para realizar escaneos periódicos y direcciones de *e-mail* a los que enviar el informe. Cabe señalar que primero debe configurarse un servidor SMTP para dicha función. Además, permite añadir filtros para los informes que debe mandar u obviar.

Las políticas de escaneo se configuran en el apartado *Discovery,* donde se indican los rangos de puertos que han de escanearse, el método nmap que se usará y, una vez descubierto un puerto, si se prueban en él todos los servicios, etcétera.

En la pestaña *Credentials,* se escriben los nombres de usuario y las contraseñas necesarias para que el Nessus™ pueda acceder a los diferentes servicios, como SSH, sistema operativo, etcétera.

Deja las opciones que vienen por defecto y pulsa en el botón *Save* para salir. Una vez en la ventana principal, en *My Scan,* selecciona *Red de comunicaciones industrial* y pulsa el botón *Launch → Default* para comenzar el análisis. Dependiendo del tamaño de la red, del número de servicios, etc., Nessus™ tardará más o menos tiempo en realizar el análisis.

Finalizado el análisis, Nessus™ muestra los resultados en diferentes gráficos, agrupando y clasificando las vulnerabilidades encontradas por su nivel de criticidad (Figura 7.16).

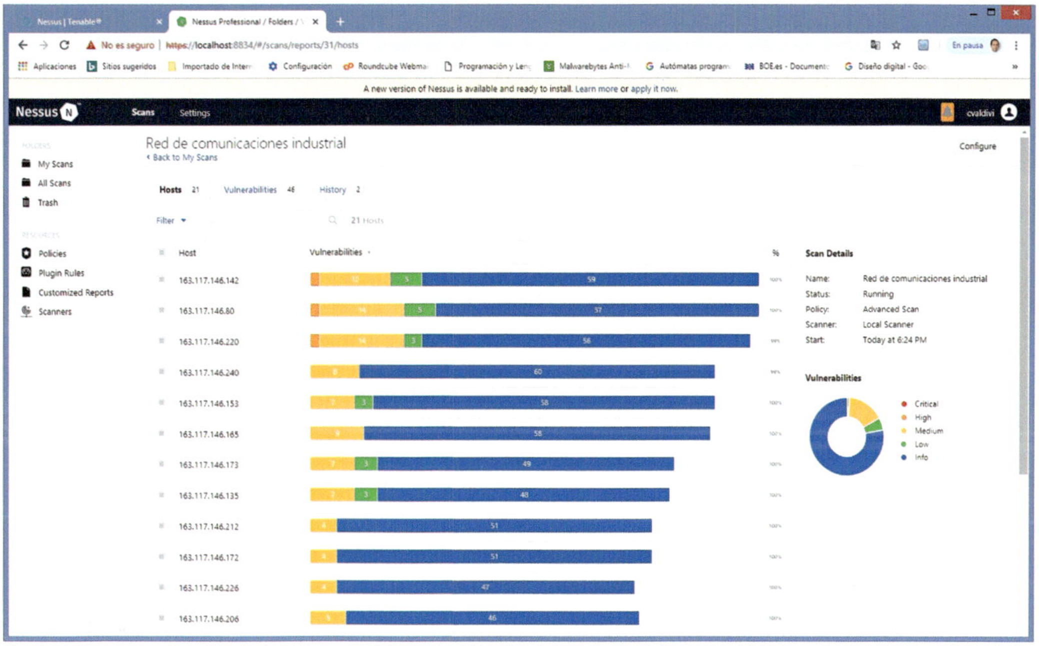

Figura 7.16. *Resultado del análisis con Nessus™.*